CAD와 건축

CAD and Architecture

백 경 무, 황 인 혁

Baik, Kyung Moo Hwang, In Hyuk

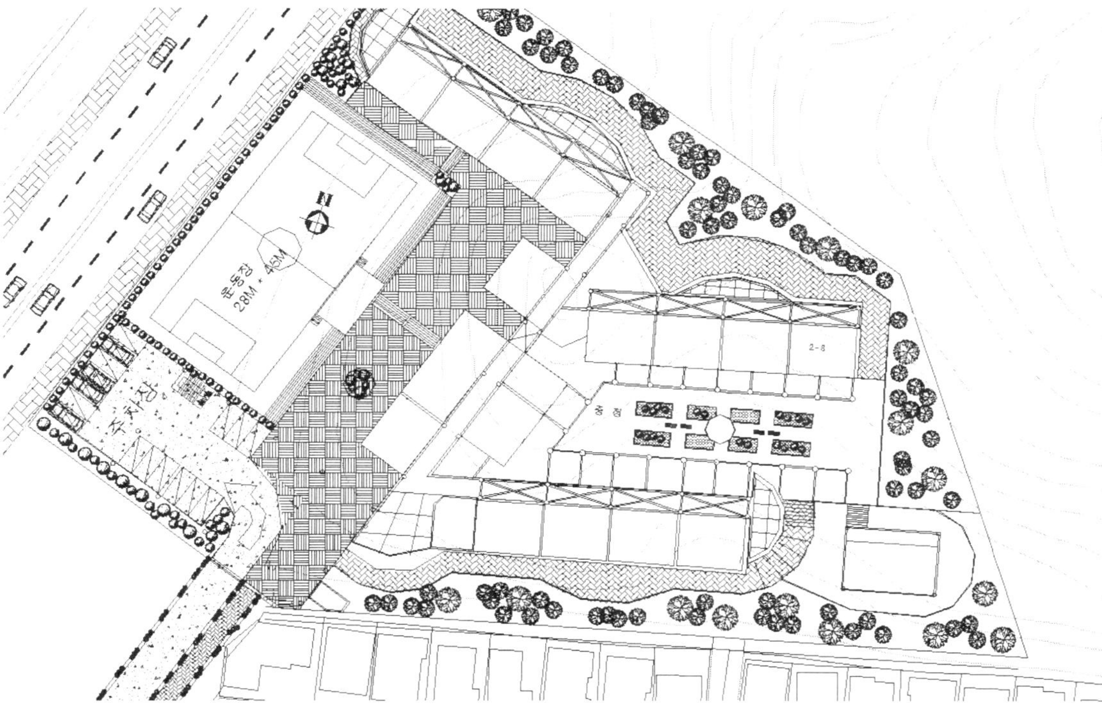

SEOWOO PUBLICATIONS

머리말

건축, 기계, 전기 등 캐드가 발표되면서부터 관련 적용분야의 전면에 내세웠던 분야들입니다. 하지만 이젠 캐드가 특정 분야의 전유물이 아닌 산업전반에 걸쳐 쓰이지 않는 곳이 없다고 해도 과언이 아니지요. 그러나 캐드를 처음 접하는 사람들에게는 항상 어색하고 어렵게 느껴지게 마련입니다.

다른 모든 필자들과 마찬가지로 초보자가 어떻게 하면 좀 더 쉽게 캐드와 친해질 수 있을까를 먼저 생각하지요. 그래서 다년간 대학 또는 산업체의 강의를 하는 동안, 학습자가 어려워하는 부분을 보완적으로 다루어 보다 빨리 적응할 수 있도록 하였습니다.

캐드는 다른 그래픽 프로그램과 마찬가지로 이론서라기보다는 기능적 성격이 강한 분야이므로 실습이 중요합니다. 따라서 이론적 내용은 그림과 함께 쉽고 간결하게 처리하였으며, 실습은 하나하나 직접 따라 하기 편한 방식을 도입하여 누구나 캐드에 쉽게 적응할 수 있도록 노력하였습니다.

이러한 목표를 달성하기 위해 본 서적은 아래와 같은 몇 가지 특징으로 이루어져 있으며, 참고하면 보다 효과적으로 활용할 수 있습니다.

· 기본 명령어는 단계별로 설명하여 초보자도 쉽게 따라할 수 있도록 구성하였습니다.

· 블록이나 해치, 치수, 출력 등 전문가도 자주 사용하지 않았거나 습관적으로 사용하여 간과할 수 있는 부분들은 체계적으로 설명하여, 응용의 폭을 넓혔습니다.

· 버전은 AutoCAD 2007을 기반으로 하였으며, 상위 버전에서도 활용이 가능하도록 화면 설명보다 기능의 활용과 적용에 최대한 배려하였습니다.

· 명령어의 설명은 특정 분야에 상관없이 접할 수 있도록 설명하였지만, 예제의 활용이나 적용은 건축 또는 인테리어(실내건축) 분야에 맞추어져 있습니다.

· "유용한 기능들"에 대한 장을 따로 마련하여, 캐드에 추가된 지는 오래되었지만 아직 기존의 사용자들도 많이 모르고 있거나, 알아 두면 유익한 기능들을 추가하였습니다.

특히, 건축의 배치도, 평면도, 입면도, 단면도와 같은 기본도면을 그리는데 주의할 점 등을 수록하여 보다 건축도면의 기본에 충실하고자 하였습니다. 그래서 단순히 도면을 그리는 것이 아니라 건축도면으로써의 기본 원칙을 이해하는데 도움을 주고자 하였습니다. 끝으로, 본 서적이 캐드 활용을 원하는 모든 분들에게 조금이나마 갈증 해소의 역할을 할 수 있기를 기대해 봅니다.

백 경 무, 황 인 혁

목 차

Part 01. AutoCAD 환경 및 특성 / 9

1.1 AutoCAD 이해하기 9

1.2 도면 설정과 화면 명령어 9

1.2.1 사용자 인터페이스 9
1.2.2 책 표현 방법 이해하기 11
1.2.3 옵션 대화상자 이해하기 (OP, GR) 12
1.2.4 객체의 정확한 점 지정하기 14
1.2.5. AutoCAD 좌표 이해하기 21

Part 02. 도면 그리기 / 25

2.1 기본 객체 그리기 25

2.1.1 Line (선 그리기 – L) 25
2.1.2 Pline (PolyLine – PL) 27
2.1.3 Polygon (다각형 그리기 – POL) 32
2.1.4 Rectangle (직사각형 그리기 – REC) 35
2.1.5 Circle (원 그리기 – C) 36
2.1.6 Arc (호 그리기 – A) 42
2.1.7 Ellipse (타원 그리기 – EL) 46
2.1.8 Point (점 그리기 – PO) 51
2.1.9 Divide (div) 53
2.1.10 Measure (me) 54
2.1.11 Donut (do) 55

2.2 도면 수정하기 56

2.2.1 Properties (객체 특성 관리하기 – pr, Ctrl+1) 56
2.2.2. Erase (지우기 – e) 58

2.2.3 Copy (복사하기 - cp) ………… 58
2.2.4 Move (이동하기 - M) ………… 61
2.2.5. Mirror (대칭 복사하기 - mi) ………… 62
2.2.6 Trim (객체 자르기 - TR) ………… 64
2.2.7 Extend (객체 연장하기 - EX) ………… 66
2.2.8 Offset (간격 복사하기 - O) ………… 68
2.2.9 Array (배열 복사하기 - AR) ………… 72
2.2.10 Rotate (회전하기 - RO) ………… 75
2.2.11 Scale (크기 조절하기 - SC) ………… 77
2.2.12 Stretch (길이 조절하기 - S) ………… 78
2.2.13 Break (객체 자르기 - BR) ………… 79
2.2.14 Join (객체 연결하기 - J) ………… 80
2.2.15 Fillet (모깍기 - F) ………… 80
2.2.16 Chamfer (모따기 - CHA) ………… 82
2.2.17 Explode (분해하기 - X) ………… 84

2.3 도면층 관리하기 ………… 85

2.3.1 Layer (도면층 관리하기 - LA) ………… 85

2.4 블록 관리하기 ………… 91

2.4.1 lock (내부블록 만들기 - B) ………… 91
2.4.2 wBlock (외부블록 만들기 - W) ………… 95
2.4.3 Insert (블록 삽입하기 - I) ………… 97

2.5 문자 기입하기 ………… 103

2.5.1 문자 스타일 지정하기 ………… 103
2.5.2 단일행 문자 입력하기 ………… 109
2.5.3 문자열 정렬하기 ………… 110
2.5.4 다중행 문자 기입하기 ………… 113
2.5.5 문자 수정하기 ………… 115

2.6 해치 사용하기 (Hatch) ········ 116

2.6.1 대화상자 이해하기 ········ 116

2.7 치수 기입하기 ········ 131

2.7.1 치수 대화상자 ········ 131

2.7.2 치수유형 수정 대화상자 (Edit Dimension Style) ········ 132

2.7.3 치수적용 ········ 155

2.8 도면 출력하기 ········ 166

2.8.1 출력 대화상자 이해하기 ········ 166

2.8.2 플로터 장치 설정하기 ········ 179

2.8.3 플로터 스타일 정의하기 ········ 188

2.9 포토샵에서 EPS 파일 불러들이기 ········ 198

2.10 유용한 기능들 ········ 203

2.10.1 CommandLine(CLI)/CommandLineHide (명령창 보이기 / 감추기) ···· 203

2.10.2 "상태표시줄" 기능키로 활용하기 ········ 204

2.10.3 Dynamic Input (동적 입력, F12) ········ 205

2.10.4 Group (객체 그룹, G) ········ 211

2.10.5 Table (표 작성하기, TB) ········ 215

2.10.6 Quick Select (신속 선택) ········ 225

Part 03. 건축도면 / 229

3.1 배치도 ······ 229

3.1.1 계획 ······ 229
3.1.2 도면 기본 ······ 230

3.2 평면도 ······ 232

3.2.1 계획 ······ 232
3.2.2 도면 기본 ······ 233
3.2.3 그리는 순서 ······ 235
3.2.4 세부사항 ······ 235

3.3 입면도 ······ 239

3.3.1 계획 ······ 239
3.3.2 도면 기본 ······ 239
3.3.3 그리는 순서 ······ 240
3.3.4 기타 ······ 241

3.4 단면도 ······ 241

3.4.1 계획 ······ 241
3.4.2 도면 기본 ······ 242
3.4.3 단면 그리는 순서 ······ 244

Part 1. AutoCAD 환경 및 특성

1.1 AutoCAD 이해하기

CAD는 'Computer Aided Design'의 약어로서 '컴퓨터를 이용한 설계'의 의미를 갖고 있습니다.

그런데 목적과 기능에 따라 ArchiCAD, WallCAD, FelixCAD, IntelliCAD, PliCAD, ThermoCAD 등 많은 CAD 제품들이 있는데, AutoCAD는 1982년 12월 처음 발표된 후, 현재에 이르고 있습니다.

CAD가 보급되기 전까지 건축, 조경, 토목, 기계, 전자, 전기 등 도면관련 모든 업무는 물론 손으로 직접 그려왔지요. 그런데 이러한 수작업은 특성상 아래와 같은 불편함을 항상 감수해야 했습니다.

① 작업속도 저하

② 동일한 라이브러리 반복사용 불가

③ 공동작업 불편

④ 자료의 표준화 불가

이외에도 많은 불편함이 있었지만 다른 대안이 없었지요.

CAD는 이러한 기존의 불편함을 거의 장점으로 바꾸었으며, 쉽고 편리한 기능성 때문에 매우 빠르게 기존의 작업을 대체하게 됩니다.

1.2 도면 설정과 화면 명령어

1.2.1 사용자 인터페이스

다른 모든 프로그램과 마찬가지로 캐드를 사용하려면 다음의 몇 가지를 알고 있으면 편리하지요. 화면구성과 명령의 입출력 종류 및 방법을 중심으로 살펴보면 보다 쉽게 익힐 수 있습니다.

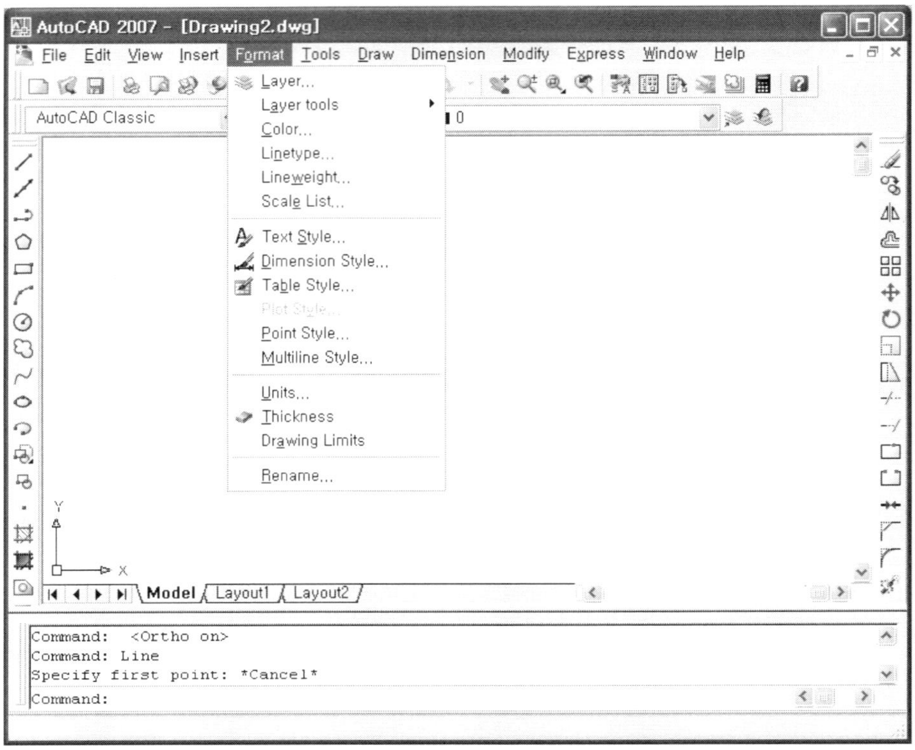

① 메인 메뉴

화면의 제일 위쪽에 있으며 직접 선택하여 명령을 실행합니다.

② 도구상자 메뉴

아이콘을 클릭하여 해당 명령을 실행합니다.

도구상자 메뉴를 화면에 나타내려면 아이콘에 마우스를 위치시키고 우측 버튼을 누릅니다. 그러면 위와 같은 메뉴가 나타나는데, 화면에 나타난 도구상자는 좌측에 체크가 되어 있지요. 사용시 필요한 도구상자가 있으면 도구상자 이름을 클릭합니다.

③ 도면 작업영역

마우스로 이루어지는 캐드의 모든 작업이 이루어 지는 공간입니다. 그림을 그린다면 도화지에 해당한다고 생각하면 됩니다.

④ 명령 라인

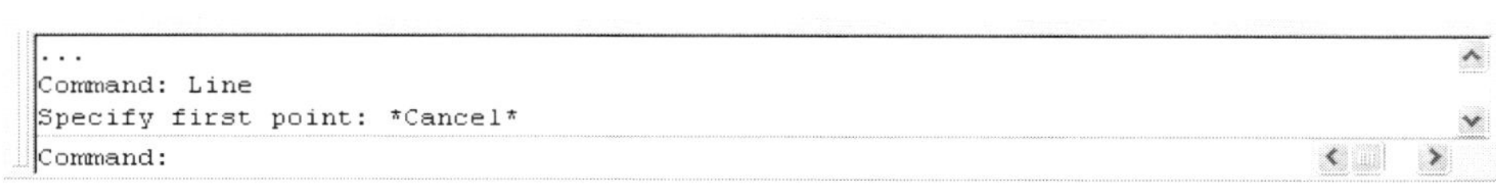

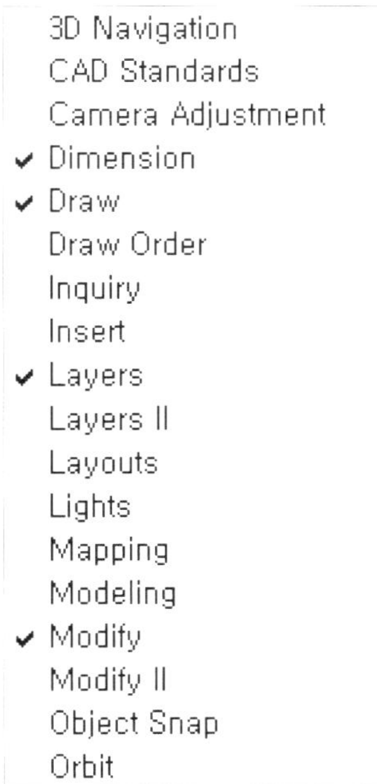

캐드에서 작업 명령을 입력하는 방법은 크게 3가지가 있는데,

첫째는 메인 메뉴에서 명령을 선택하는 경우이고,

둘째는 도구상자에서 명령을 선택하는 경우이며,

셋째가 바로 명령라인에 명령을 직접 입력하는 방법입니다.

⑤ 상태표시줄

캐드 작업 시 현재 마우스의 위치나, 각종 옵션들의 On/Off 상태를 확인하는 라인입니다. SNAP, GRID, ORTHO 등 옵션의 On/Off 상태를 의미하는데 한 눈에 쉽게 알아볼 수 있어 편리하지요.

1.2.2 책 표현 방법 이해하기

본 책을 제작하면서 표현이 너무 복잡하여 편의상 몇 가지 규칙을 만들어 독자의 이해를 도모하고자 하였습니다. 간단히 아래의 몇 가지 약속을 숙지하여 책을 보다 쉽게 이해할 수 있도록 합니다.

① 캐드 명령의 설명 시, 설명의 첫째 라인과 둘째라인에는 메인 메뉴에서 실행하는 방법과, 명령라인에서 실행하는 방법을 각각 나타내었습니다.

예를 들어,

메인 - Draw > Line

명령 - Line (l)

위와 같이 나타내었다면, 첫 째라인은 메인 메뉴의 Draw 아래의 Line을 클릭하여 실행한다는 의미이고, 둘 째라인은 명령라인에서 직접 명령을 입력하는 방법을 의미하는데, 앞의 Line은 원래 캐드의 명령을 의미하며, (l)은 Line 명령의 단축키를 소문자로 나타낸 걸 의미합니다.

② 모든 명령의 설명에는 "◈ 따라하기." 란을 두었는데, 가능한 한 모든 객체의 크기값과 그리는 지점을 번호로 설명하였는데 작업의 편의상 기입하지 않은 곳은 기입내용이 없어도 충분히 따라할 수 있으므로 계속해서 진행하면 됩니다.

③ 본 책은 AutoCAD 2007을 사용하여 제작되었으므로, 버전이 다른 경우 약간의 메뉴 내용과 명령의 내용이 다를 수 있습니다.

1.2.3 옵션 대화상자 이해하기 (OP, GR)

메뉴 - Tools > Options

명령 - Options (op)

옵션 대화상자는 캐드를 사용하는데 필요한 모든 환경을 설정하는 공간입니다. 캐드 사용 전후에 언제든지 환경을 바꾸어줄 수 있습니다.

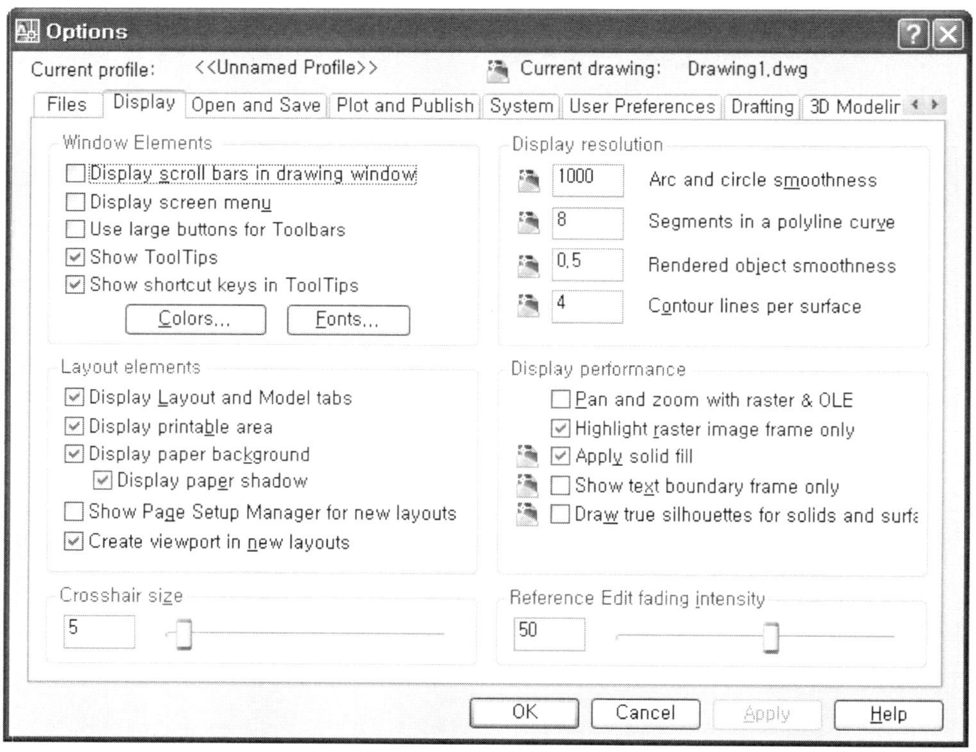

① Files

. 캐드를 사용하는데 필요한 파일들의 위치를 지정합니다.

. 자동저장 공간을 지정합니다.

. 개인적으로 사용하는 파일의 위치를 지정하여 사용할 수 있습니다.

② Display

. 캐드 화면표시에 관한 내용을 조정할 수 있는 옵션공간입니다.

. 화면의 색상, 문자의 크기 등을 지정합니다.

. 마우스 십자선의 크기를 조정합니다.

. 원과 호의 해상도를 지정합니다.

③ Open and Save

. 파일의 입출력에 관한 내용을 지정하는 공간입니다.

. 파일 저장 시, 버전을 지정할 수 있습니다.

. 자동저장 시간을 조정할 수 있습니다.

. 최근 사용한 파일 리스트의 갯수를 지정할 수 있습니다.

④ Plot and Publish

. 출력에 관한 옵션을 지정합니다.

⑤ System

. 3차원 그래픽 화면표시, 현재 좌표입력장치 등을 지정합니다.

⑥ User Preferences

. 삽입점 축척, 단축키 사용방법 등을 지정할 수 있습니다.

⑦ Drafting

. 오토스냅관련 옵션을 지정합니다.

. 오토스냅 마크의 크기를 설정합니다.

⑧ 3D Modeling

. 3차원 작업시 필요한 옵션을 지정합니다.

⑨ Selection

. 객체 선택시 필요한 옵션을 지정합니다.

. 선택 피크박스의 크기를 지정합니다.

. Grip Box의 크기와 색깔 등을 지정합니다.

⑩ Profiles

. 프로파일 사용을 설정합니다.

1.2.4 객체의 정확한 점 지정하기

메뉴 - Tools > Drafting Settings

명령 - Osnap (os, ds)

객체란 Line, Circle, Arc, Text 등 캐드로 그린 모든 데이터를 말합니다. 그런데 캐드 작업의 대부분은 이미 그린 객체의 특정부분으로부터 그려나가게 되지요. 객체의 특정지점을 지정하기 위해서는 매번 지정하기도 하지만, 작업의 편의상 미리 필요한 옵션을 설정하게 됩니다.

(앞으로는 객체지정을 나타내는 용어를 Osnap으로 표현합니다.)

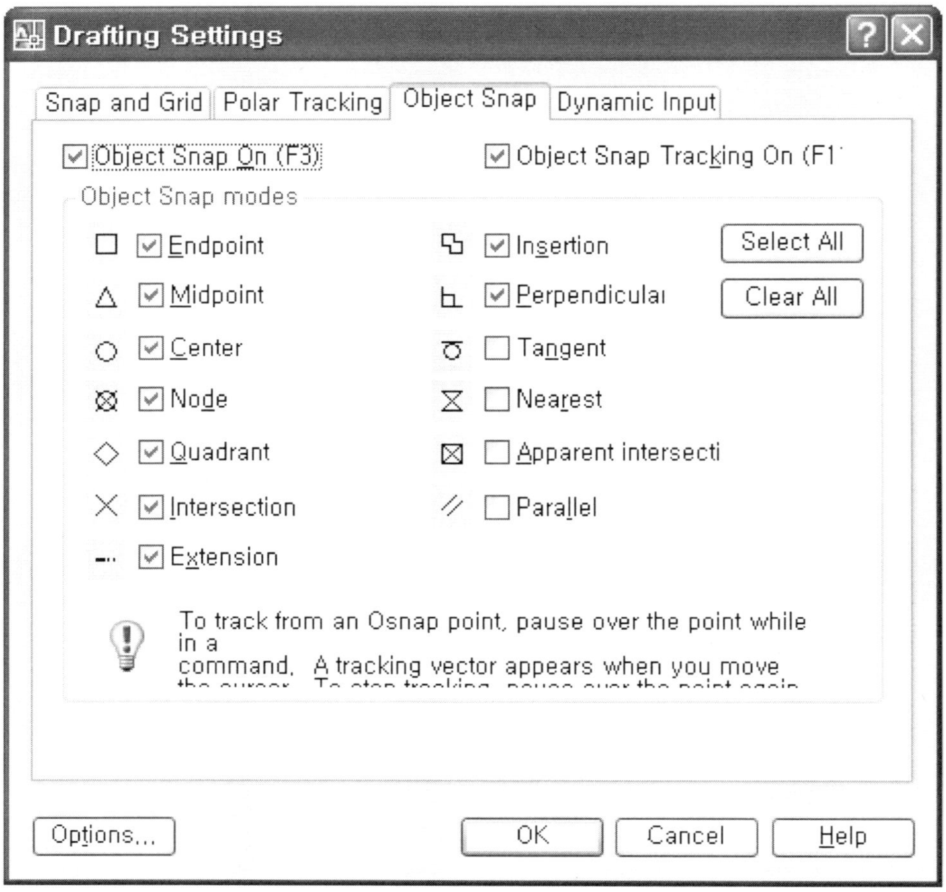

◆ 따라하기.

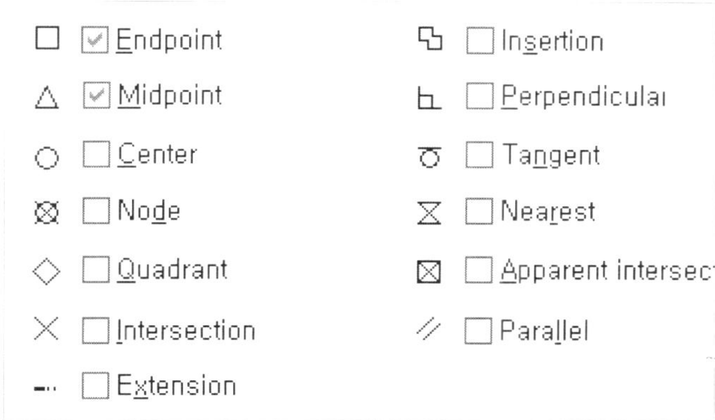

먼저 위와 같이 Osnap의 Endpoint와 Midpoint만을 지정한 후, 아래의 명령들을 따라해 보세요.

① Endpoint - 객체의 끝지점을 잡아줍니다.

② Midpoint - 객체의 중간지점을 잡아줍니다.

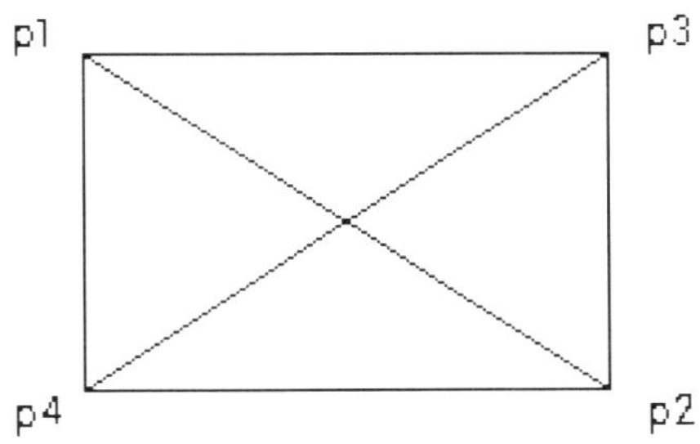

그림1

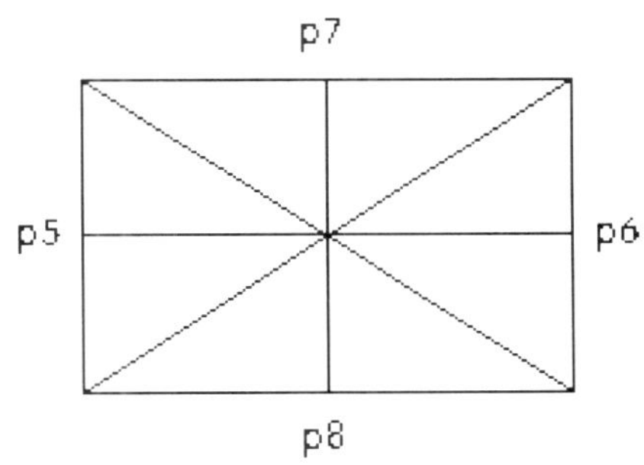

그림2

Command: Rectangle (rec)
Specify first corner point or
    [Chamfer/Elevation/Fillet/Thickness/Width]: p4
Specify other corner point or
    [Area/Dimensions/Rotation]: @60,40

① Rectangle 명령으로 처음 p4를 클릭한 후, @60,40을 입력하여

그림1의 사각형을 완성합니다.

```
Command: Line
Specify first point: p1
Specify next point or [Undo]: p2
Specify next point or [Undo]: 엔터
```

② Line 명령으로 p1과 p2를 클릭하여 선을 그립니다.

③ 동일한 방법으로 p3과 p4를 클릭하여 나머지 선을 그립니다.

④ 그림1을 객체에 대한 정확한 좌표를 입력하지 않고 그릴 수 있었던건 위에서 Osnap 옵션 중, Endpoint를 지정하였기 때문입니다.

```
Command: Line
Specify first point: p5
Specify next point or [Undo]: p6
Specify next point or [Undo]: 엔터
```

⑤ Line 명령으로 p5과 p6을 클릭하여 선을 그립니다.

⑥ 동일한 방법으로 p7과 p8를 클릭하여 나머지 선을 그립니다.

⑦ 그림2를 객체에 대한 정확한 좌표를 입력하지 않고 그릴 수 있었던건 위에서 Osnap 옵션 중, Midpoint를 지정하였기 때문입니다.

◈ 따라하기.

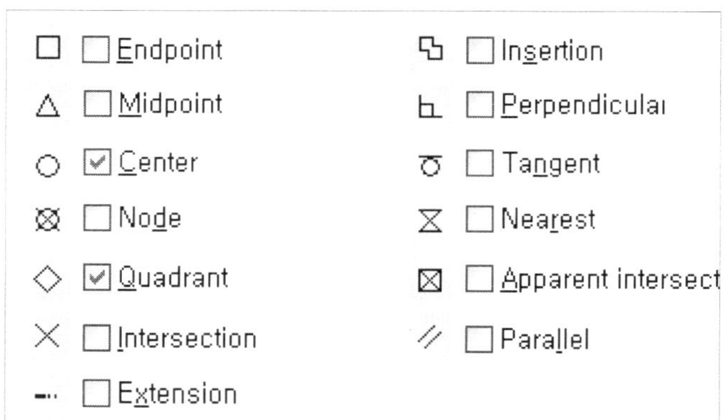

Osnap 옵션의 Center와 Quadrant를 지정한 후, 아래의 명령들을 따라해 보세요.

① Center - 원이나 호의 중심점을 잡아줍니다.

② Quadrant - 원이나 호의 사분점을 잡아줍니다.

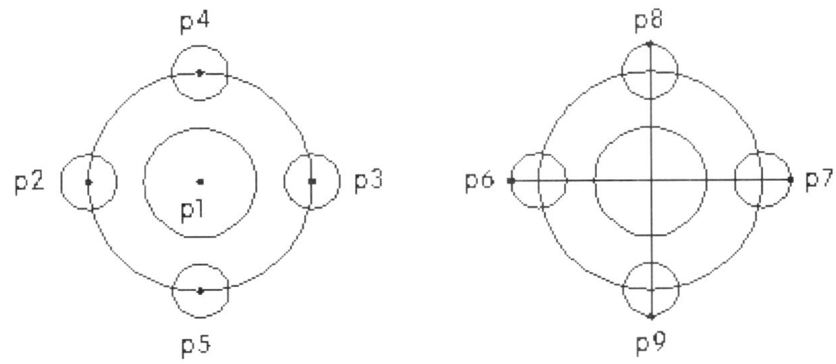

그림1 그림2

Command: Circle (c)
Specify center point for circle or [3P/2P/Ttr (tan tan radius)]:p1
Specify radius of circle or [Diameter] <5.0000>: 20

① Circle 명령을 이용하여 반지름=20인 원을 그립니다.

② Circle 명령을 이용하여 p1점에서 반지름=10인 원을 그립니다.

Osnap 옵션을 Center로 지정하였기 때문에, 먼저 그린 원의 중심점을 쉽게 클릭할 수 있습니다.

③ Circle 명령을 이용하여 p2, p3, p4, p5 점에서 반지름=5인 원을 그립니다.

Osnap 옵션을 Quadrant로 지정하였기 때문에, 먼저 그린 원의 사분점을 쉽게 클릭할 수 있습니다.

Command: Line
Specify first point: p6
Specify next point or [Undo]: p7
Specify next point or [Undo]: 엔터

④ Line 명령으로 p6, p7점을 클릭하여 선을 그립니다. Osnap 옵션을 Quadrant로 지정하였기 때문에, 먼저 그린 원의사분점을 쉽게 클릭할 수 있습니다.

⑤ 동일한 방법으로 p8, p9를 잇는 선을 완성합니다.

◈ 따라하기.

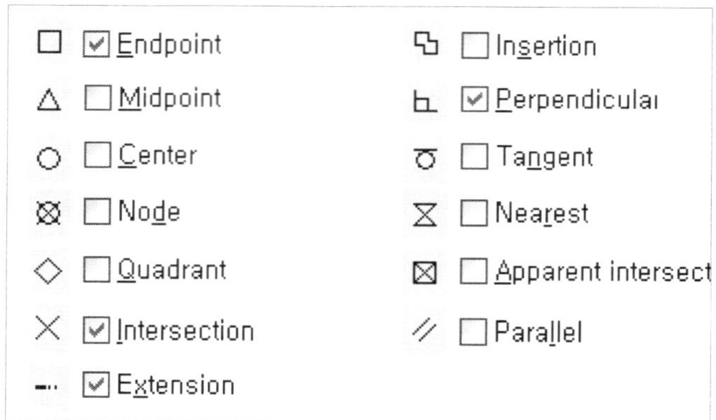

Osnap 옵션의 Center와 Quadrant를 지정한 후, 아래의 명령들을 따라해 보세요.

① Endpoint - 객체의 끝지점을 잡아줍니다.

② Intersection - 두 객체의 교차점을 잡아줍니다.

③ Extension - 객체의 연장선을 만들어 줍니다.

④ Perpendicular - 임의의 객체에 직교하는 점을 잡아줍니다.

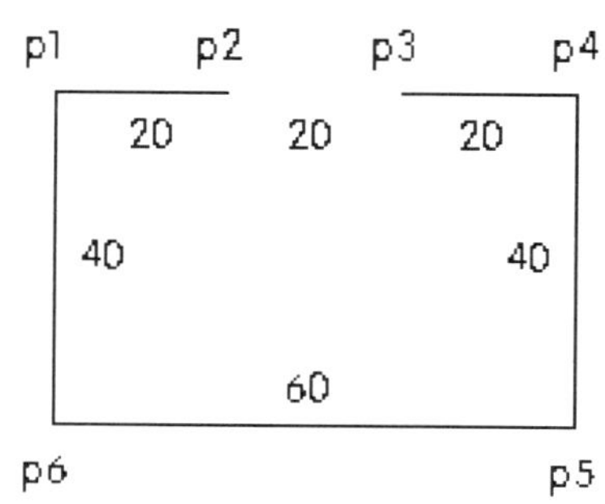

그림1

① p1에서 p2방향으로 20을 입력하여 선을 그립니다.

② p2에서 p3방향으로 마우스를 드레그하면 점선이 따라 나옵니다.

Extension 옵션을 설정하였으므로 연장선이 점선으로 나타납니다.

③ 이때 20을 입력하여 20만큼 떨어진 p3지점을 지정합니다.

④ p3에서 p4방향으로 20을 입력하여 선을 그립니다.

⑤ p4에서 p5방향으로 40을 입력하여 선을 그립니다.

⑥ p5에서 p6방향으로 60을 입력하여 선을 그립니다.

⑦ p6에서 p1을 클릭합니다.

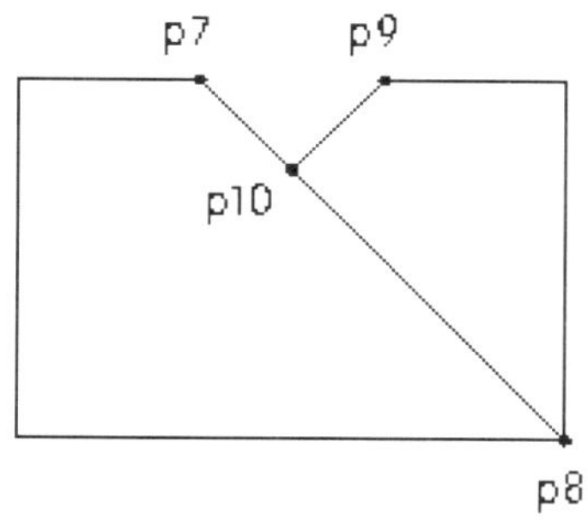

그림2

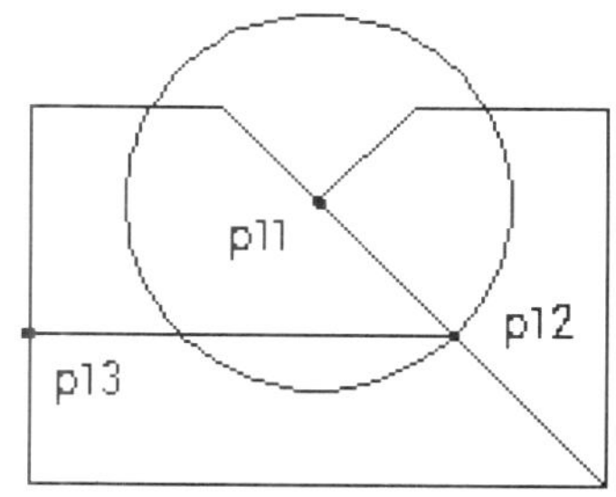

그림3

⑧ Line 명령으로 p7, p8을 클릭하여 선을 그립니다.

⑨ Line 명령으로 p9, p10을 클릭하여 p7, p8선에 직교하는 선을 그립니다. Perpendicular 옵션이 직교점 p10을 잡아줍니다.

⑩ p11을 중심점으로 하고, 반지름=20인 원을 그립니다. Endpoint 옵션이 객체의 끝점인 p11을 잡아줍니다.

⑪ Line 명령으로 p12, p13을 클릭하여 선을 그립니다. Intersection 옵션이 원과 선의 교차점을 잡아줍니다. Perpendicular 옵션이 직교점 p13을 잡아줍니다.

◈ Osnap 명령에 의한 Option 지정과 Direct Osnap의 차이점

① 앞의 실습에서 확인한 바와 같이 Osnap 명령에 의한 옵션 지정은 사용자가 필요에 따라 또는 작업의 특수성에 맞게 미리 옵션을 지정해 놓고 사용하는 거예요.

② 단점이라면 여러 옵션을 지정해 놓으면 여러 가지 필요한 지점을 매번 지정하지 않아도 되는 편리함이 있는 반면, 필요치 않은 상황인데도 마우스 커서가 객체 근처에 가면 설정된 지점을 가리키게 되어 오히려 작업에 방해가 된다는 거지요.

③ 따라서 꼭 필요한 옵션만 지정해 놓고 나머지 옵션은 그때그때 필요할 때만 한번씩 지정해 사용한다는 개념에서 나온 명령이 Direct Osnap 이지요.

④ Direct Osnap이란 해당 옵션이 필요할 때 왼손으로는 키보드의 Shift 버튼을 누르고, 오른손으로는 마우스 우측버튼을 누르면 아래와 같은 대화상자가 Display 되지요.

⑤ 이때 필요한 옵션을 지정해 사용하면 되는데, 이 옵션은 단 한번 유용하므로 꼭 필요할 때만 한번씩 사용할 수 있어 유용하지요.

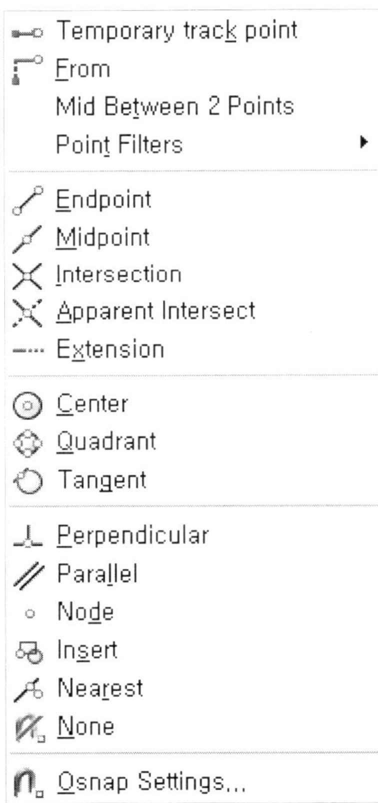

1.2.5 AutoCAD 좌표 이해하기

캐드로 도면을 작성하려면 좌표 체계를 알아야 합니다. 발표된 여러 가지 좌표입력 방법이 있지만 가장 많이 사용하는 방법은 절대좌표와 상대좌표, 상대극좌표 개념이지요. 좌표계에서 x좌표의 양의 방향은 원점을 기준으로 우측방향이며, y좌표의 양의 방향은 원점을 기준으로 위쪽을 의미합니다.

◈ 절대좌표

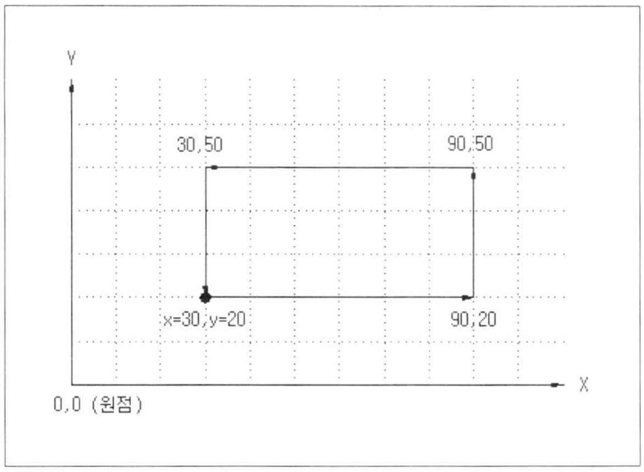

위의 그림과 같이 캐드에도 원점을 중심으로하는 좌표가 존재하지요. 이때 절대좌표라 함은 반드시 원점에서 떨어진 x값과 y값의 조합으로 이루어진 점을 의미합니다.

입력방법은 (x,y) 이며, x는 x 좌표값을, y는 y 좌표값을 의미합니다.

◈ 따라하기

```
Command: LINE
Specify first point: 30,20
Specify next point or [Undo]: 90,20
Specify next point or [Undo]: 90,50
Specify next point or [Close/Undo]: 30,50
Specify next point or [Close/Undo]: C
```

◈ 상대좌표

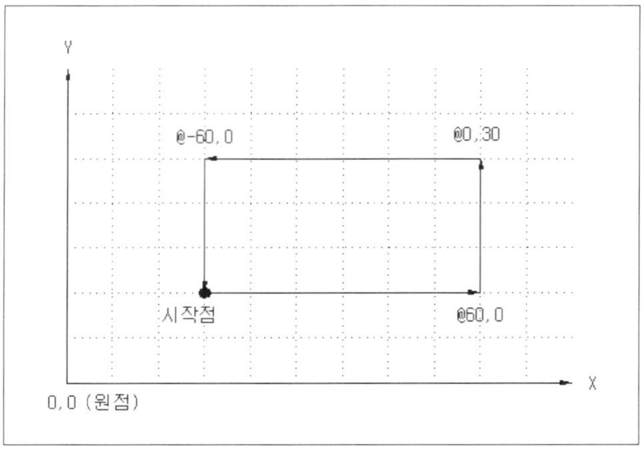

캐드작업 중 가장 많이 사용하는 좌표계로서 입력하기 전에, 반드시 임의의 한 점이 먼저 지정되어 있어야 합니다. 이 지점을 기준으로 다음 지점까지의 상대적 거리값을 입력 방법이므로 상대좌표계 입력이라고 하지요.

입력방법은 (@x,y)이며, x좌표값과 y좌표값 앞에 "@" 을 붙여주어야 합니다. 이것은 임의의 한 점으로부터 x방향과 y방향으로 입력한 거리만큼 떨어진 좌표값을 의미하지요.

◈ 따라하기.

```
Command: LINE
Specify first point:
Specify next point or [Undo]: @60,0
Specify next point or [Undo]: @0,30
Specify next point or [Close/Undo]: @-60,0
Specify next point or [Close/Undo]: c
```

◈ 상대극좌표

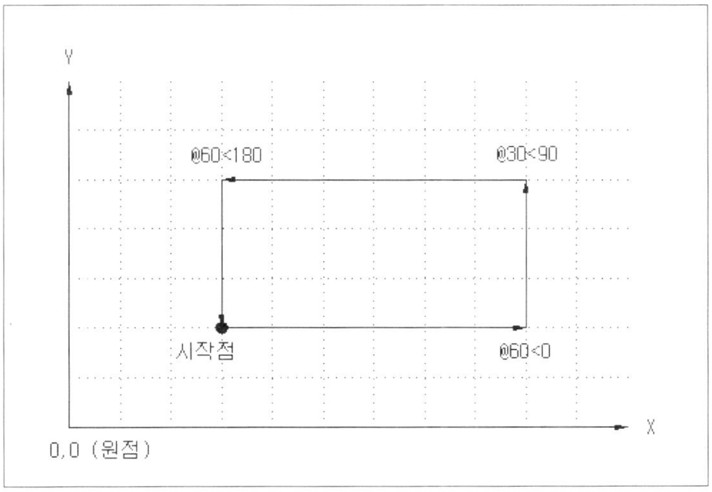

상대좌표 또는 상대극좌표입력의 경우, 임의의 한 점으로부터 시작하는건 동일하며 상대좌표에서는 x와 y의 거리값을 입력하였다면, 상대극좌표에서는 가고자 하는 방향과 그 방향으로의 거리값을 입력한다는 점이 차이점이지요.

입력방법은 (@각도<거리값)이며 임의의 한 점으로부터 입력한 "각도"의 방향으로 입력한 "거리값" 만큼 이동한다는 의미입니다.

◈ 따라하기.

```
Command: LINE
Specify first point:
Specify next point or [Undo]: @60<0
Specify next point or [Undo]: @30<90
Specify next point or [Close/Undo]: @60<180
Specify next point or [Close/Undo]: c
```

Part 2 도면 그리기

2.1 기본 객체 그리기

2.1.1 Line (선 그리기 - L)

◈ 메뉴 - Draw > Line

◈ 명령 - Line (L)

캐드로 객체를 그려나갈 때 최소단위는 Line이지요. 아무리 복잡한 도면도 구성요소를 살펴보면 직선과 곡선으로 이루어집니다. 그중에도 Line의 비중이 압도적으로 많으므로 Line 명령만 사용해도 도면의 많은 부분을 완성할 수 있어요.

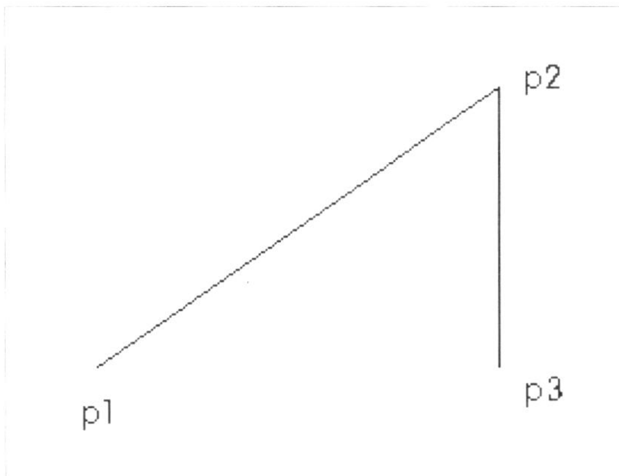

◈ 명령어 분석

시작점(p1)과 끝점(p2)으로 구성되어 있으며, 위의 그림에서처럼 다음 점(p3)을 지정하면 p2와 p3을 시작점과 끝점으로 하는 또 다른 Line이 만들어 지는 거예요.

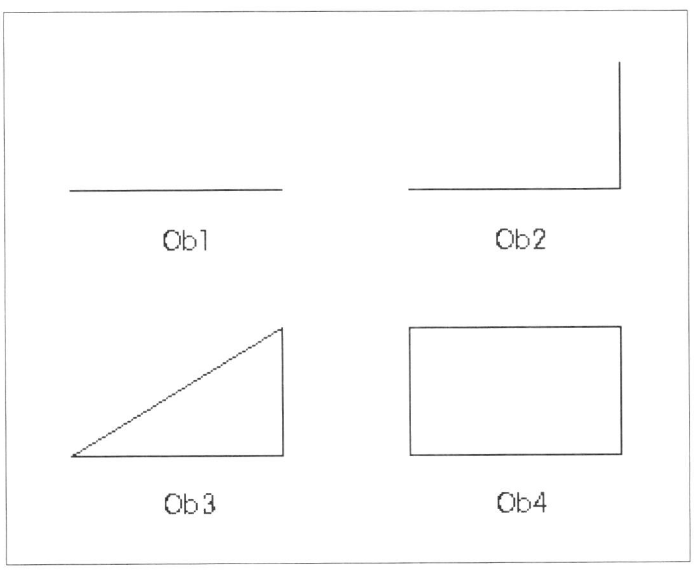

위 그림에서 Ob1은 Line 하나로 이루어져 있으며 Ob2는 2개, Ob3는 3개, Ob4는 4개로 구성되어 있음을 이제 쉽게 알 수 있겠지요.

◈ 따라하기.

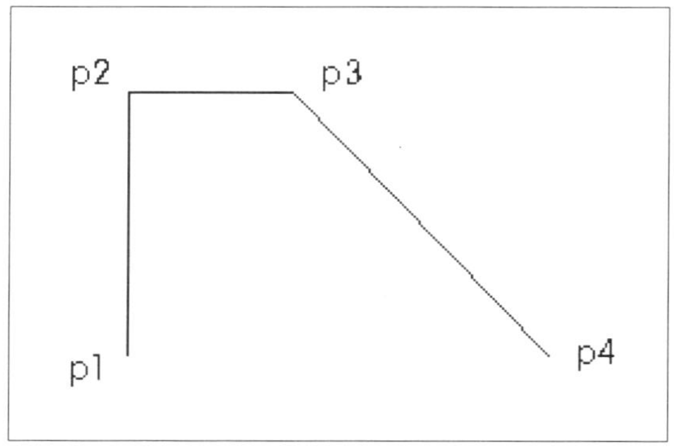

Command: LINE
Specify first point: **p1**
Specify next point or [Undo]: **p2**
Specify next point or [Undo]: **p3**
Specify next point or [Close/Undo]: **p4**
Specify next point or [Close/Undo]: Enter

위 그림은 캐드 도면 공간에서 임으로 p1, p2, p3, p4를 지정한 후 Enter하여 완성한 그림이에요. 그런데 p4에서 처음 시작점인 p1지점을 잇고자 하면 두 가지 방법이 있어요. 아래의 그림과 같이 p4에서 p1점을 다시 지정하는 방법과 p4에서 알파벳 "c" 를 입력하면 현재의 점과 시작점을 이어주지요. 그래서 작업의 편의상 후자의 방법을 훨씬 많이 사용하지요.

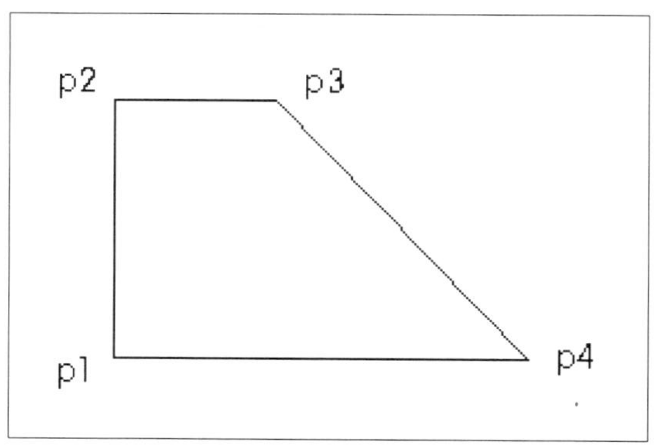

Command: LINE
Specify first point: **p1**
Specify next point or [Undo]: **p2**
Specify next point or [Undo]: **p3**
Specify next point or [Close/Undo]: **p4**
Specify next point or [Close/Undo]: **C**

그럼 실제 좌표값을 입력하여 도면을 하나 그려 볼까요?

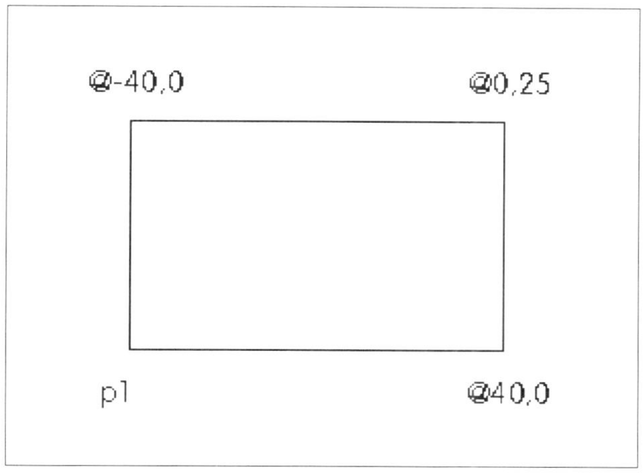

Command: Line
Specify first point: **p1**
Specify next point or [Undo]: **@40,0**
Specify next point or [Undo]: **@0,25**
Specify next point or [Close/Undo]: **@-40,0**
Specify next point or [Close/Undo]: **C**

2.1.2 Pline (PolyLine - PL)

메뉴 : Draw > Polyline

명령 : Pline (PL)

Pline명령으로 연속해서 선을 그리는건 앞의 Line명령과 동일합니다. 다른점이 있다면 Line명령으로 그린 객체는 각각이 별도의 객체인 반면 Pline으로 그린 객체는 엔터로 작업을 마치기 전까지의 모든 객체가 동일한 하나의 객체라는 거예요.

Pline이 Line과 다른점

① 다중 절점의 Line이라 하더라도 하나의 Line으로 인식.

② Line 뿐 아니라 Arc 표현도 가능.

③ Pline으로 그리는 모든 객체에 두께를 줄 수 있음.

◈ 따라하기.

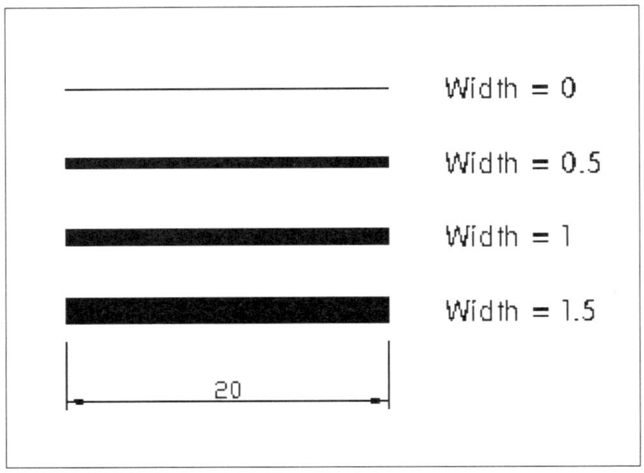

Command: Pline
Specify start point:
Current line-width is 0.0000
Specify next point or [Arc/Halfwidth/Length/Undo/Width]: 20
Specify next point or [Arc/Close/Halfwidth/Length/Undo/Width]:

Pline명령을 실행하면 위와 같이 3번 줄에 현재 설정된 Pline을 두께를 알려주지요. 디폴트는 0이므로 일반적으로 사용할 때는 Line명령처럼 길이 값만 입력하고 사용하면 됩니다. 그런데 길이값에 변화를 주고 싶으면 아래와 같이 Width옵션을 선택하여 두께값을 입력하고 사용하면 됩니다.

Command: Pline
Specify start point:
Current line-width is 0.0000
Specify next point or [Arc/Halfwidth/Length/Undo/Width]: w
Specify starting width <0.0000>: 0.5
Specify ending width <0.5000>:
Specify next point or [Arc/Halfwidth/Length/Undo/Width]: 20
Specify next point or [Arc/Close/Halfwidth/Length/Undo/Width]:

◈ 실습예제 1

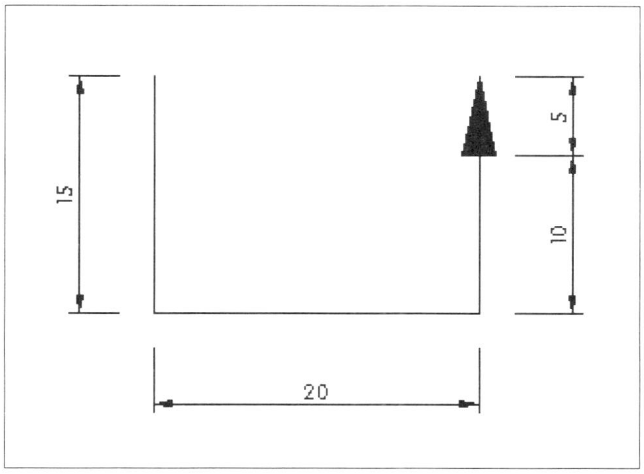

Command: PLINE
Specify start point:
Current line-width is 0.0000
Specify next point or [Arc/Halfwidth/Length/Undo/Width]: 15
Specify next point or [Arc/Close/Halfwidth/Length/Undo/Width]: 20
Specify next point or [Arc/Close/Halfwidth/Length/Undo/Width]: 10
Specify next point or [Arc/Close/Halfwidth/Length/Undo/Width]: w
Specify starting width <0.0000>: 2
Specify ending width <2.0000>: 0
Specify next point or [Arc/Close/Halfwidth/Length/Undo/Width]: 5
Specify next point or [Arc/Close/Halfwidth/Length/Undo/Width]:

◈ 실습예제 2

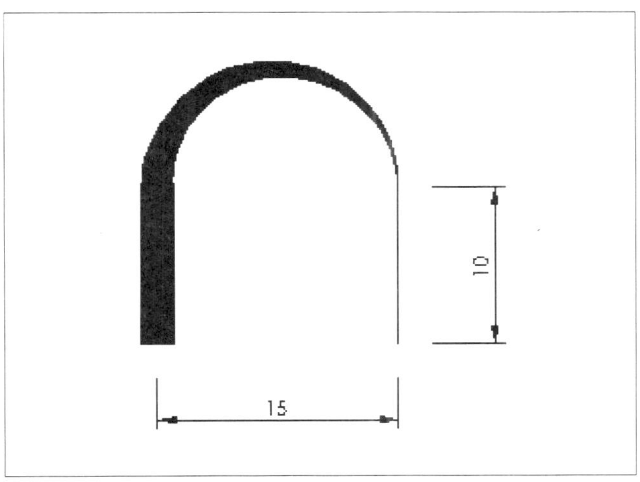

Command: PLINE
Specify start point:
Current line-width is 0.0000
Specify next point or [Arc/Halfwidth/Length/Undo/Width]: 10
Specify next point or [Arc/Close/Halfwidth/Length/Undo/Width]: a
Specify endpoint of arc or
[Angle/CEnter/CLose/Direction/Halfwidth/Line/Radius/Second pt/Undo/Width]: w
Specify starting width <0.0000>:
Specify ending width <0.0000>: 2
Specify endpoint of arc or
[Angle/CEnter/CLose/Direction/Halfwidth/Line/Radius/Second pt/Undo/Width]: 20
Specify endpoint of arc or
[Angle/CEnter/CLose/Direction/Halfwidth/Line/Radius/Second pt/Undo/Width]: L
Specify next point or [Arc/Close/Halfwidth/Length/Undo/Width]: 10
Specify next point or [Arc/Close/Halfwidth/Length/Undo/Width]:

◈ 실습예제 3

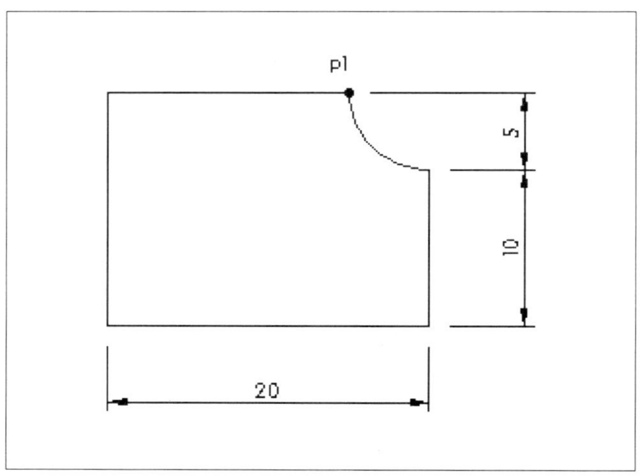

```
Command: PLINE
Specify start point: p1
Current line-width is 0.0000
Specify next point or [Arc/Halfwidth/Length/Undo/Width]: 15
Specify next point or [Arc/Close/Halfwidth/Length/Undo/Width]: 15
Specify next point or [Arc/Close/Halfwidth/Length/Undo/Width]: 20
Specify next point or [Arc/Close/Halfwidth/Length/Undo/Width]: 10
Specify next point or [Arc/Close/Halfwidth/Length/Undo/Width]: a
Specify endpoint of arc or
[Angle/CEnter/CLose/Direction/Halfwidth/Line/Radius/Second
pt/Undo/Width]: a
Specify included angle: -90
Specify endpoint of arc or [CEnter/Radius]:
Specify endpoint of arc or
[Angle/CEnter/CLose/Direction/Halfwidth/Line/Radius/Second
pt/Undo/Width]:
```

2.1.3 Polygon (다각형 그리기 - POL)

메뉴 : Draw > Polygon

명령 : Polygon (POL)

Polygon은 다각형을 그리는 명령으로 아래의 순서대로 따라 해 보세요.

① 다각형 숫자를 입력하기

② 다각형 중심에서 그리기 또는 한 변의 길이값 입력하기

③ 외접 또는 내접하는 방법 선택하기

④ 다각형 반지름 입력하기

◈ 따라하기.

먼저 아래와 같이 반지름이 7인 원을 그린 후, 원에 내접하는 정삼각형을 그립니다.

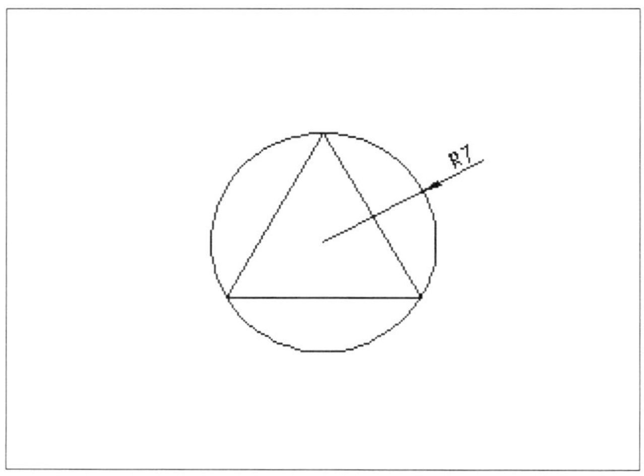

Command: Polygon (pol)
POLYGON Enter number of sides <3>: 3
Specify center of polygon or [Edge]:
Enter an option [Inscribed in circle/Circumscribed about circle] <I>: i (i = 내접, c = 외접)
Specify radius of circle: 7

계속해서 이번에는 원에 외접하는 정삼각형을 그려보세요. 정리하면 반지름은 동일하게 7을 입력하였지만 내접 또는 외접의 선택에 따라 다른 결과를 얻을 수 있음을 알 수 있습니다.

Command: Arc
Specify start point of arc or [Center]: p1
Specify second point of arc or [Center/End]: e
Specify end point of arc: p2
Specify center point of arc or [Angle/Direction/Radius]: a
Specify included angle: 180

① 반지름이 30인 Circle을 그립니다.

② Arc > (Start, End, Angle) 옵션을 이용하여 그림1을 완성합니다.

③ 동일한 방법으로 나머지 Arc를 완성합니다.

◈ 따라하기.

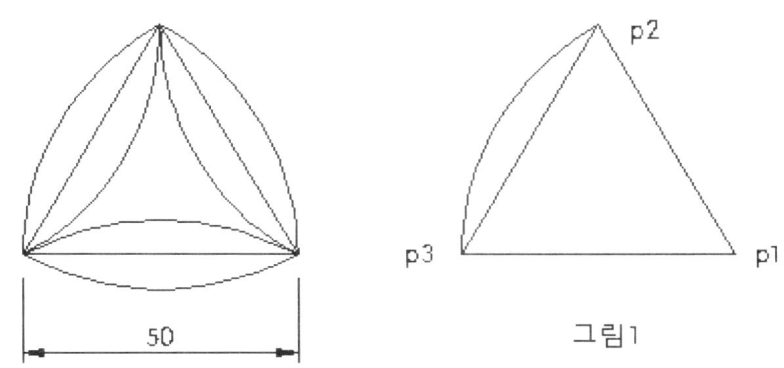

그림1

Command: Arc (a)
Specify start point of arc or [Center]: c
Specify center point of arc: p1
Specify start point of arc: p2
Specify end point of arc or [Angle/chord Length]: p3

① Arc > (Center, Start, End) 옵션을 이용하여 그림1을 완성합니다.

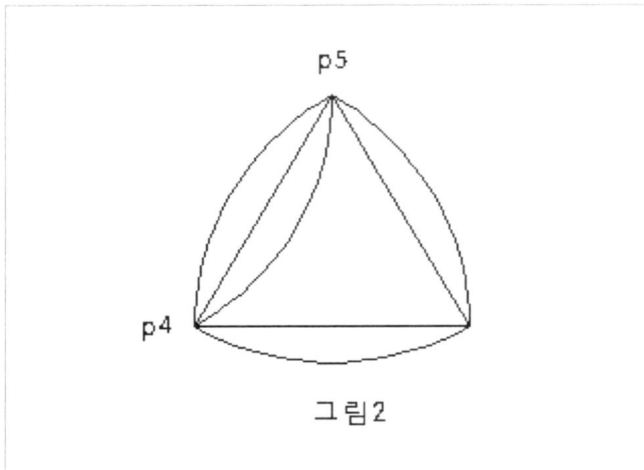

Command: Arc (a)
Specify start point of arc or [Center]: p4
Specify second point of arc or [Center/End]: e
Specify end point of arc: p5
Specify center point of arc or [Angle/Direction/Radius]: a
Specify included angle: 60

② Arc > (Start, End, Angle) 옵션을 이용하여 그림2를 완성합니다.

◈ 따라하기.

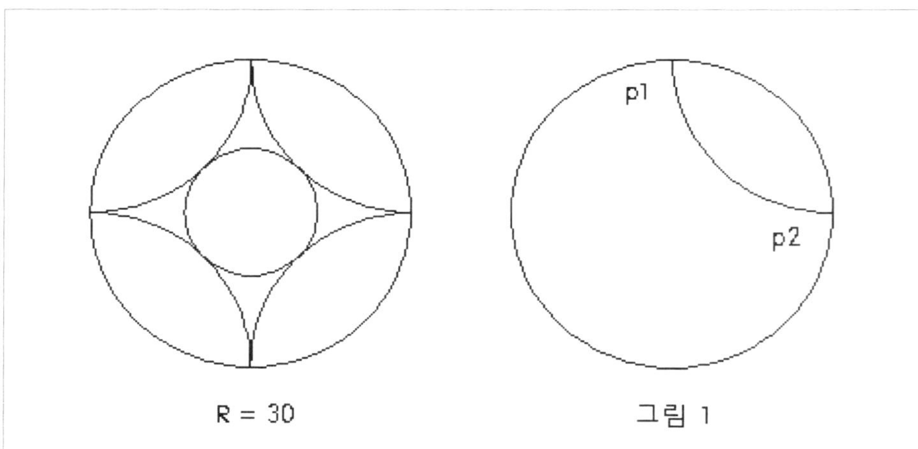

Command: Arc
Specify start point of arc or [Center]: p1
Specify second point of arc or [Center/End]: e
Specify end point of arc: p2
Specify center point of arc or [Angle/Direction/Radius]: a
Specify included angle: 90

⑤ 다시 다각형 명령을 실행한 후, 삼각형 숫자 입력

⑥ Edge 옵션 선택

⑦ p1과 p2 지정

2.1.4 Rectangle (직사각형 그리기 - REC)

메뉴 : Draw > Rectangle

명령 : Rectangle (rec)

Rectangle은 아래의 그림처럼 처음 클릭한 점(p1)과 사각형의 대각선에 해당하는 지점(p2)을 기준으로 직사각형을 그리는 명령입니다.

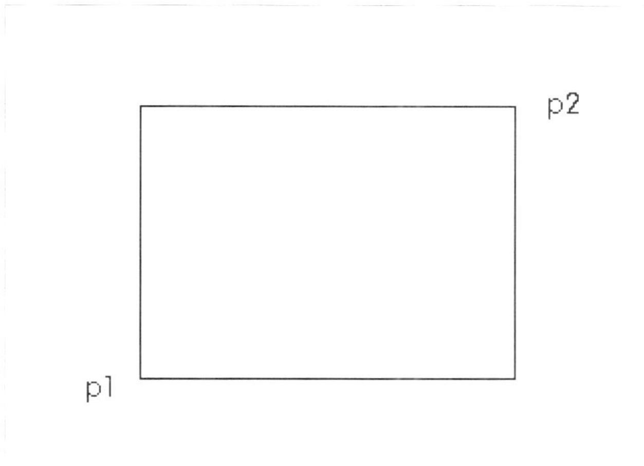

◆ 따라하기.

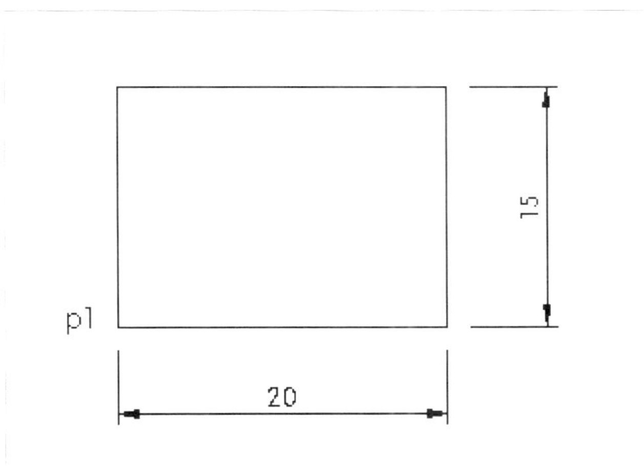

Command: Rectang (rec)
Specify first corner point or [Chamfer/Elevation/Fillet/Thickness/Width]:
Specify other corner point or [Area/Dimensions/Rotation]: @20,15

여기서 주의할 사항은 처음 점(p1)을 클릭한 후, 두 번째 점을 지정할 때는 상대좌표를 사용해야 하므로 좌표(20,15) 앞에 반드시 "@" 를 붙여주어야 합니다.

2.1.5 Circle (원 그리기 - C)

메뉴 : Draw > Circle > 명령어 선택

명령 : Circle (c)

- Center, Radius
- Center, Diameter
- 2 Points
- 3 Points
- Tan, Tan, Radius
- Tan, Tan, Tan

Circle은 두 점 또는 세 점을 이용하여 원을 그리는 명령어인데, 자세한 옵션내용은 메뉴바에 있는 것처럼 6가지가 있지요.

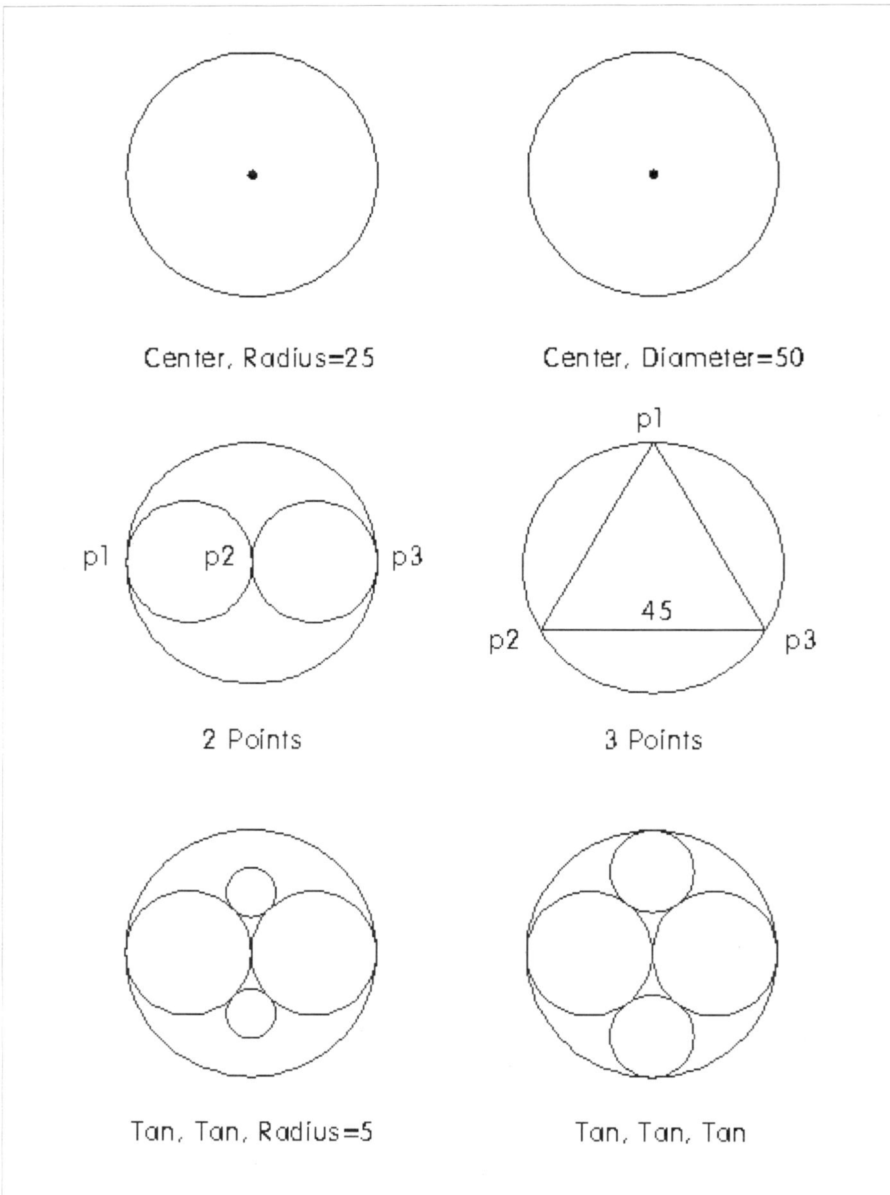

◈ 따라하기.(2 Point 옵션 사용하기)

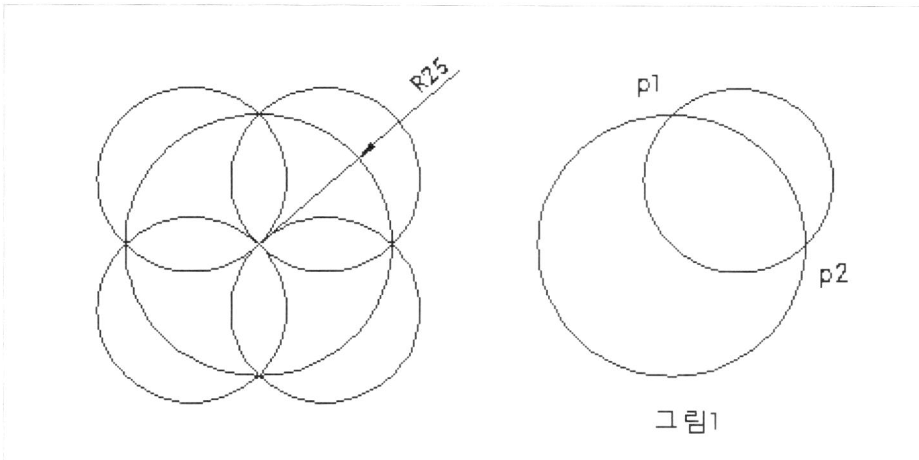

Command: Circle (c)
Specify center point for circle or [3P/2P/Ttr (tan tan radius)]: 2p
Specify first end point of circle's diameter: p1
Specify second end point of circle's diameter: p2

① 반지름=25 인 원을 그립니다.

② 그림1과 같이 Circle 옵션에서 2p를 선택하고 p1, p2를 클릭하여 원을 그립니다.

③ 동일한 방법으로 나머지 3개의 원을 완성합니다.

◈ 따라하기.(3 Point 옵션 사용하기)

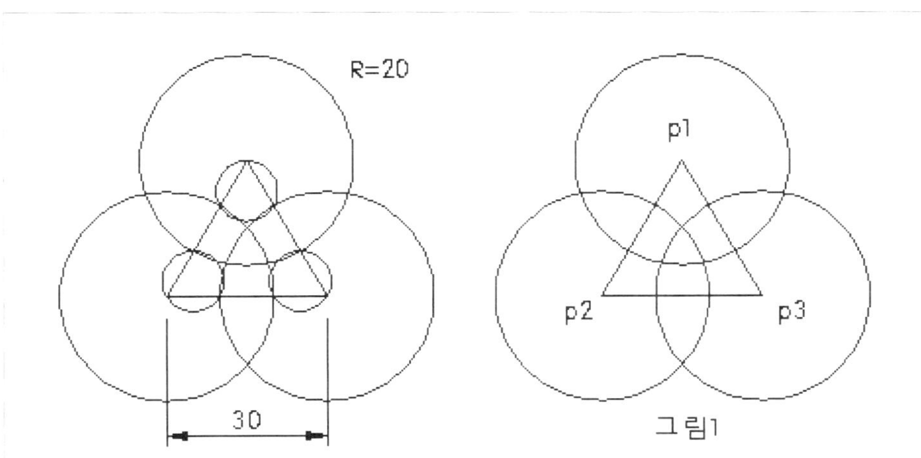

Command: Circle (c)
Specify center point for circle or [3P/2P/Ttr (tan tan radius)]:
Specify radius of circle or [Diameter] <5>: 20

① 한 변의 길이가 30인 정삼각형을 Polygon으로 그립니다.

② 그림1의 p1점을 클릭하고 반지름=20 을 입력해 원을 그립니다.

③ 동일한 방법으로 p2와 p3에서 원을 그려 그림1을 완성합니다.

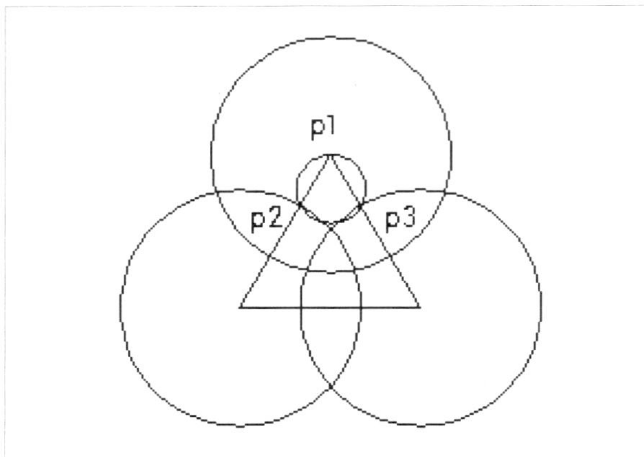

Command: Circle (c)
Specify center point for circle or [3P/2P/Ttr (tan tan radius)]: 3p
Specify first point on circle: p1
Specify second point on circle: p2
Specify third point on circle: p3

④ 3p 옵션을 사용하여 위의 그림처럼 p1, p2, p3 3점을 클릭하여 원을 그립니다.

⑤ 동일한 방법으로 나머지 2개의 원을 완성합니다.

◈ 따라하기.(Ttr 옵션 사용하기)

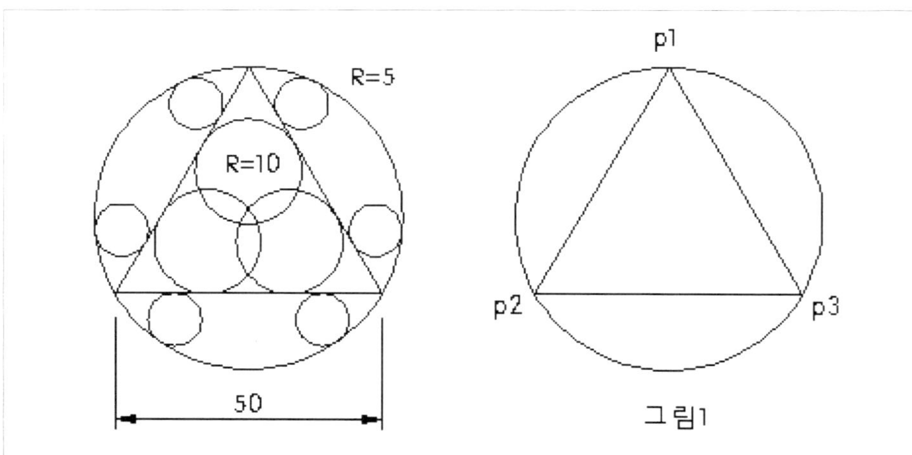

Command: Circle (c)
Specify center point for circle or [3P/2P/Ttr (tan tan radius)]: 3p
Specify first point on circle: p1
Specify second point on circle: p2
Specify third point on circle: p3

① 한 변의 길이가 50인 정삼각형을 Polygon으로 그립니다.

② 3p 옵션을 사용해 그림1을 완성합니다.

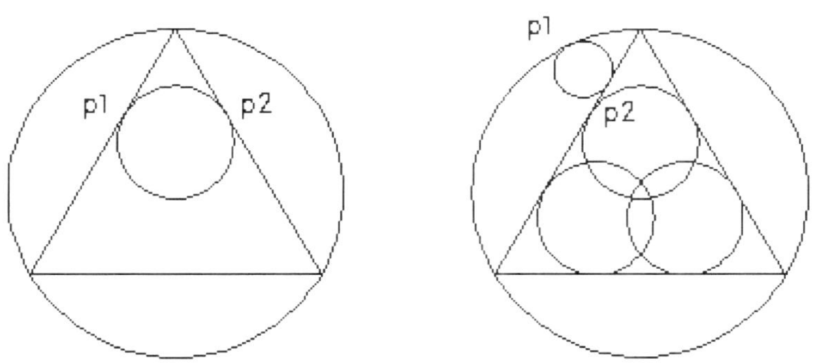

그림2 그림3

Command: Circle (c)
Specify center point for circle or [3P/2P/Ttr (tan tan radius)]: t
Specify point on object for first tangent of circle: p1
Specify point on object for second tangent of circle: p2
Specify radius of circle <5.0000>: 10

③ Ttr 옵션을 이용하여 그림2를 완성합니다.

④ 동일한 방법으로 나머지 2개의 원을 완성합니다.

⑤ Ttr 옵션을 이용하여 그림3을 완성합니다.

⑥ 동일한 방법으로 나머지 5개의 원을 완성합니다.

◈ 따라하기.(Tan,Tan,Tan 옵션 사용하기)

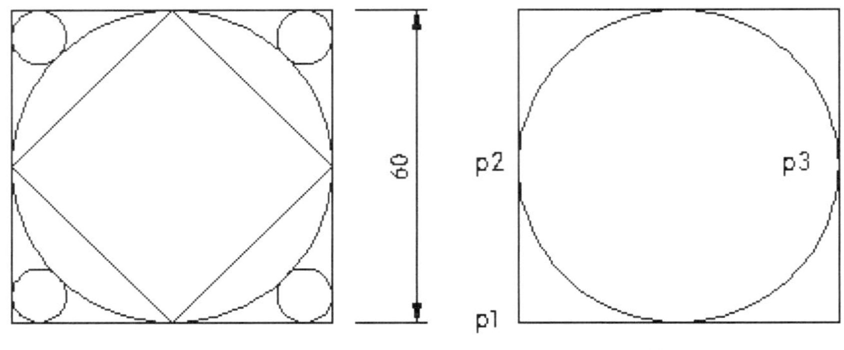

그림1

Command: Rectangle (r)
Specify first corner point or
[Chamfer/Elevation/Fillet/Thickness/Width]: p1
Specify other corner point or [Area/Dimensions/Rotation]: @60,60

① p1을 클릭하고 @60,60을 입력하여 정사각형을 그립니다.

Command: Circle (c)
Specify center point for circle or [3P/2P/Ttr (tan tan radius)]: 2p
Specify first end point of circle's diameter: p2
Specify second end point of circle's diameter: p3

② Circle > 2p를 선택한 후, p2과 p3을 클릭하여 원을 그립니다.

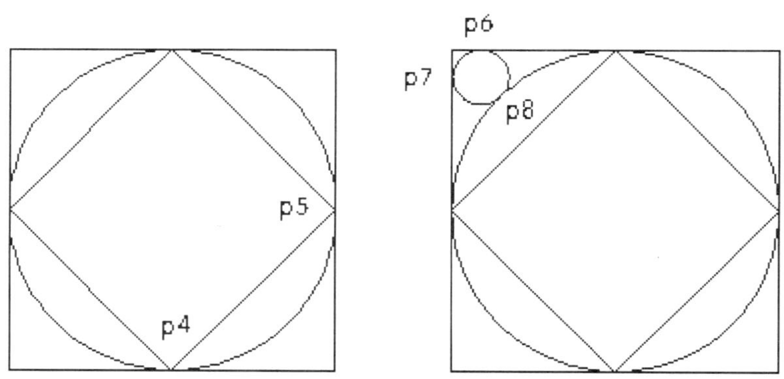

그림 2 그림 3

Command: Polygon (pol)
Enter number of sides <4>: 4
Specify center of polygon or [Edge]: e
Specify first endpoint of edge: p4
Specify second endpoint of edge: p5

③ Polygon 명령을 이용하여 정사각형을 만듭니다.

Command: _circle
Specify center point for circle or [3P/2P/Ttr (tan tan radius)]: _3p Specify first point on circle: _tan to p6
Specify second point on circle: _tan to p7
Specify third point on circle: _tan to p8

④ Circle의 (Tan,Tan,Tan) 옵션은 따로 제공되지 않으므로, 메인 메뉴의 Draw > Circle > Tan,Tan,Tan을 선택하여 실행해야 됩니다.

⑤ p6, p7, p8을 순서에 관계없이 선택하여 3점에 접하는 원을 완성합니다.

◆ 실습 예제

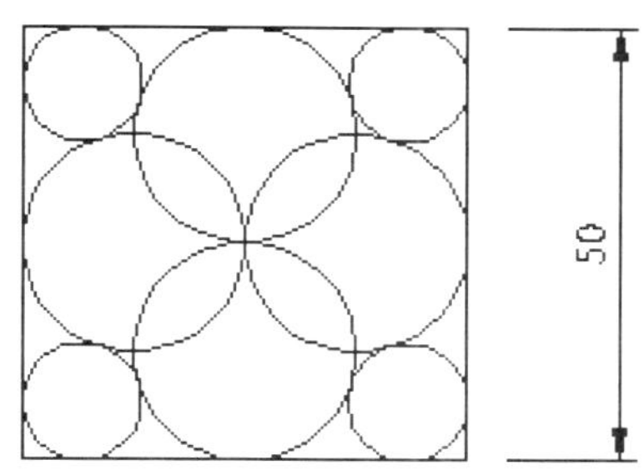

① Rectangle 명령으로 한 변이 50인 정사각형을 그립니다.

② Circle의 2p 옵션을 이용해 큰 원을 그립니다.

③ Circle의 (Tan, Tan, Tan) 옵션을 이용해 완성합니다.

2.1.6 Arc (호 그리기 - A)

메뉴 : Draw > Arc > 명령어 선택

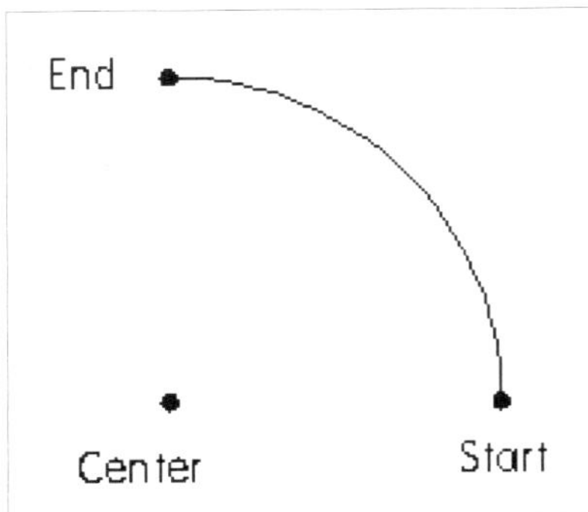

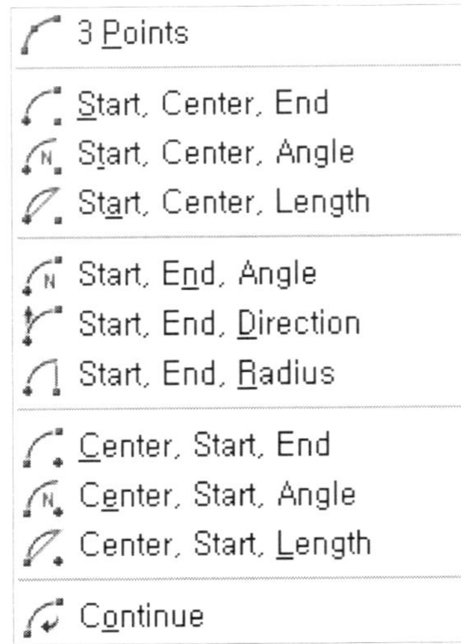

명령 : Arc (a)

Arc는 세 점을 이용하여 원호를 그리는 명령인데, 다른 명령에 비해 그리는 방법이 10가지나 되어 다른 명령에 비해 좀 어렵게 느껴지지요. 하지만 그 원리를 이해하면 번거롭기는 해도 어렵진 않아요.

위의 명령옵션 중 (Start, Center, End)란 1번 클릭은 Start, 2번 클릭은 Center, 3번 클릭은 End 이런 순서로 Art를 그린다는 의미이지요. 따라서 1번 클릭은 Center, 2번 클릭은 Start, 3번 클릭은 End의 방법으로 Arc를 그리려면, 위 명령옵션 중 (Center, Start, End)를 선택하는 거예요.

◈ 따라하기.

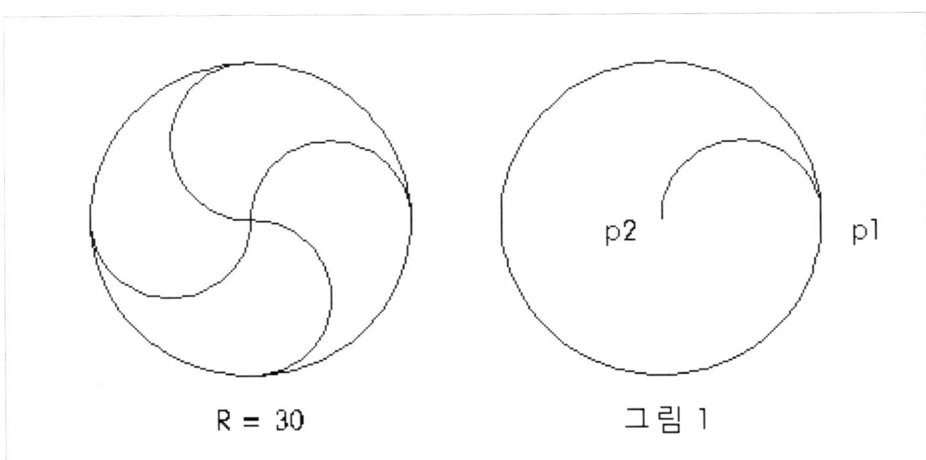

Command: Arc
Specify start point of arc or [Center]: p1
Specify second point of arc or [Center/End]: e
Specify end point of arc: p2
Specify center point of arc or [Angle/Direction/Radius]: a
Specify included angle: 180

① 반지름이 30인 Circle을 그립니다.

② Arc > (Start, End, Angle) 옵션을 이용하여 그림1을 완성합니다.

③ 동일한 방법으로 나머지 Arc를 완성합니다.

◆ 따라하기.

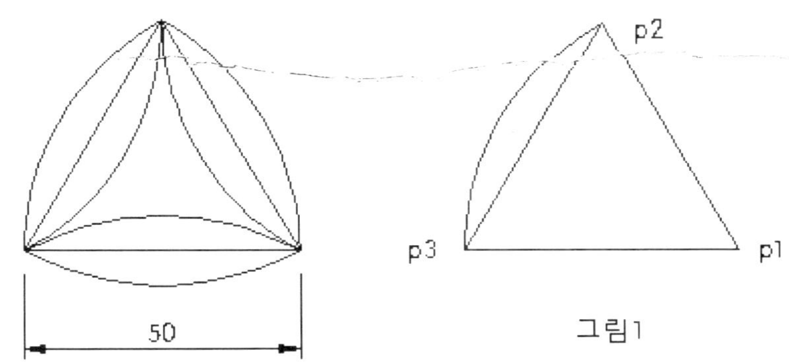

그림1

Command: Arc (a)
Specify start point of arc or [Center]: c
Specify center point of arc: p1
Specify start point of arc: p2
Specify end point of arc or [Angle/chord Length]: p3

① Arc > (Center, Start, End) 옵션을 이용하여 그림1을 완성합니다.

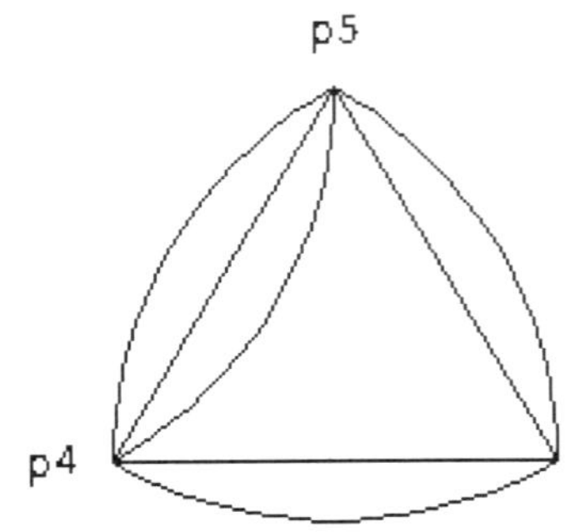

그림2

Command: Arc (a)
Specify start point of arc or [Center]: p4
Specify second point of arc or [Center/End]: e
Specify end point of arc: p5
Specify center point of arc or [Angle/Direction/Radius]: a
Specify included angle: 60

② Arc > (Start, End, Angle) 옵션을 이용하여 그림2를 완성합니다.

◈ 따라하기.

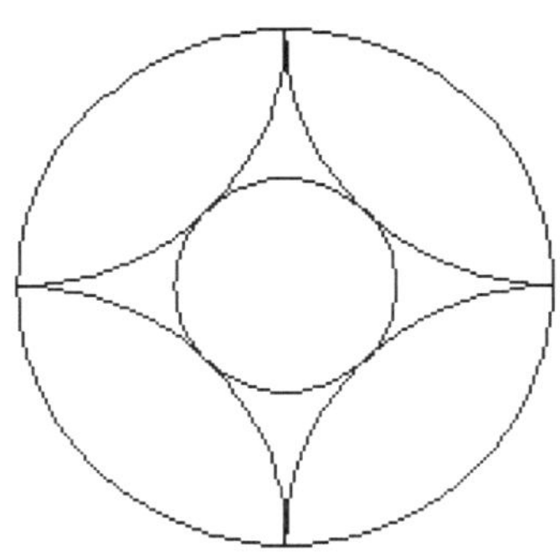

R = 30

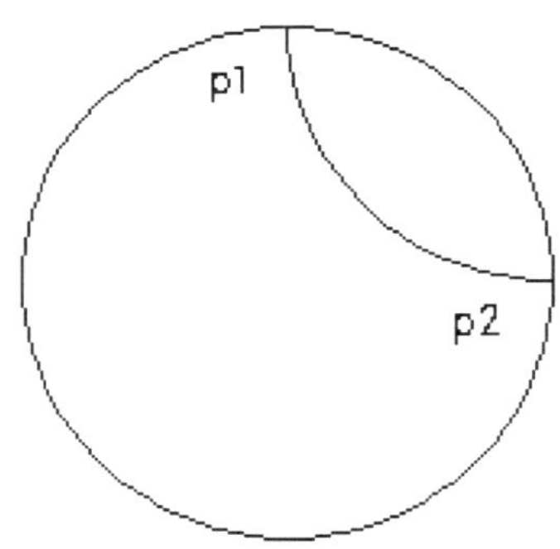

그림 1

Command: Arc
Specify start point of arc or [Center]: p1
Specify second point of arc or [Center/End]: e
Specify end point of arc: p2
Specify center point of arc or [Angle/Direction/Radius]: a
Specify included angle: 90

① 반지름=30인 원을 그립니다.

② (Start, End, Angle) 옵션을 이용하여 그림1을 완성합니다.

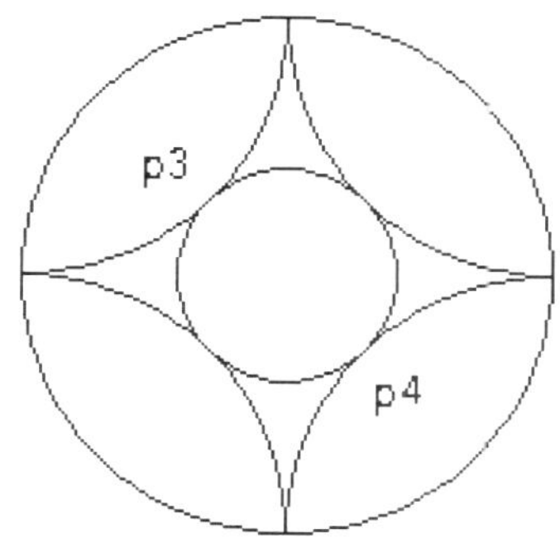

그림 2

Command: Circle
Specify center point for circle or [3P/2P/Ttr (tan tan radius)]: 2p
Specify first end point of circle's diameter: p3
Specify second end point of circle's diameter: p4

③ Circle의 2Point 옵션을 이용하여 그림2를 완성합니다.

◆ 실습 예제

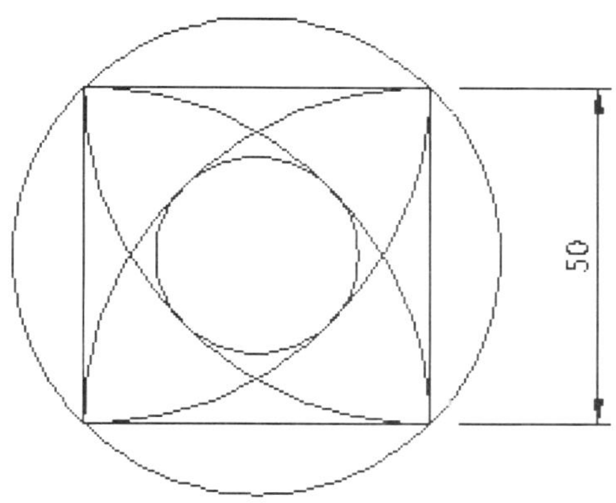

① 한 변의 길이가 50인 정사각형을 그립니다.

② Circle의 2Point 옵션을 이용하여 사각형 외곽의 원을 그립니다.

③ (Center, Start, End) 옵션을 이용하여 Arc를 그립니다.

④ 동일한 방법으로 세 개의 Arc를 더 그립니다.

⑤ Circle의 2Point 옵션을 이용하여 내부의 원을 그립니다.

2.1.7 Ellipse (타원 그리기 - EL)

메뉴 - Draw > Ellipse

명령 - Ellipse (el)

Ellipse 명령은 타원을 구성하는 제1축과 제2축의 끝단을 클릭하거나 타원의 중심축에서 제1축과 제2축을 클릭하여 타원을 그립니다.

◈ 따라하기.

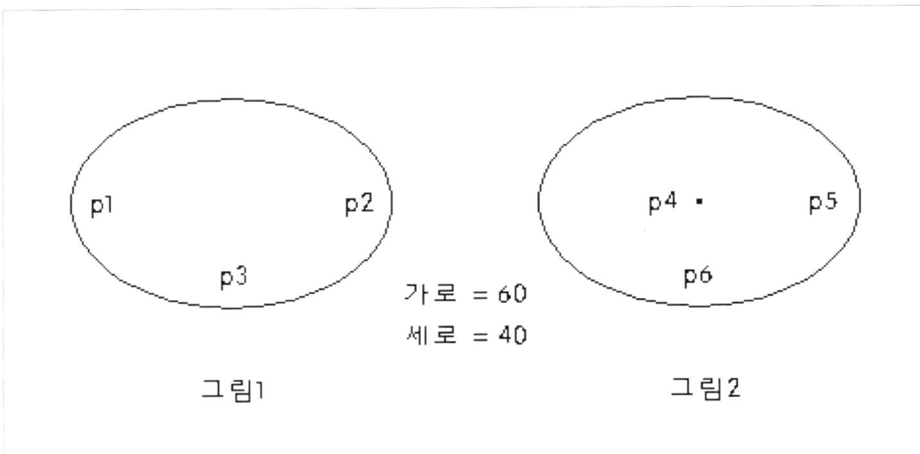

Command: Ellipse (el)
Specify axis endpoint of ellipse or [Arc/Center]: p1
Specify other endpoint of axis: 60
Specify distance to other axis or [Rotation]: 20

① 제1축의 p1을 클릭한 후, p2 방향으로 60을 입력하고, 제2축인 p3 방향으로 20을 입력합니다.

Command: Ellipse
Specify axis endpoint of ellipse or [Arc/Center]: c
Specify center of ellipse: p4
Specify endpoint of axis: 30
Specify distance to other axis or [Rotation]: 20

② 중앙점 p4를 클릭한 후, 제1축인 p5 방향으로 30을 입력하고, 제2축인 p6 방향으로 20을 입력합니다.

◆ 따라하기.

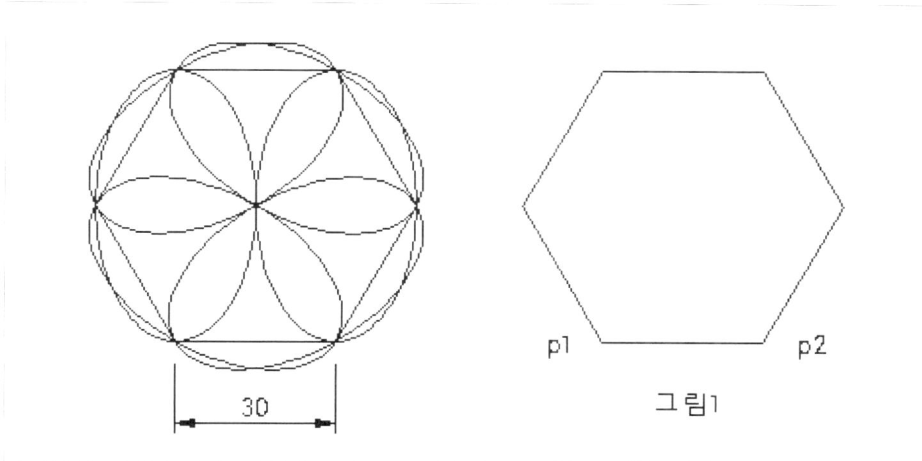

Command: Polygon (pol)
Enter number of sides <6>: 6
Specify center of polygon or [Edge]: e
Specify first endpoint of edge: p1
Specify second endpoint of edge: 30 (p2 방향으로)

① Polygon 명령을 이용하여 그림1을 완성합니다.

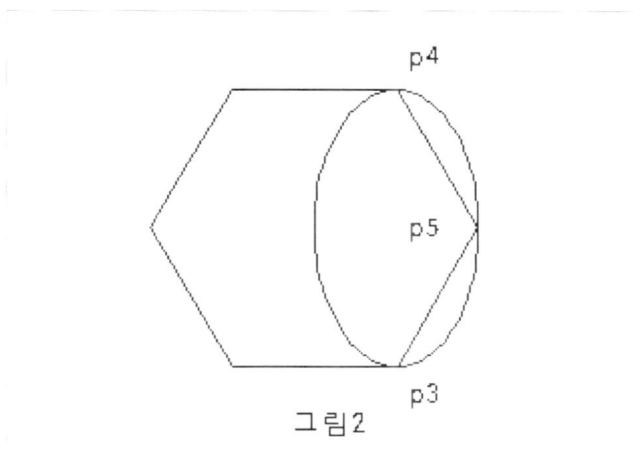

Command: Ellipse (el)
Specify axis endpoint of ellipse or [Arc/Center]: p3
Specify other endpoint of axis: p4
Specify distance to other axis or [Rotation]: p5

② Ellipse 명령을 이용하여 제1축인 p3, p4를 클릭한 후, 제2축인 p5를 입력하여 그림2를 완성합니다.

③ 동일한 방법으로 나머지 5개의 타원을 모두 완성합니다.

◈ 따라하기.

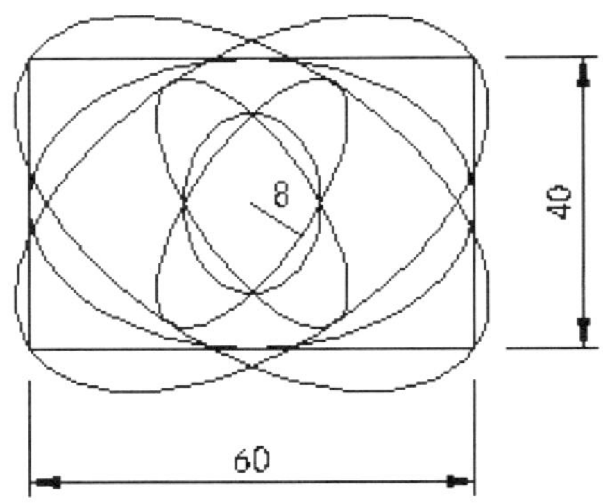

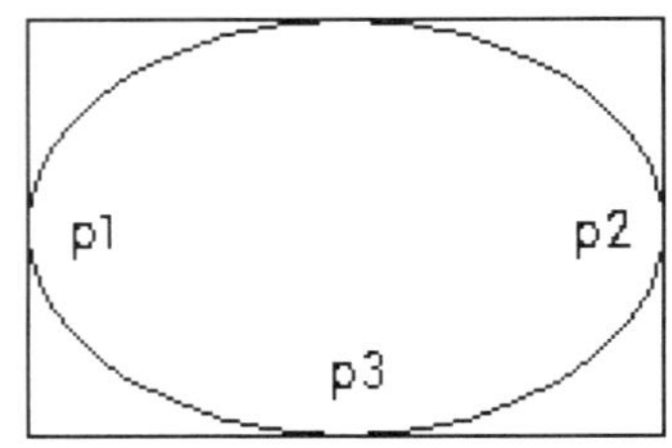

그림1

Command: Ellipse (el)
Specify axis endpoint of ellipse or [Arc/Center]: p1
Specify other endpoint of axis: p2
Specify distance to other axis or [Rotation]: p3

① Rectangle 명령으로 가로=60, 세로=40인 직사각형을 그립니다.

② Ellipse 명령으로 제1축을 p1, p2로, 제2축을 p3로 지정하여 그림1의 타원을 완성합니다.

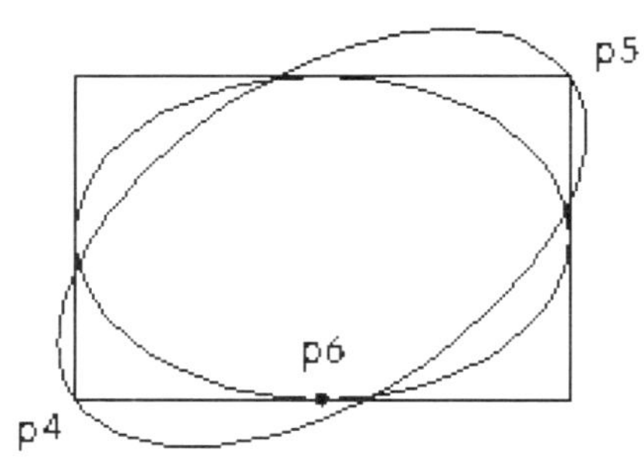

그림2

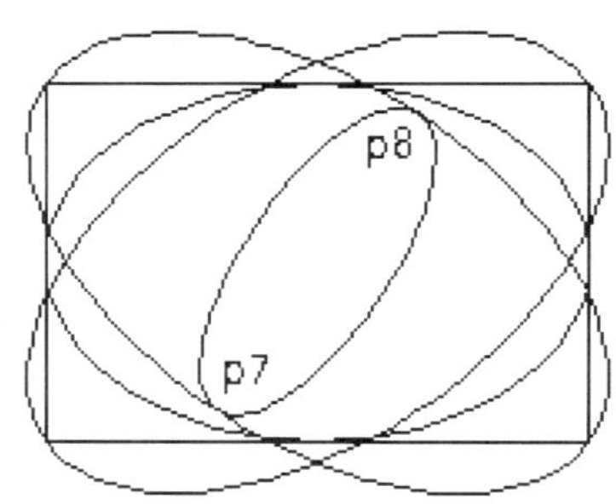

그림3

Command: Ellipse (el)
Specify axis endpoint of ellipse or [Arc/Center]: p4
Specify other endpoint of axis: p5
Specify distance to other axis or [Rotation]: p6

③ Ellipse 명령으로 제1축을 p4, p5로, 제2축을 p6으로 지정하여 그림2의 타원을 완성합니다.

④ 동일한 방법으로 반대편 타원을 하나 더 완성합니다.

Command: Ellipse (el)
Specify axis endpoint of ellipse or [Arc/Center]: p7
Specify other endpoint of axis: p8
Specify distance to other axis or [Rotation]: 8

⑤ Ellipse 명령으로 제1축을 p7, p8로, 제2축의 거리값 8을 입력하여 그림3의 타원을 완성합니다.

⑥ 동일한 방법으로 반대편 타원을 하나 더 완성합니다.

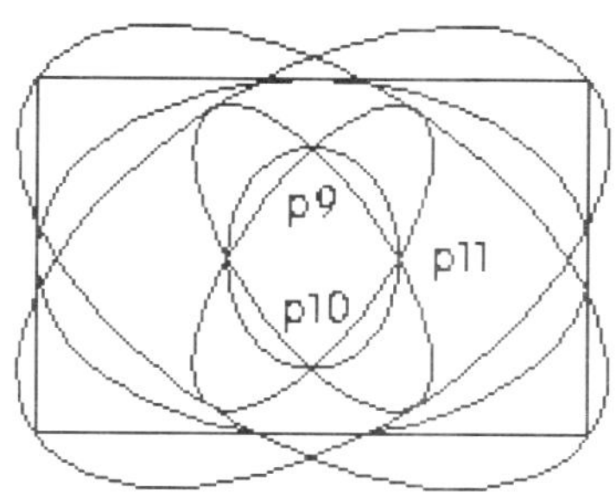

그림4

Command: Ellipse (el)
Specify axis endpoint of ellipse or [Arc/Center]: p9
Specify other endpoint of axis: p10
Specify distance to other axis or [Rotation]: p11

⑦ Ellipse 명령으로 제1축을 p9, p10으로, 제2축을 p11로 지정하여 그림4의 타원을 완성합니다.

◈ 따라하기.

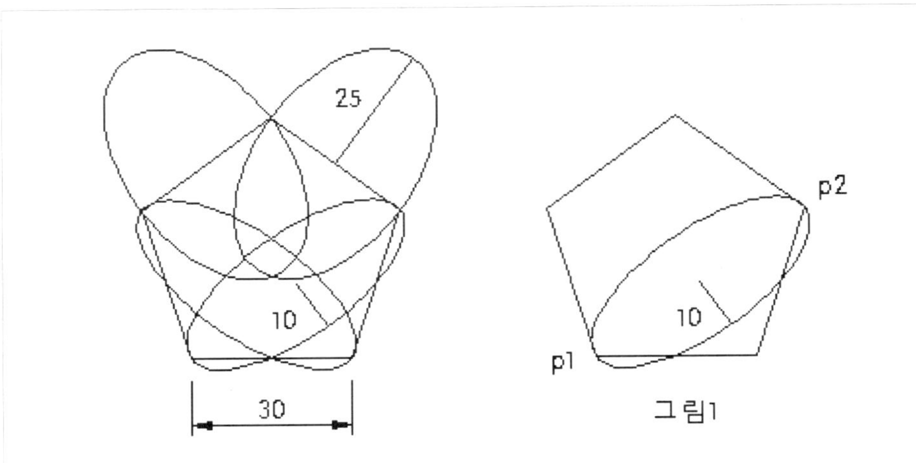

Command: Ellipse (el)
Specify axis endpoint of ellipse or [Arc/Center]: p1
Specify other endpoint of axis: p2
Specify distance to other axis or [Rotation]: 10

① Polygon 명령을 이용하여 한 변이 30인 정오각형을 그립니다.

② Ellipse 명령을 이용하여 제1축을 p1, p2로, 제2축의 길이는 10을 입력하여 그림1을 완성합니다.

③ 동일한 방법으로 반대쪽 타원도 완성합니다.

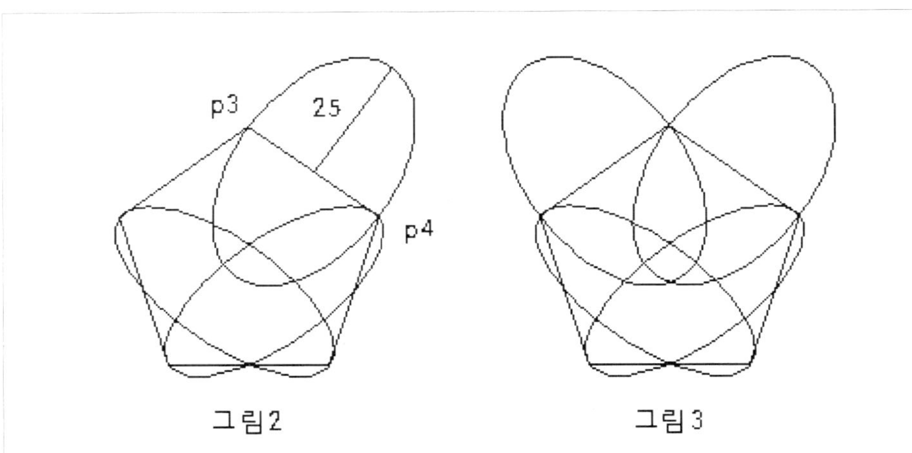

Command: Ellipse (el)
Specify axis endpoint of ellipse or [Arc/Center]: p3
Specify other endpoint of axis: p4
Specify distance to other axis or [Rotation]: 25

④ Ellipse 명령을 이용하여 제1축을 p3, p4로, 제2축의 길이는 25를 입력하여 그림 2을 완성합니다.

⑤ 동일한 방법으로 그림3을 완성합니다.

◆ 실습 예제

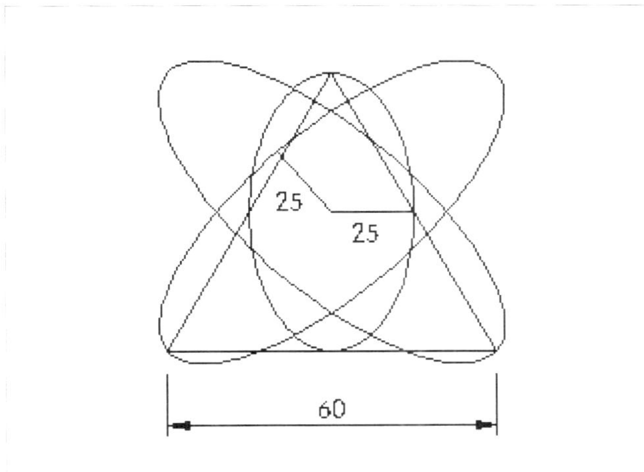

2.1.8 Point (점 그리기 - PO)

명령 - Divide (div)

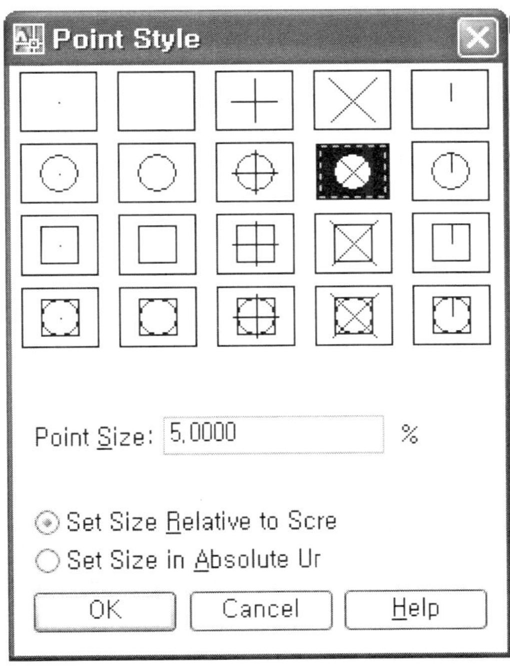

Point 는 도면에 특정형태의 점을 표시하는 명령입니다. 점을 사용하려면 먼저 ddptype 명령으로 위와 같은 대화상자를 Open 한 후, 20가지의 형태 중 원하는 점의 모양을 선택합니다.

Point 명령을 사용하는 용도는 아래와 같아요.

① 도면상 특정 지점 표시

② Divide 명령을 이용하여 객체를 입력한 개수만큼 분할 표시

③ Measure 명령을 이용하여 객체를 입력한 거리씩 분할 표시

◈ 따라하기.

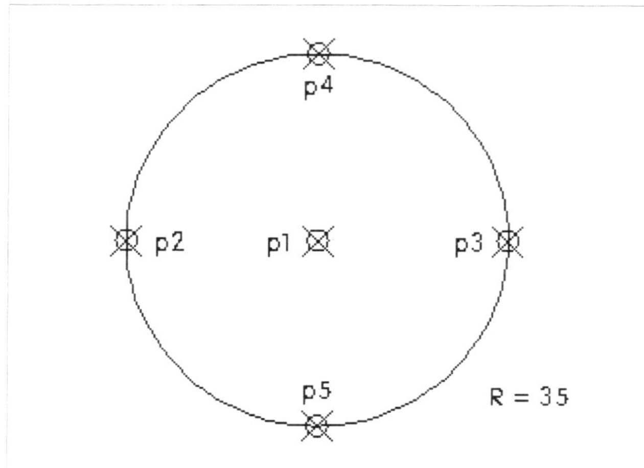

Command: Point (po)
Current point modes: PDMODE=35 PDSIZE=-3.0000
Specify a point: p1

① 반지름=35인 원을 그립니다.

② Point 명령을 이용하여 원의 중심인 p1을 클릭합니다.

③ 계속해서 원의 사분점인 p2, p3, p4, p5점을 클릭합니다.

2.1.9 Divide (div)

메뉴 - Draw > Point > Divide

명령 - Divide (div)

선택된 객체를 입력한 개수만큼 분할하여 Point로 표시해 줍니다. 용도는 아래와 같이 객체를 분할한 후, 그 점을 사용하기 위함이지요.

◈ 따라하기.

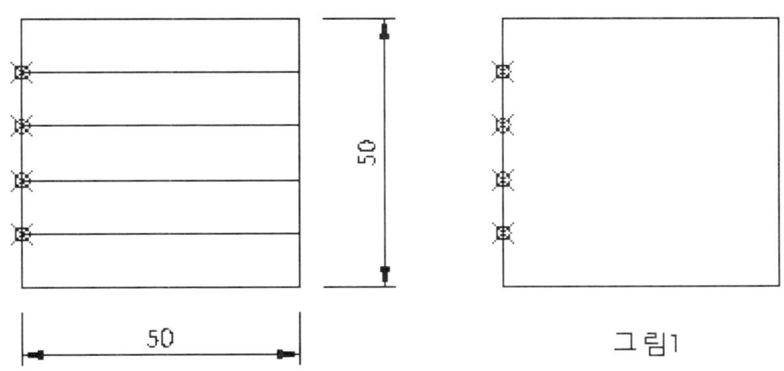

그림1

Command: Divide (div)
Select object to divide: 객체 선택
Enter the number of segments or [Block]: 5

① 한 변이 50인 사각형을 그립니다.

② Divide 명령을 이용하여 왼쪽 변을 5등분합니다.

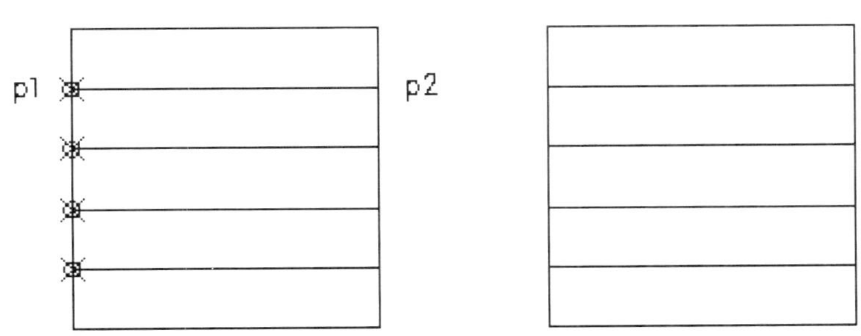

그림2 그림3

③ 생성된 Point를 이용하여 p1, p2를 클릭하여 그림2를 완성합니다.

④ 마지막으로 객체의 등분에 활용했던 점들을 삭제하여 그림3을 완성합니다.

2.1.10 Measure (me)

메뉴 - Draw > Point > Measure

명령 - Measure (me)

선택된 객체를 입력한 길이만큼 분할하여 Point로 표시해 줍니다. 용도는 아래와 같이 객체를 거리값으로 분할한 후, 그 점을 사용하기 위함이지요.

◈ 따라하기.

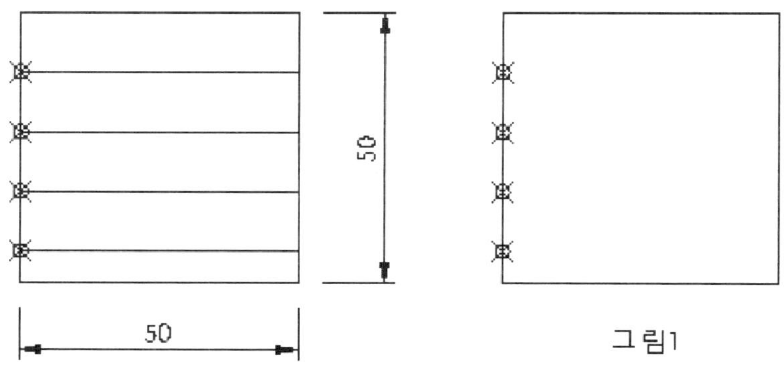

그림1

Command: Measure (me)
Select object to measure:
Specify length of segment or [Block]: 11

① 한 변이 50인 사각형을 그립니다.

② Divide 명령을 이용하여 왼쪽 변을 5등분합니다.

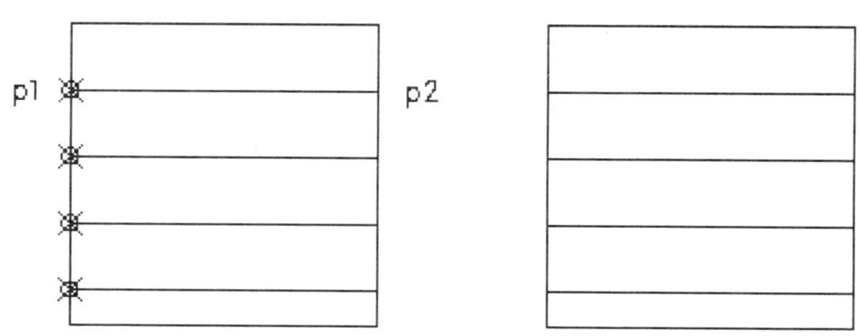

그림 2 그림 3

③ 생성된 Point를 이용하여 p1, p2를 클릭하여 그림2를 완성합니다.

④ 마지막으로 객체의 등분에 활용했던 점들을 삭제하여 그림3을 완성합니다.

2.1.11 Donut (do)

메뉴 - Draw > Donut

명령 - Donut (do)

Donut 은 아래와 같은 모양을 만드는 명령입니다. 도넛의 내부지름(D1)과 외부지름(D2)를 입력한 후, 원하는 지점(p1)을 클릭하여 도넛을 완성합니다. 도넛은 엔터를 하기 전까지는 연속적으로 그릴 수 있어요.

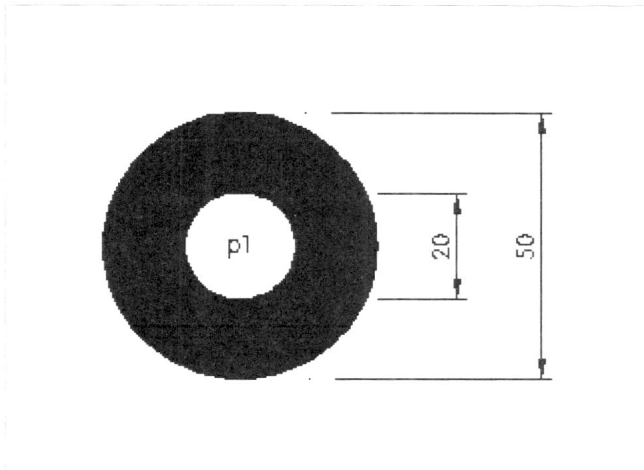

Command: Donut (do)
Specify inside diameter of donut <0.5000>: 20
Specify outside diameter of donut <1.0000>: 50
Specify center of donut or <exit>: p1

① 도넛의 내부지름 20을 입력합니다.

② 도넛의 외부지름 50을 입력합니다.

③ 도넛이 위치할 지점 p1을 클릭합니다.

2.2 도면 수정하기

2.2.1 Properties (객체 특성 관리하기 - pr, Ctrl+1)

메뉴 - Modify > Properties

명령 - Properties (pr, Ctrl+1)

Properties 명령은 크게 아래와 같은 두 가지 목적으로 자주 사용합니다.

① 현재 도면에 설정된 Color, Layer, LineType 등의 내용을 확인할 때 사용합니다.

② 객체를 선택한 후, 선택된 객체의 내용을 확인 및 직접 값을 입력하여 객체의 형태 및 위치 등을 수정할 수 있습니다.

객체를 선택하지 않고 Properties 명령을 실행하면 위와 같은 대화상자가 Display 됩니다.

① 첫 째 라인의 "No seletion"은 현재 아무 객체도 선택되어 있지 않음을 나타냅니다.

② General Tab을 보면 현재 도면의 Color, Layer, Linetype 등 설정상태를 알 수 있습니다.

③ 동일한 방법으로 아래의 옵션 설정상태를 확인할 수 있습니다.

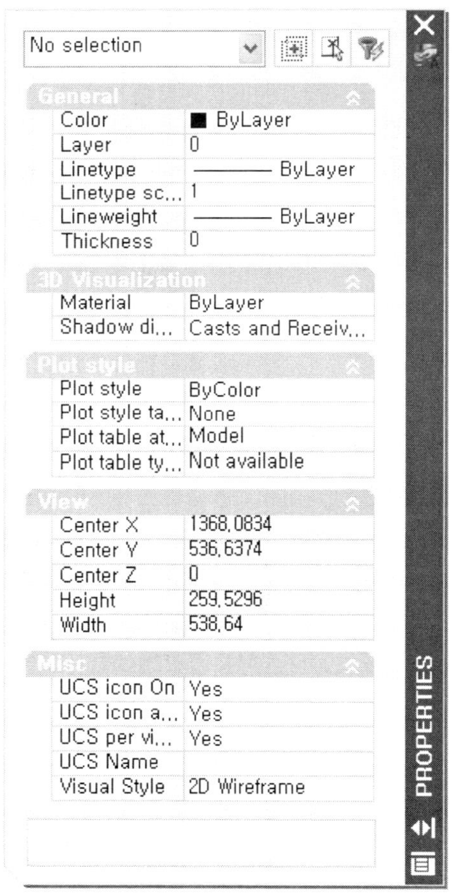

◆ 따라하기.

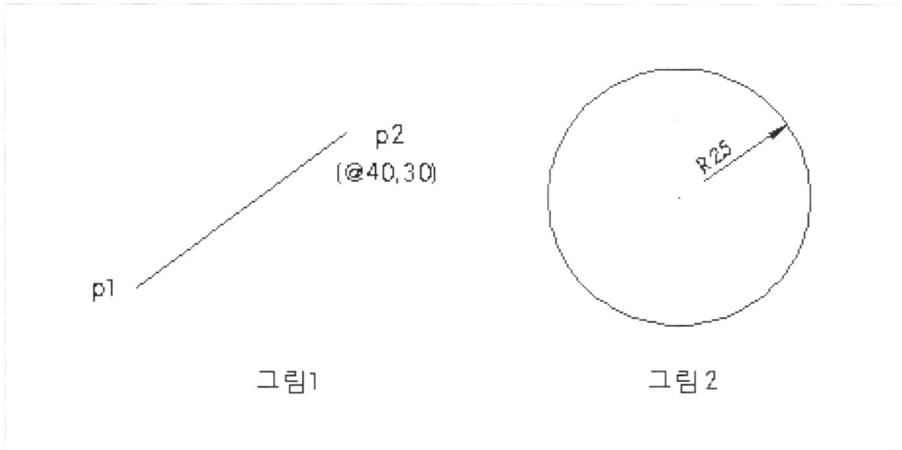

그림1 그림2

① Line 명령으로 p1에서 @40,30을 입력하여 그림1의 선을 그립니다.

② 그림1의 선을 선택한 후, Properties 명령을 실행하여 선의 속성을 확인합니다.

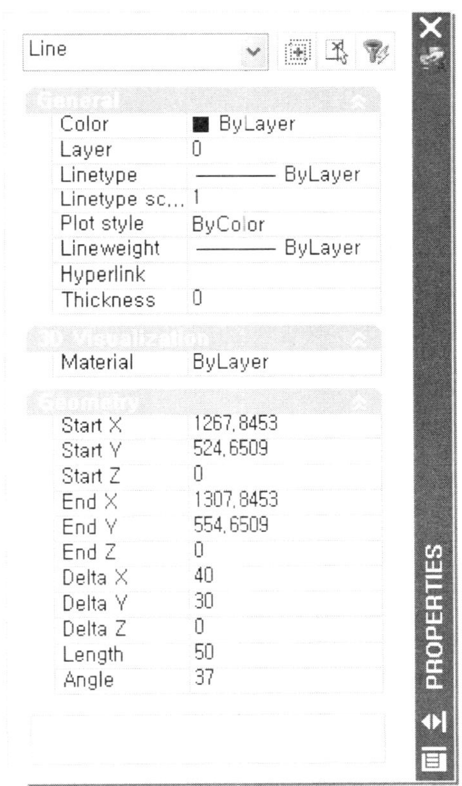

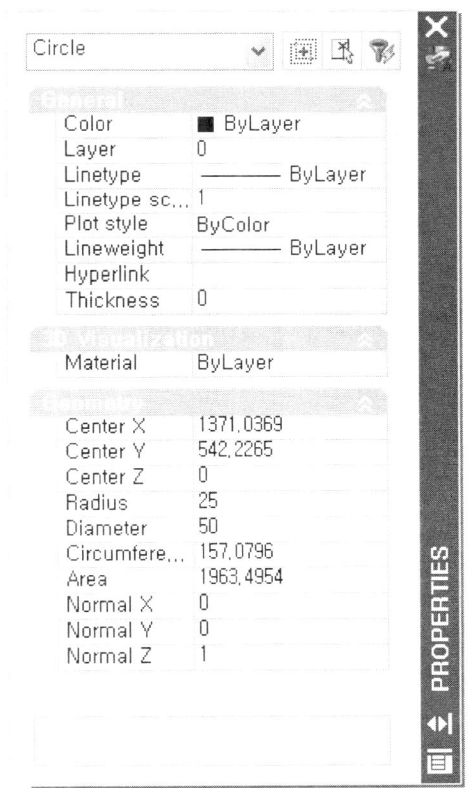

③ 객체의 이름(Line)과 Color, Layer, Linetype 등은 물론 현재 선택한 선의 시작점(p1)의 좌표 및 끝점(p2)의 좌표 및 길이, 각도 등을 확인할 수 있습니다.

④ Circle 명령으로 그림2와 같이 반지름=25인 원을 그립니다.

⑤ 그림2의 원을 선택한 후, Properties 명령을 실행하여 원의 속성을 확인합니다.

⑥ 객체의 이름(Circle)과 Color, Layer, Linetype 등은 물론 현재 선택한 원의 중심

좌표, 반지름, 지름, 둘레, 면적 등을 확인합니다.

⑦ 즉 특성창은 선택한 객체의 특성에 따라 창의 내용도 다르게 구성되어 있음을 알 수 있습니다.

2.2.2 Erase (지우기 - e)

메뉴 - Modify > Erase

명령 - Erase (e)

도면 작업 도중 생성된 객체를 지우는 방법은 크게 두 가지가 있습니다.

첫째는 Erase 명령을 사용한 후, 지울 객체를 선택하는 방법이고,

둘째는 지울 객체를 먼저 선택한 후, Delete 키를 누르는 방법입니다.

◈ 따라하기.

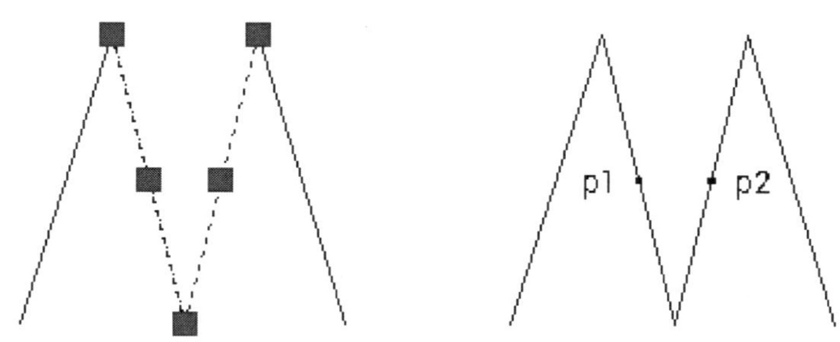

그림1 그림2

☞ 방법 1

① Line 명령을 이용하여 그림1과 같은 선을 그립니다.

② 안쪽의 두 선을 선택하면 그림1과 같이 선택마크가 나타납니다.

③ Delete 키를 누르면 선택된 객체가 지워집니다.

☞ 방법 2

① Line 명령을 이용하여 그림2와 같은 선을 그립니다.

② Erase 명령을 한 후, p1과 p2점을 클릭합니다.

③ Enter키 또는 마우스 우측버튼을 누르면 선택된 객체가 지워집니다.

2.2.3 Copy (복사하기 - cp)

메뉴 - Modify > Copy

명령 - Copy (cp)

Copy 는 동일한 객체를 다른 장소로 복사하는 명령입니다. 객체를 복사하는 방법으로는

아래의 두 가지가 가장 일반적으로 사용됩니다.

① 이미 존재하는 객체의 Snap 포인트를 이용하는 방법.

② 객체를 선택한 후, 복사할 지점의 좌표값을 입력하는 방법.

◈ 따라하기.

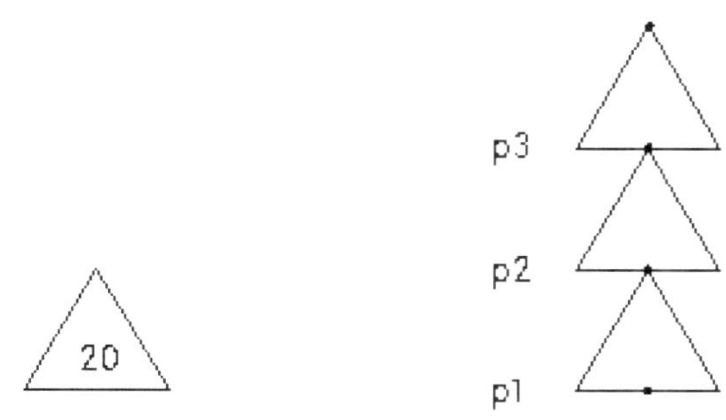

그림1 그림2

```
Command: Polygon (pol)
Enter number of sides <3>: 3
Specify center of polygon or [Edge]: e
Specify first endpoint of edge: p1
Specify second endpoint of edge: 20
```

① Polygon 명령을 이용하여 한 변이 20인 삼각형을 그립니다.

```
Command: Copy (cp)
Select objects: 1 found (객체 선택)
Select objects: [Enter]
Specify base point or [Displacement] <Displacement>: p1
Specify second point or <use first point as displacement>: p2
Specify second point or [Exit/Undo] <Exit>: p3
Specify second point or [Exit/Undo] <Exit>: [Enter]
```

② 복사할 삼각형을 선택한 후, 복사할 기준점 p1을 클릭합니다.

③ 객체가 복사될 지점인 p2, p3을 클릭하여 그림2를 완성합니다.

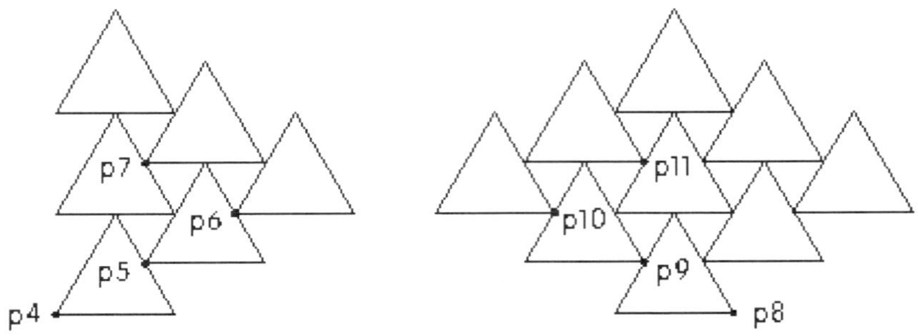

그림3 그림4

④ 가장 아래의 삼각형을 다시 선택한 후, ②번과 동일한 방법으로 기준점 p4를 클릭합니다.

⑤ 객체가 복사될 지점인 p5, p6, p7을 클릭하여 그림3을 완성합니다.

④ 가장 아래의 삼각형을 다시 선택한 후, ④번과 동일한 방법으로 기준점 p8을 클릭합니다.

⑤ 객체가 복사될 지점인 p9, p10, p11을 클릭하여 그림4를 완성합니다.

◈ 따라하기.

그림1 그림2

① Circle 명령으로 그림1과 같이 반지름=10인 원을 그립니다.

```
Command: Copy
Select objects: 1 found (객체 선택)
Select objects: [Enter]
Specify base point or [Displacement] <Displacement>: 0,20
Specify second point or <use first point as displacement>: [Enter]
```

② 복사할 객체인 원을 선택한 후, y방향으로 20거리 만큼 복사해야 하므로, (0,20)을

입력하고 엔터키를 연속해서 두 번 클릭하면 그림2와 같이 입력한 좌표의 위치에 객체가 복사됩니다.

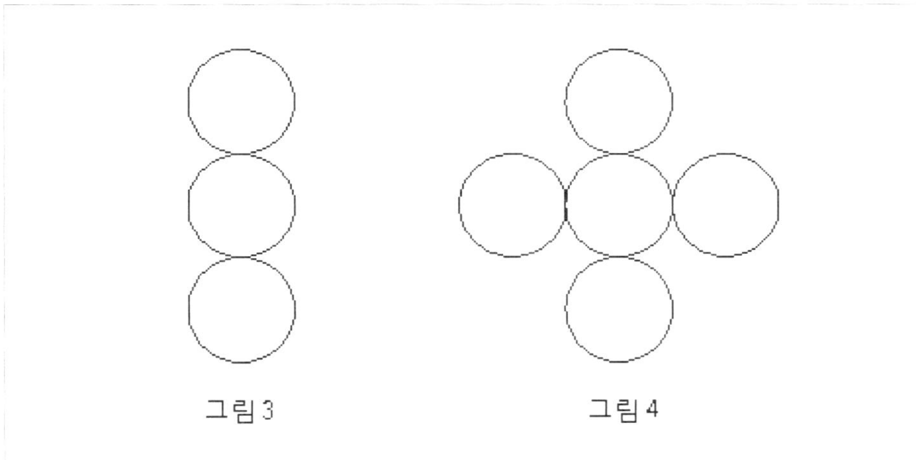

③ 동일한 방법으로 처음의 원을 선택한 후, (0,-20)을 입력하여 그림3을 완성합니다.

④ 이번에는 역시 동일한 방법으로 중앙의 원을 선택한 후, 한 번은 (-20,0)을 입력하여 좌측으로 복사하고, 한 번은 (0,20)을 입력하여 우측으로 복사하여 그림4를 완성합니다.

2.2.4 Move (이동하기 - M)

메뉴 - Modify > Move

명령 - Move (m)

Move 는 동일한 객체를 다른 장소로 이동하는 명령입니다. 객체를 이동하는 방법으로는 아래의 두 가지가 가장 일반적으로 사용됩니다.

① 이미 존재하는 객체의 Snap 포인트를 이용하는 방법.

② 객체를 선택한 후, 이동할 지점의 좌표값을 입력하는 방법.

◈ 따라하기.

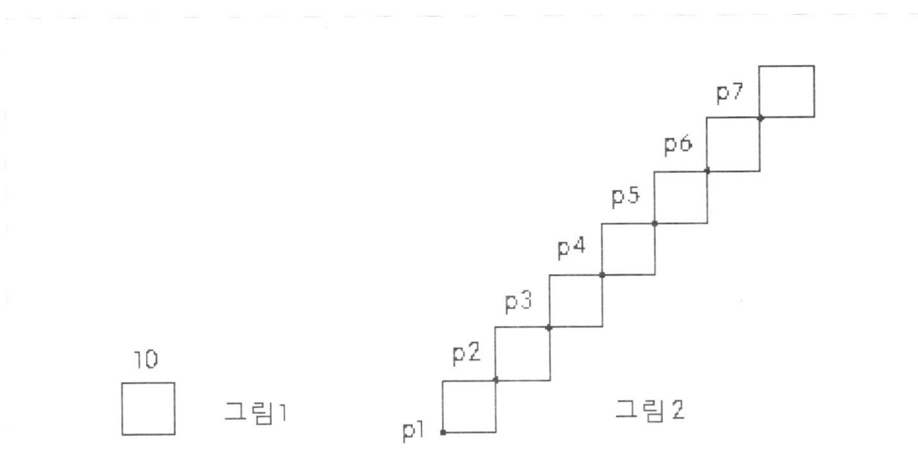

Command: Copy (cp)
Select objects: 1 found (객체 선택)
Select objects: [Enter]
Specify base point or [Displacement] <Displacement>: p1
Specify second point or <use first point as displacement>: p2
Specify second point or [Exit/Undo] <Exit>: p3
Specify second point or [Exit/Undo] <Exit>: [Enter]

① Rectangle 명령으로 한 변이 10인 정사각형을 그립니다.

② 복사할 정사각형을 선택한 후, 복사할 기준점 p1을 클릭합니다.

③ 객체가 복사될 지점인 p2 ~ p7을 연속적으로 클릭하여 그림2를 완성합니다.

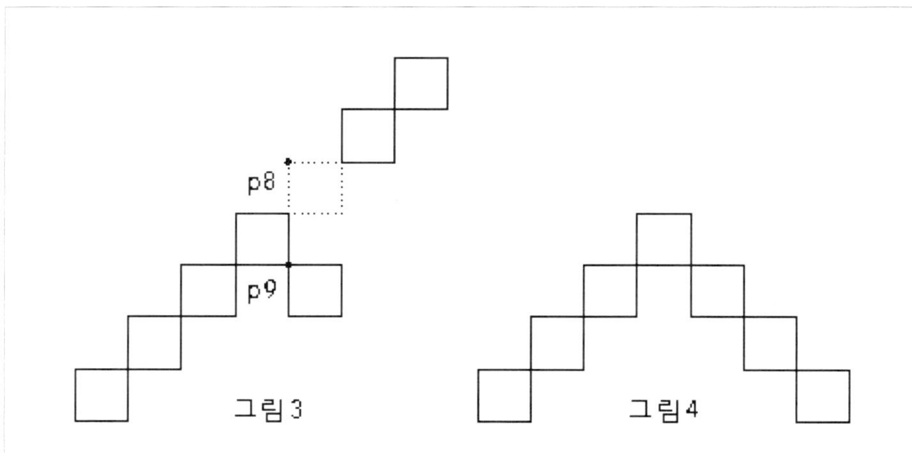

Command: Move
Select objects: 1 found
Select objects: [Enter]
Specify base point or [Displacement] <Displacement>: p8
Specify second point or <use first point as displacement>: p9

④ Move 명령을 이용하여 그림3의 점선으로 된 정사각형을 선택한 후, 이동 기준점 p8을 클릭하고, 이어서 이동 목표지점인 p9를 클릭하여 정사각형 하나를 이동합니다.

⑤ 동일한 방법으로 위 두 개의 정사각형을 이동하여 그림4를 완성합니다.

2.2.5 Mirror (대칭 복사하기 - mi)

메뉴 - Modify > Mirror

명령 - Mirror (mi)

Mirror 명령은 우리가 거울을 보는 거와 같은 원리로 생각하면 이해가 쉽습니다. 거울을 보는 사람은 대칭 복사하고자 하는 객체이고, 거울은 대칭축이며, 거울을 통해 보여

지는 모습은 복사된 객체로 생각하면 되지요. 따라서 객체를 대칭 복사하려면 대칭축을 정확히 지정해 주어야 합니다.

◆ 따라하기.

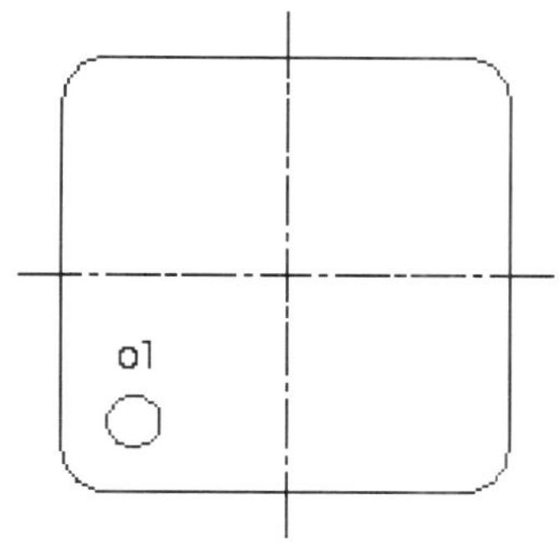

그림1

① Mirror 명령을 이용하여 객체 o1을 네 모서리에 대칭 복사를 할 수 있습니다.

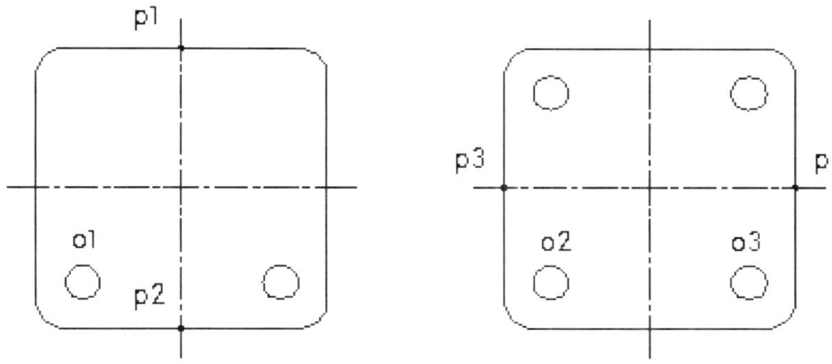

그림2 그림3

```
Command: Mirror (mi)
Select objects: 1 found (객체 o1)
Select objects: Enter
Specify first point of mirror line: p1
Specify second point of mirror line: p2
Erase source objects? [Yes/No] <N>: Enter
```

② Mirror 명령을 실행하여 객체 o1을 선택한 후, 대칭축 p1과 p2를 지정합니다.

③ 마지막 줄 "Erase source objects? [Yes/No] <N>:" 의 물음에서 Yes = 원본 객체의 삭제 No = 원본 객체의 유지를 의미합니다.

④ 동일한 방법으로 p3, p4를 대칭축으로 하는 Mirror 명령을 실행하여 그림3을 완성

합니다.

2.2.6 Trim (객체 자르기 - TR)

메뉴 - Modify > Trim

명령 - Trim (tr)

Trim 은 객체를 자를 때 사용하는 명령입니다. 객체를 자를 때는 반드시 자르고자하는 경계가 되는 객체가 있어야 하며 그 객체를 선택한 후, 자를 부분을 클릭하면 경계선을 기준으로 객체가 잘려 없어집니다.

◈ 따라하기.

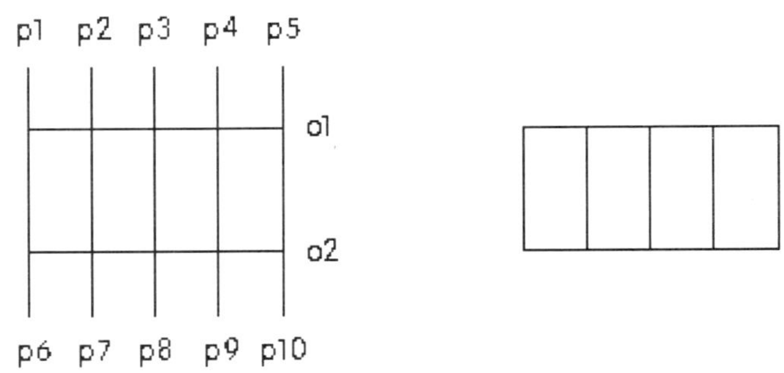

그림1 그림2

Command: Trim (tr)
Current settings: Projection=UCS, Edge=None
Select cutting edges ...
Select objects or <select all>: 1 found
Select objects: 1 found, 2 total
Select objects: Enter
Select object to trim or shift-select to extend or
[Fence/Crossing/Project/Edge/eRase/Undo]: p1
Select object to trim or shift-select to extend or
[Fence/Crossing/Project/Edge/eRase/Undo]: p2
Select object to trim or shift-select to extend or
[Fence/Crossing/Project/Edge/eRase/Undo]: p3

① 그림1의 도면을 그림2와 같이 외부의 선을 잘라내려면, 그림1에서 경계가 되는 o1과 o2를 선택합니다.

② p1부터 p10까지 클릭하면 그림2와 같이 o1과 o2기준으로 객체가 잘려집니다.

◈ 따라하기.

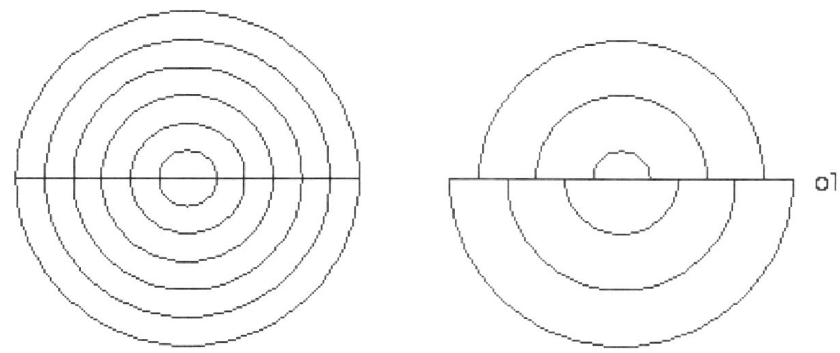

그림3 그림4

① 그림3의 도면을 그림4와 같이 외부의 선을 잘라내려면, Trim 명령을 이용하여 그림1에서 경계가 되는 o1을 선택합니다.

② 자를 객체를 클릭하면 그림2와 같이 o1을 기준으로 객체가 잘려집니다.

2.2.7 Extend (객체 연장하기 - EX)

메뉴 - Modify > Extend

명령 - Extend (ex)

Extend 명령은 직선이나 곡선의 끝점을 지정한 경계선까지 연장시킬 때 사용합니다. 선을 연장시키는 것이므로 원이나 폴리라인으로 된 다각형은 Extend 명령을 사용할 수 없으며, 라인이나 다각형이 아닌 폴리라인, 호 등에 적용할 수 있습니다.

◈ 따라하기.

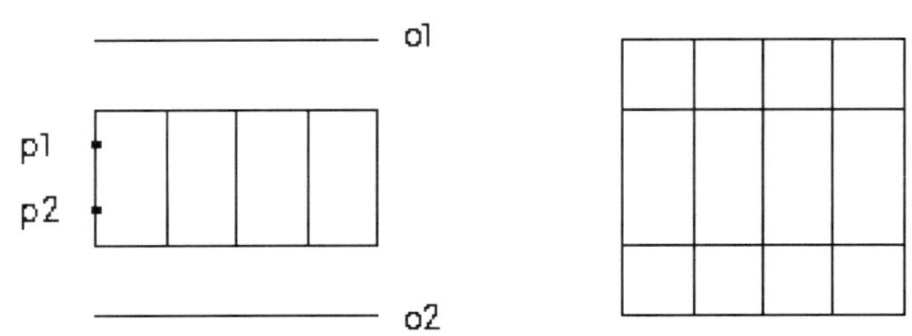

그림1 그림2

Command: Extend (ex)
Current settings: Projection=UCS, Edge=None
Select boundary edges ...
Select objects or <select all>: 1 found
Select objects: 1 found, 2 total
Select objects:
Select object to extend or shift-select to trim or
[Fence/Crossing/Project/Edge/Undo]: p1
Select object to extend or shift-select to trim or
[Fence/Crossing/Project/Edge/Undo]: p2

① Extend 명령을 실행하여 경계선으로 객체 o1과 o2를 선택한 후, 좌측 세로선의 p1과 p2를 클릭하여 하나의 연장선을 완성합니다.

② 동일한 방법으로 우측의 4개 선을 클릭하여 그림2를 완성합니다.

③ 이때 점 p1은 객체 o1에 가깝게, 점 p2는 객체 o2에 가깝게 지정하여야 가까운 경계선을 찾아 제대로 연장하게 됩니다.

◆ 따라하기.

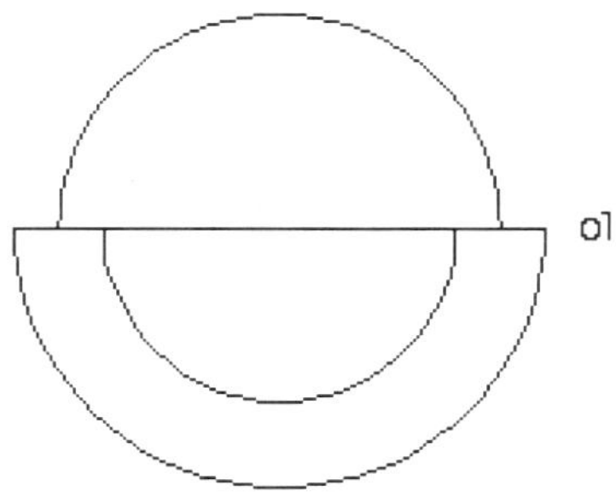

그림3

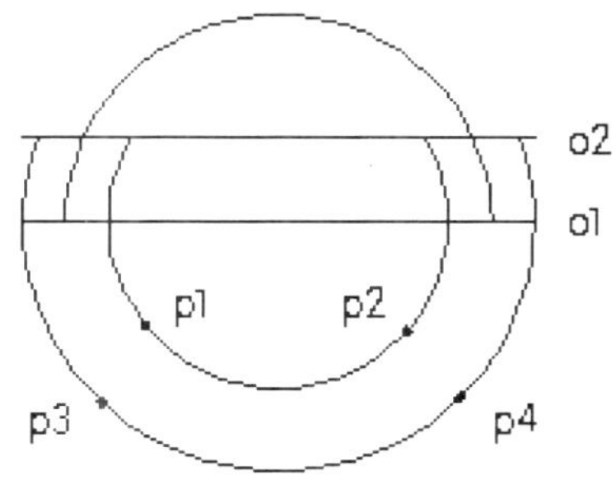

그림4

```
Command: Extend (ex)
Current settings: Projection=UCS, Edge=None
Select boundary edges ...
Select objects or <select all>: 1 found
Select objects: 1 found, 2 total
Select objects:
Select object to extend or shift-select to trim or
[Fence/Crossing/Project/Edge/Undo]: p1
Select object to extend or shift-select to trim or
[Fence/Crossing/Project/Edge/Undo]: p2
```

① Offset 명령을 실행하여 복사할 선 객체 o1을 선택하고, 방향은 위쪽을 클릭하여 선 o2를 생성합니다.

② Extend 명령을 실행하여 경계선으로 객체 o2를 선택한 후, 아래 호의 p1, p2, p3, p4를 클릭하여 그림4를 완성합니다.

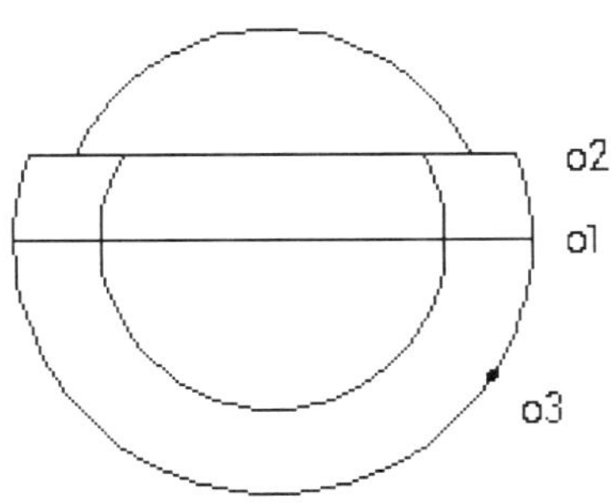

그림5

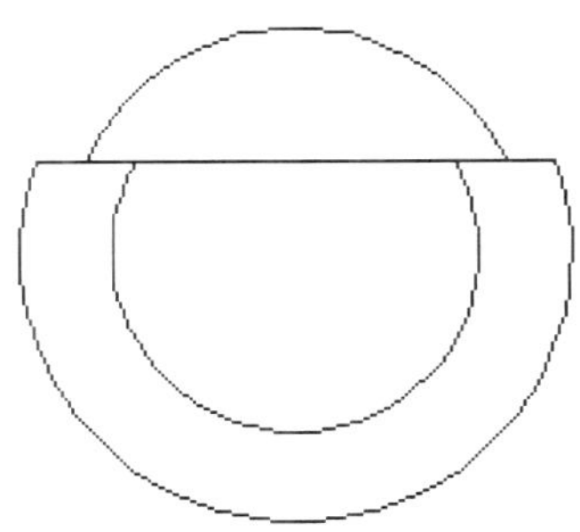

그림6

```
Command: Trim (tr)
Current settings: Projection=UCS, Edge=None
Select cutting edges ...
Select objects or <select all>: 1 found
Select objects: 1 found, 2 total
Select objects: [Enter]
Select object to trim or shift-select to extend or
[Fence/Crossing/Project/Edge/eRase/Undo]: p1
Select object to trim or shift-select to extend or
[Fence/Crossing/Project/Edge/eRase/Undo]: p2
```

③ Trim 명령을 사용하여 경계선으로 사용할 객체 o2와 o3을 선택하고 잘라내기를 하여 그림5를 완성합니다.

④ Erase 명령으로 선 객체 o1을 삭제하여 그림6을 완성합니다.

2.2.8 Offset (간격 복사하기 - O)

메뉴 - Modify > Offset

명령 - Offset (o)

Offset 명령의 기본 구조는 복사할 객체를 선택한 후, 그 객체로부터의 거리값을 입력하고, 방향을 지정하면 됩니다. 따라서 간단한 표작성등 객체를 동일한 거리값을 가지고 연속적으로 복사할 때 더욱 편리합니다.

◈ 따라하기.

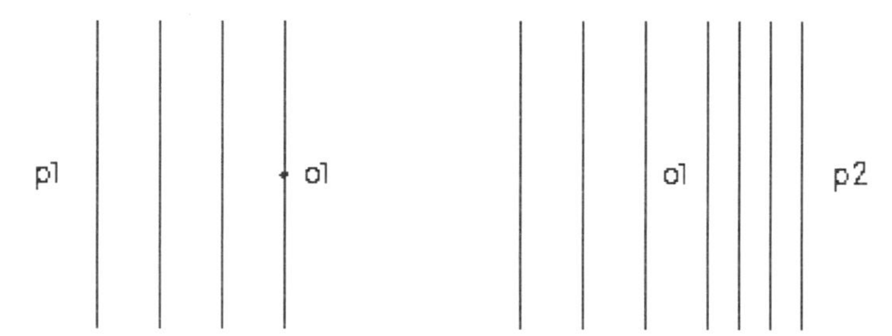

그림1 그림2

Command: Offset (o)
Current settings: Erase source=No Layer=Source
OFFSETGAPTYPE=0
Specify offset distance or [Through/Erase/Layer] <Through>: 10
Select object to offset or [Exit/Undo] <Exit>: o1
Specify point on side to offset or [Exit/Multiple/Undo] <Exit>:p1

① Line 명령으로 길이=50인 세로선 o1을 그립니다.

② Offset 명령을 실행하여 복사 간격=10을 입력하고, 복사할 객체 o1을 클릭한 후, 복사할 방향 p1을 클릭하여 선 하나를 생성합니다.

③ 동일한 방법으로 2회 더 반복하여 그림1을 완성합니다.

④ 다시 Offset 명령을 실행하여 복사 간격=5로 바꾸고, 방향도 반대방향인 p2를 클릭하여 그림2를 완성합니다.

◈ 따라하기.

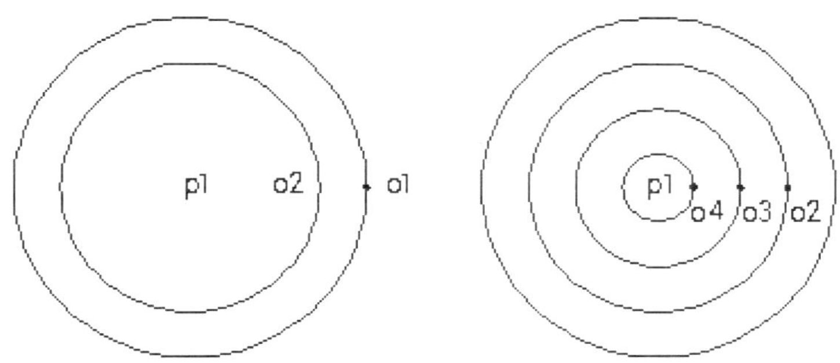

그림3 그림4

Command: Offset (o)
Current settings: Erase source=No Layer=Source
OFFSETGAPTYPE=0
Specify offset distance or [Through/Erase/Layer] <Through>: 10
Select object to offset or [Exit/Undo] <Exit>: o1
Specify point on side to offset or [Exit/Multiple/Undo] <Exit>:
p1

① Circle 명령으로 반지름=30인 원을 그립니다.

② Offset 명령을 실행하여 복사 간격=10을 입력하고, 복사할 객체 o1을 클릭한 후, 복사할 방향 p1을 클릭하여 원 하나를 생성합니다.

③ 동일한 방법으로 2회 더 반복하여 그림4를 완성합니다.

◈ 따라하기.

① Circle 명령으로 반지름=30인 원을 그립니다. (그림1)

② Circle 명령의 2Point 옵션을 사용하여 그림2를 완성합니다.

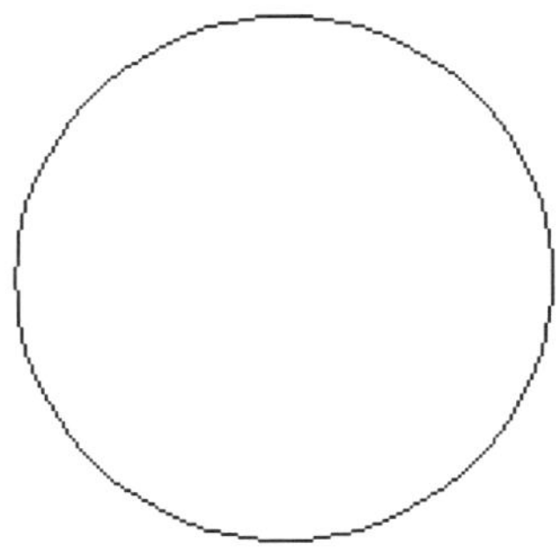

그림1

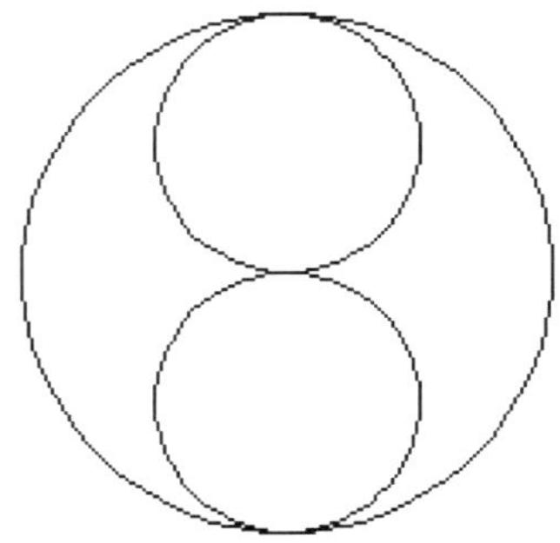

그림2

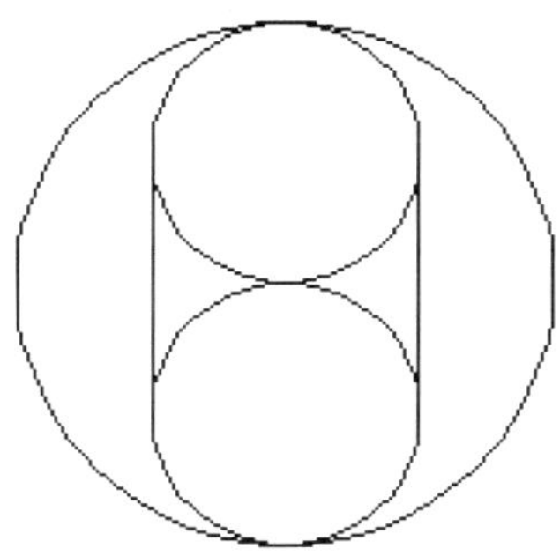

그림3

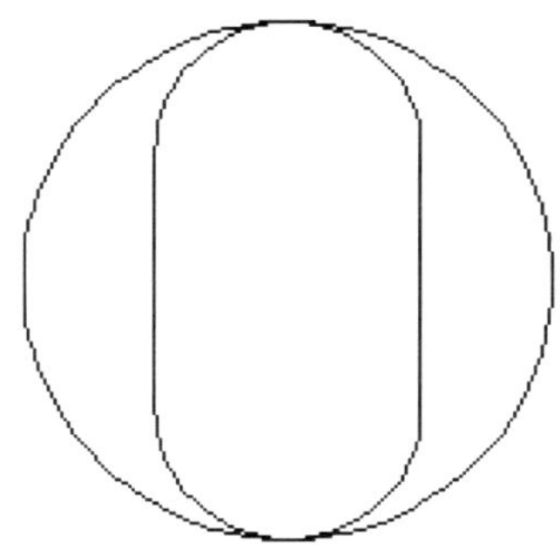

그림4

③ Line 명령으로 그림3을 완성합니다.

④ Trim 명령을 이용하여 그림4를 완성합니다.

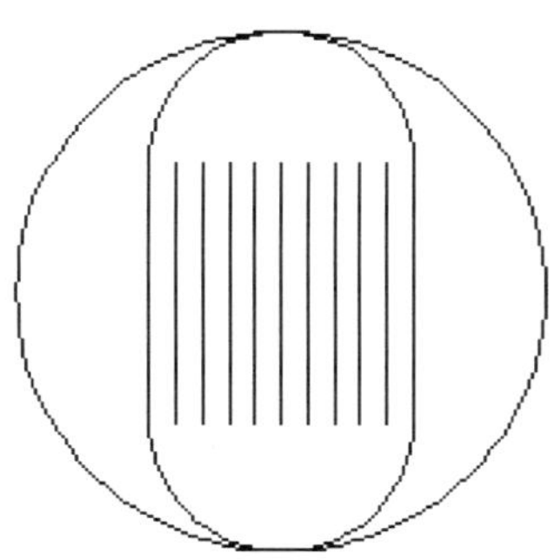

그림5

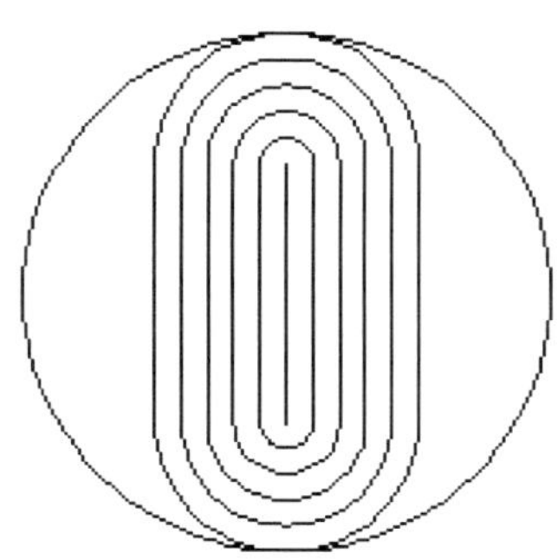

그림6

⑤ Offset 명령을 이용하여 간격=3으로 하고 세로선을 선택하여 그림5를 완성합니다.

⑥ 동일한 방법으로 위, 아래 호를 선택하여 그림6을 완성합니다.

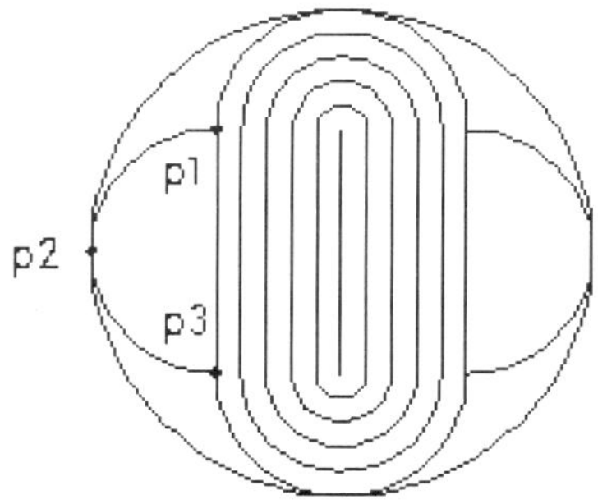

그림7

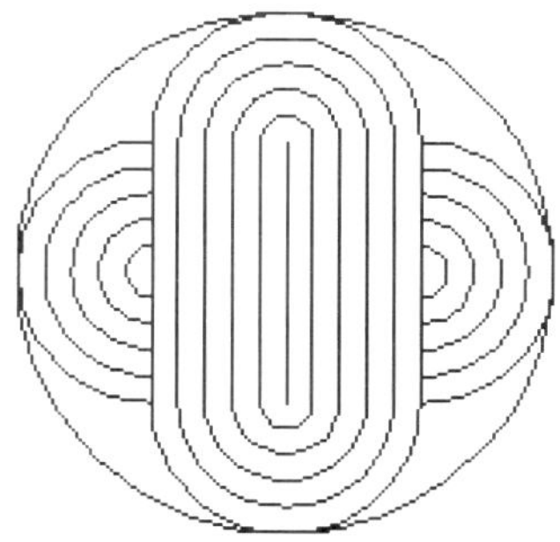

그림8

⑦ Arc 명령으로 점 p1, p2, p3을 클릭하여 호를 그리고, 동일한 방법으로 반대편에도 호를 그려 그림7을 완성합니다.

⑧ Offset 명령을 이용하여 간격=3으로 하고 호를 선택하여 그림8을 완성합니다.

◆ 예제를 풀어보아요.

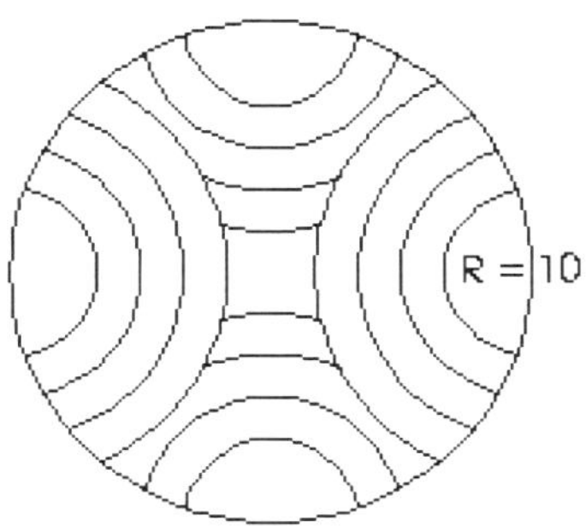

R = 30
Offset = 10

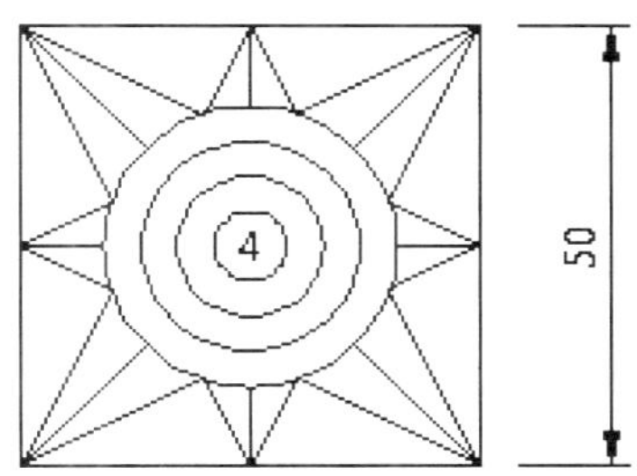

R = 4
Offset = 4

2.2.9 Array (배열 복사하기 - AR)

메뉴 - Modify > Array

명령 - Array (ar)

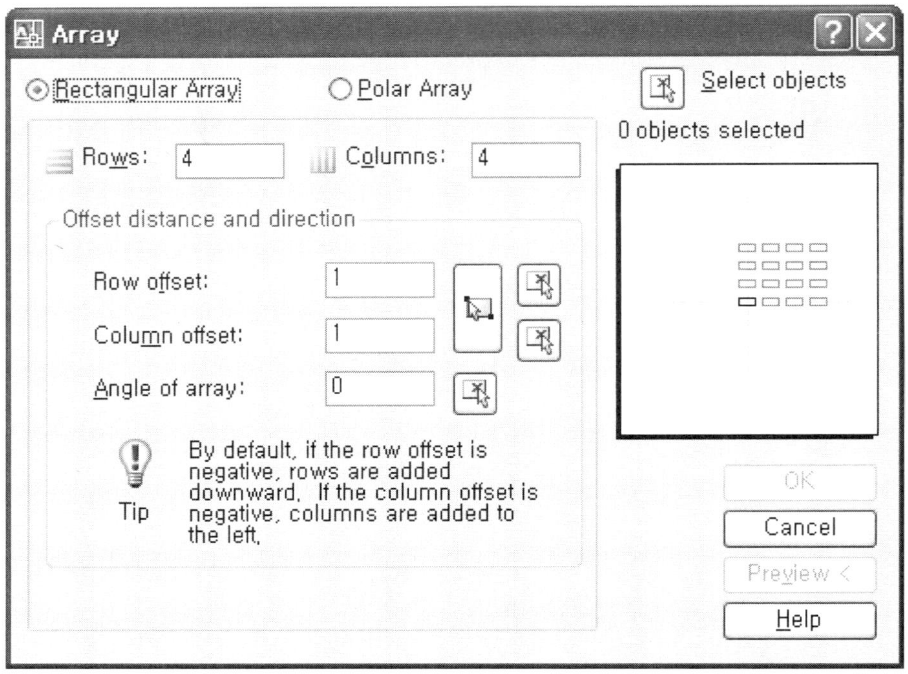

Array 는 객체를 동일한 거리값으로 복사하는 명령입니다. 복사방법은 사각형 형태로 복사하는 방법과 중심점을 기준으로 원형으로 복사하는 방법이 있습니다. 예를 들어 교실에 책상을 배치하는 경우, 하나의 책상과 의자를 만든 후, Array 명령으로 x방향의 거리와 개수, y방향의 거리와 개수를 지정하고 실행하여 한 번에 배치를 마칠 수도 있습니다.

◈ 사각형 배열 대화상자 설명

① Rectangular Array - 가로와 세로 방향으로 복사하는 옵션

② Polar - 원형으로 복사하는 옵션

③ Select objects - 버튼 클릭 후, 복사할 객체 선택

④ Rows - 행 개수 지정

⑤ Columns - 열 개수 지정

⑥ Row offset - 행 간격 지정

⑦ Column offset - 열 간격 지정

⑧ Angle of array - 객체의 회전 각도 지정

◈ 따라하기. (직사가형 배열)

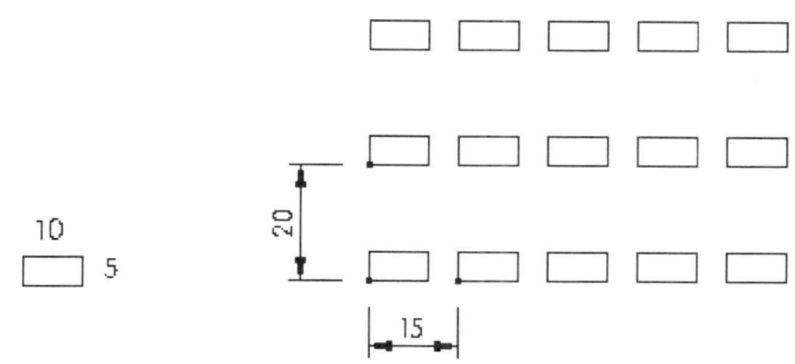

그림1 그림2

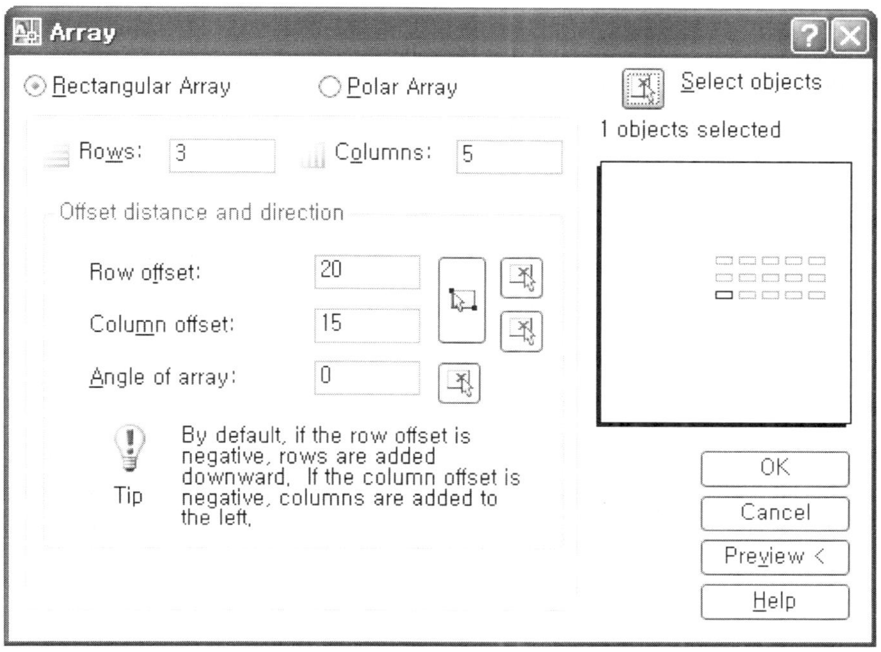

① Rectangle 명령으로 x=10, y=5인 직사각형을 그립니다. (그림1)

② Array 대화상자에 복사할 내용을 입력합니다.

행 방향 - 3줄, 열 방향 - 5줄

행 간격 - 20, 열 간격 - 15

③ Select objects 버튼을 클릭하여 복사할 객체를 선택합니다.

④ OK 버튼을 클릭하여 명령을 종료합니다.

⑤ 이때 미리 결과를 보고 싶으면 OK를 클릭하지 않고 Preview 버튼을 누르면 명령의 결과를 보여주면서 아래와 같은 대화상자가 나타납니다.

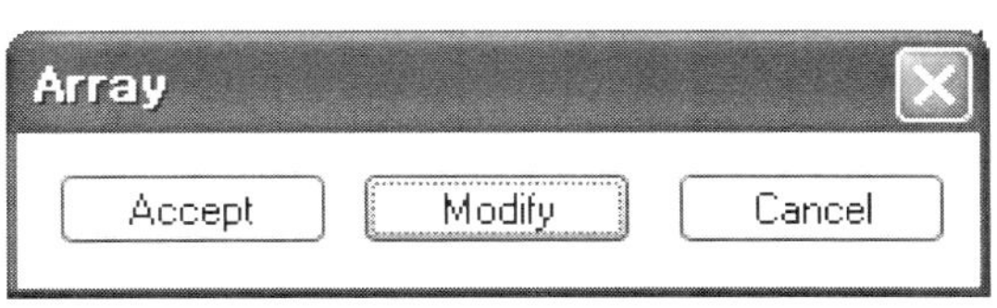

⑥ 미리보기 결과가 본인의 생각과 동일하면 Accept 버튼을 클릭합니다.

⑦ 미리보기 결과가 본인의 생각과 다르면 Modify 버튼을 눌러 바로 전의 대화상자가 나타나 명령을 마치지 않은 상태에서 조건을 수정할 수 있습니다.

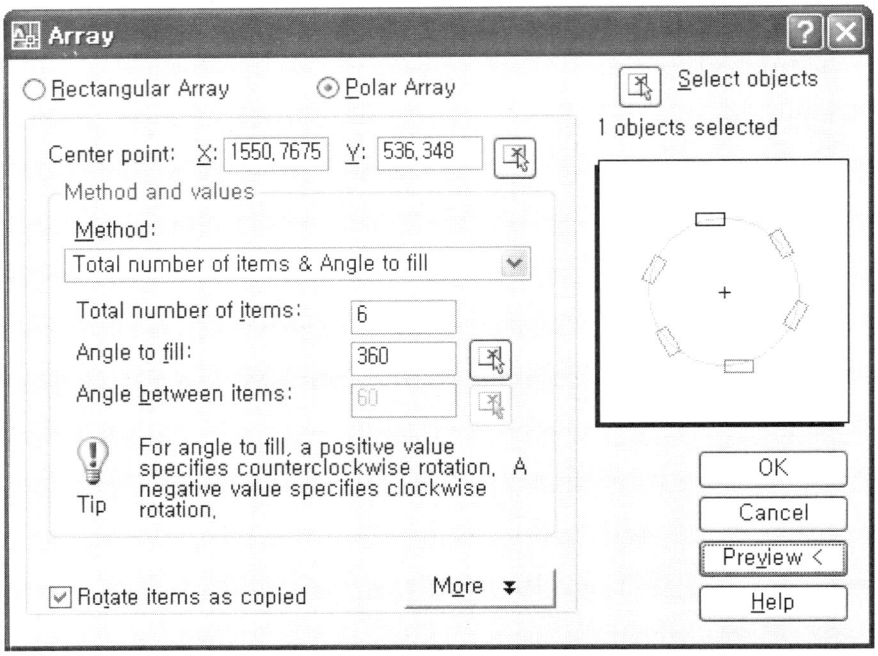

◈ 원형 배열 대화상자 설명

① Rectangular Array - 가로와 세로 방향으로 복사하는 옵션

② Polar - 원형으로 복사하는 옵션

③ Select objects - 버튼 클릭 후, 복사할 객체 선택

④ Center point - 원형 배열의 중심좌표 선택

⑤ 원형 배열의 개수

⑥ 원형 배열의 각도

◈ 따라하기. (원형 배열)

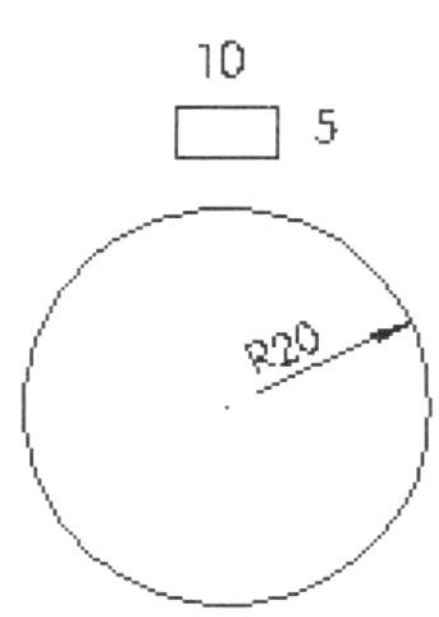

그림3

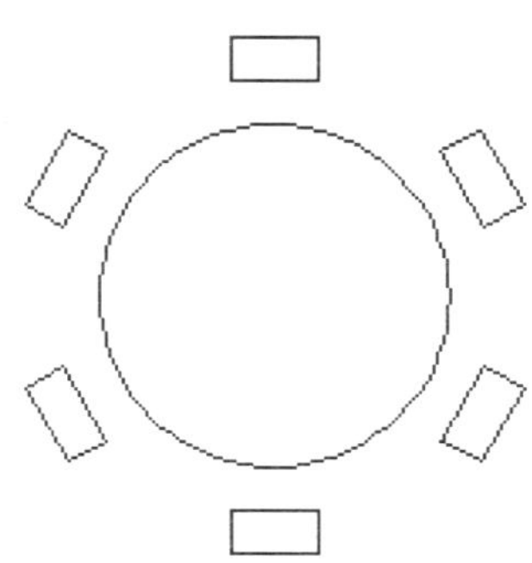

그림4

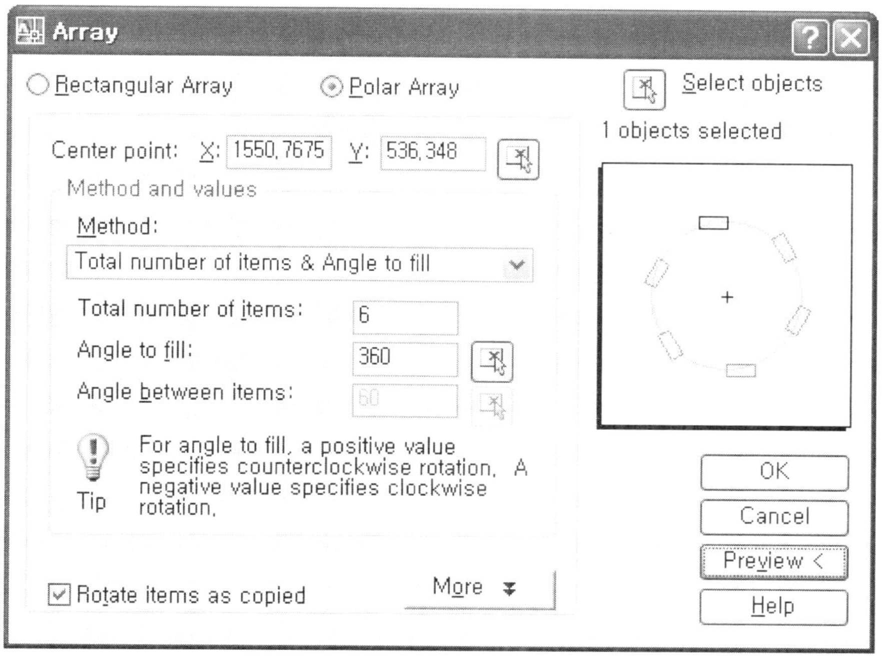

① Circle 명령으로 반지름=20인 원을 그립니다.

② Rectangle 명령으로 x=10, y=5인 직사각형을 그립니다. (그림1)

③ Array 대화상자에 복사할 내용을 입력합니다.

원형 배열 개수 - 6

원형 배열 각도 - 360

④ Select objects 버튼을 클릭하여 복사할 객체(직사각형)를 선택합니다.

⑤ Center point 버튼을 클릭하여 중심좌표를 지정합니다.

⑥ OK 버튼을 클릭하여 명령을 종료합니다.

⑦ 이때 미리 결과를 보고 싶으면 OK를 클릭하지 않고 Preview 버튼을 누르면 명령의 결과를 보여주면서 아래와 같은 대화상자가 나타납니다.

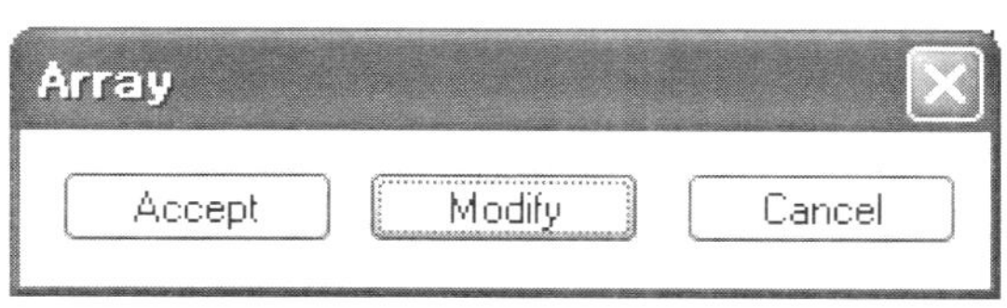

⑧ 미리보기 결과가 본인의 생각과 동일하면 Accept 버튼을 클릭합니다.

⑨ 미리보기 결과가 본인의 생각과 다르면 Modify 버튼을 눌러 바로 전의 대화상자가 나타나 명령을 마치지 않은 상태에서 조건을 수정할 수 있습니다.

2.2.10 Rotate (회전하기 - RO)

메뉴 - Modity > Rotate

명령 - Rotate (개)

Rotate는 선택한 객체에 기준점을 지정하여 원하는 각도만큼 회전시키는 명령입니다.

선택된 객체는 회전각도가 양의 값이면 시계반대방향으로 회전하고, 음의 값이면 시계방향으로 회전합니다.

◈ 따라하기.

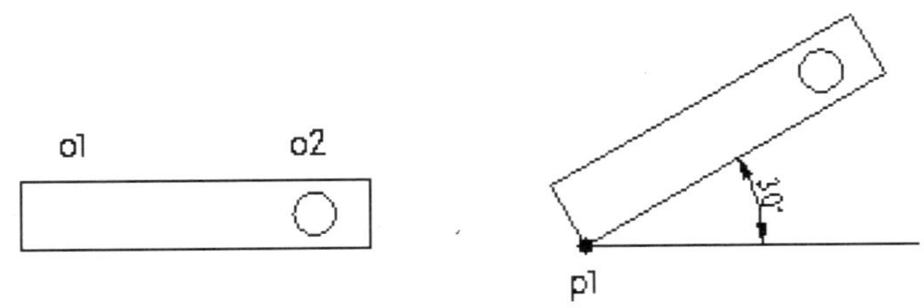

그림1 그림2

Command: Rotate (ro)
Current positive angle in UCS: ANGDIR=counterclockwise ANGBASE=0
Select objects: 1 found
Select objects: 1 found, 2 total
Select objects:
Specify base point: p1
Specify rotation angle or [Copy/Reference] <0>: 30

① Rotate 실행 후, 그림1의 객체 o1과 o2를 선택합니다.

② 객체 회전의 기준점 p1을 클릭합니다.

③ 회전 각도 30을 입력하여 그림2를 완성합니다.

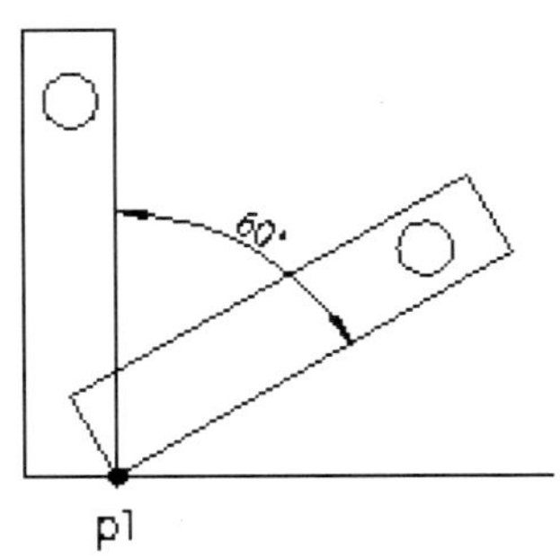

그림3

④ 동일한 방법으로 회전 각도 60을 입력하여 그림3을 완성합니다.

2.2.11 Scale (크기 조절하기 - SC)

메뉴 - Modify > Scale

명령 - Scale (sc)

Scale 명령은 선택한 객체의 크기를 변화시키는 명령입니다. Scale 명령의 기준점은 크기 변화의 기준점이 되므로 이를 미리 생각해 두면 편리하지요.

◈ 따라하기.

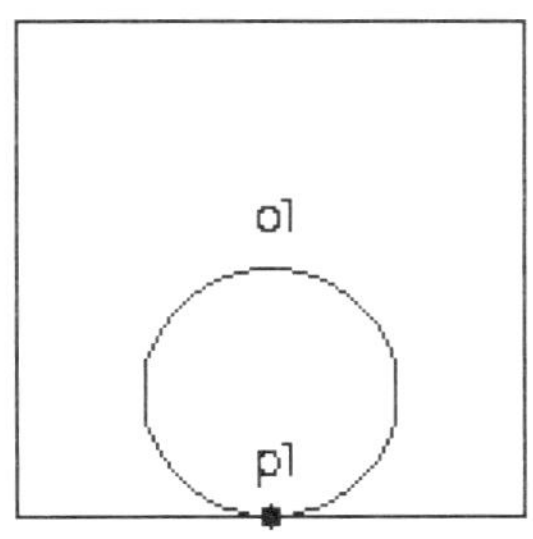

그림1

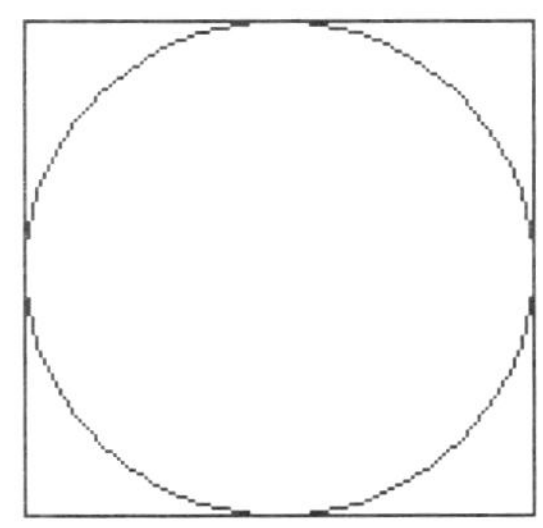

그림2

Command: Scale (sc)
Select objects: 1 found
Select objects:
Specify base point: p1
Specify scale factor or [Copy/Reference] <2.0000>: 2

① Scale 실행 후, 그림1의 객체 o1을 선택합니다

② 크기 변화의 기준점 p1을 클릭합니다.

③ 크기값 2를 입력하여 그림2를 완성합니다.

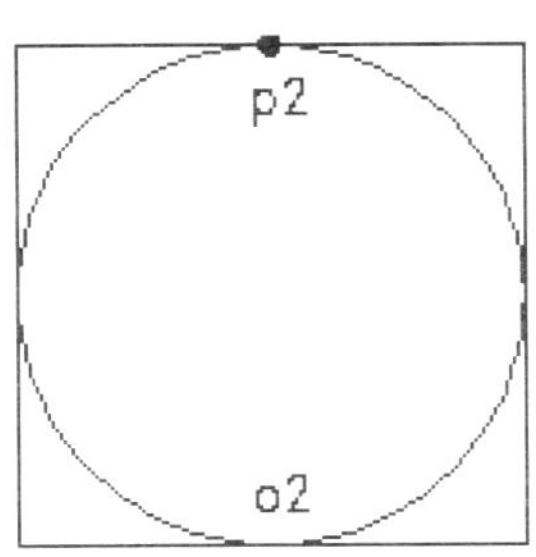

그림3

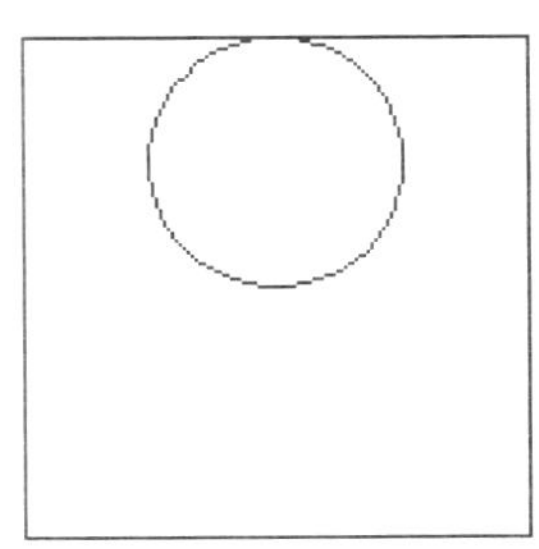

그림4

④ 동일한 방법으로 그림3에서 객체의 기준점 p2를 선택하고, 크기값 0.5를 입력하여 그림4를 완성합니다.

2.2.12 Stretch (길이 조절하기 - S)

메뉴 - Modify > Stretch

명령 - Stretch (s)

Strecth 명령은 선택한 객체의 연결부분은 그대로 유지하며 좌표만을 이동시킵니다. 이때 객체의 변화되는 부분은 선택되는 객체의 Vertex를 기준으로 이동하므로 선택하기 전에 해당 객체의 Vertex 구조를 미리 확인하는게 좋지요.

◈ 따라하기.

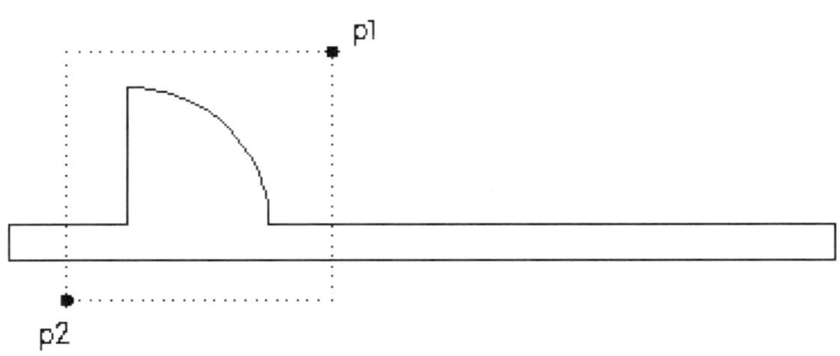

그림1

```
Command: Stretch
Select objects to stretch by crossing-window or crossing-polygon...
Select objects: c
Specify first corner: Specify opposite corner: 1 found
Select objects: Enter
Specify base point or [Displacement] <Displacement>: 75,0
Specify second point or <use first point as displacement>: Enter
```

① Stretch 명령 후, Cross (c) 옵션을 선택하고 그림1의 순서로 범위를 지정합니다. 이때 선택 옵션을 사용하지 않으려면, 선택영역을 우측에서 좌측의 순으로 하는 것이 중요합니다.

② 이동할 좌표값을 입력하여 그림2를 완성합니다. 여기에서는 우측으로 75만큼 이동하므로 75,0을 입력하고, 바로 Enter를 하면 됩니다.

③ 좌표값으로 입력하지 않고 바로 이동값 만으로 해결하려면 마우스로 화면의 임의의 점을 클릭한 후, 이동하고자 하는 방향으로 마우스를 위치시키고 원하는 값을 입력하면 됩니다.

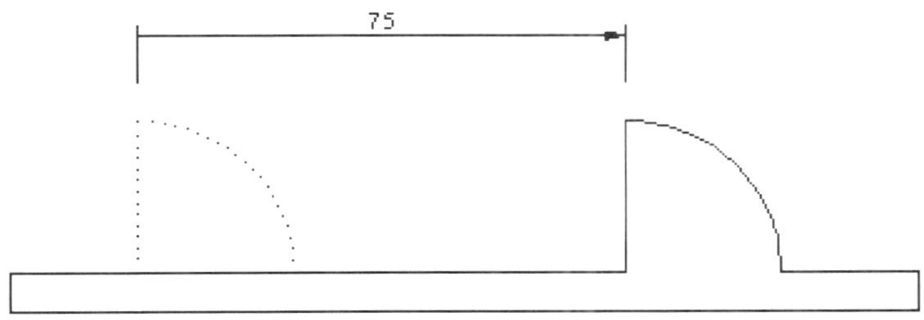

그림2

2.2.13 Break (객체 자르기 - BR)

메뉴 - Modify > Break

명령 - Break (br)

객체의 특정 부위를 자르는 명령은 Trim과 Break 두 가지가 있는데, Trim은 자르려는 객체에 경계로 사용할 교차하는 또다른 객체가 반드시 필요한 반면, Break는 경계로 사용할 객체가 없어도 된다는 점이 다르지요. 사용빈도는 Trim에 비해 많이 사용치 않지만 특정 기능이 Trim에는 없으므로 잘 알아둘 필요가 있지요.

◆ 따라하기.

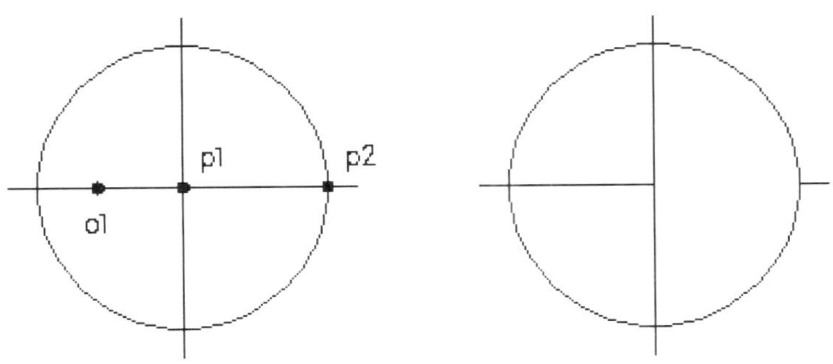

그림1 그림2

Command:Break (br)
Select object: o1
Specify second break point or [First point]: f
Specify first break point: p1
Specify second break point: p2

① Break 명령 후, 자르고자 하는 객체 o1을 그림1에서 선택합니다.

② 선택한 객체의 두 점을 정확히 지정하려면 옵션 f를 선택합니다.

③ 잘라낼 지점 p1과 p2를 클릭하면 그림2가 완성됩니다.

2.2.14 Join (객체 연결하기 - J)

메뉴 - Modify > Join

명령 - Join (j)

Join은 일직선상에 떨어져있는 두 Line을 연결시켜주는 명령입니다. 이때 객체는 반드시 Line 이어야 하며 PolyLine의 경우도 적용이 되지 않습니다.

◈ 따라하기.

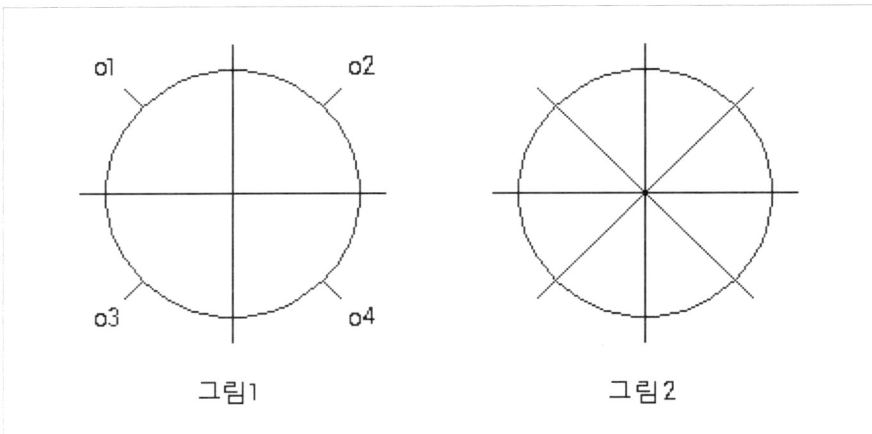

Command: Join (j)
Select source object: o1
Select lines to join to source: o2 1 found
Select lines to join to source: Enter
1 line joined to source

① Join 명령 후, 그림1에서 서로 일직선상에 떨어져 있는 객체 o1과 o4를 선택하고 엔터를 하면 객체 o1과 o4가 하나의 객체로 연결됩니다.

② 동일한 방법으로 객체 o2와 o3을 연결하면 그림2가 완성됩니다.

2.2.15 Fillet (모깍기 - F)

메뉴 - Modify > Fillet

명령 - Fillet (f)

Fillet 명령은 객체의 각진 부분을 라운드 처리해 주는 명령입니다. 이때 라운드값은 Radius 옵션을 사용하며, 폴리라인인 경우에는 전체 각진 부분을 하나의 Radius 값으로 처리할 수 있습니다. Radius 값을 0으로 하면 라운드로 이루어진 모서리부분을 각진 모서리로 변환도 가능합니다.

◈ 따라하기.

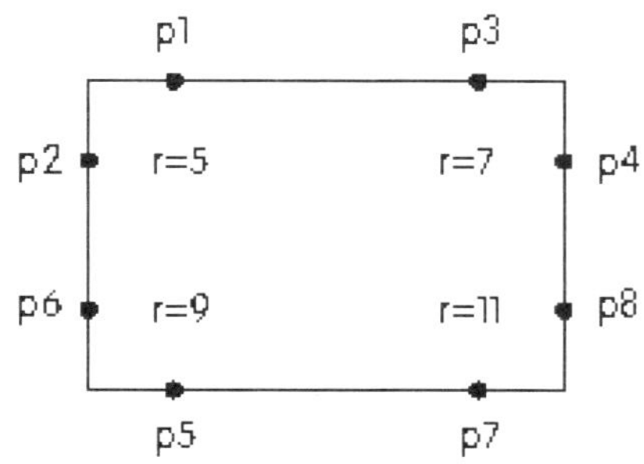

그림1

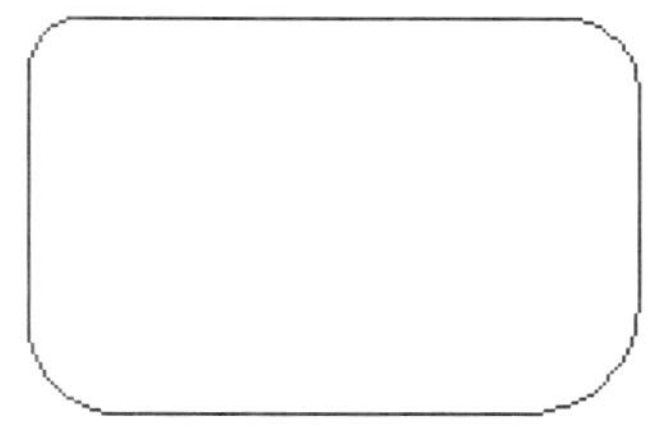

그림2

```
Command: Fillet (f)
Current settings: Mode = TRIM, Radius = 0.0000
Select first object or [Undo/Polyline/Radius/Trim/Multiple]: r
Specify fillet radius <0.0000>: 5
Select first object or [Undo/Polyline/Radius/Trim/Multiple]: p1
Select second object or shift-select to apply corner: p2
```

① Fillet 명령 후, Radius 옵션을 선택하여 반지름 5를 입력합니다.

② 라운드 처리할 모서리 부분을 p1과 p2를 입력하여 그림1의 좌측상단 모서리를 반지름이 5인 라운드로 변환합니다.

③ 동일한 방법으로 우측상단은 r=7, 좌측하단은 r=9, 우측하단은 r=11로하여 그림2를 완성합니다.

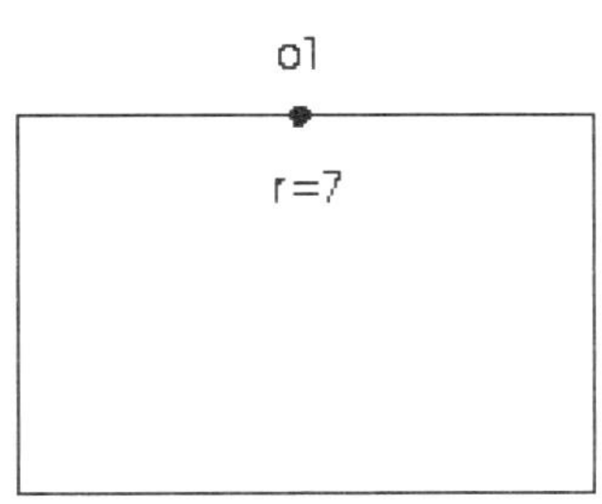

그림3

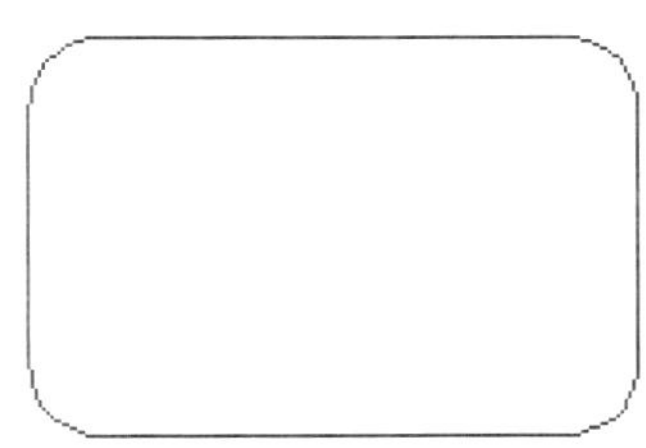

그림4

```
Command: Fillet (f)
Current settings: Mode = TRIM, Radius = 0.0000
Select first object or [Undo/Polyline/Radius/Trim/Multiple]: r
Specify fillet radius <0.0000>: 7
Select first object or [Undo/Polyline/Radius/Trim/Multiple]: p
Select 2D polyline: o1
4 lines were filleted
```

① 만약 그림3과 같이 객체 o1이 폴리라인으로 이루어져 있고, 전체 모서리를 동일하게 r=7로 처리하려면 먼저 radius=7을 입력합니다.

② Polyline 옵션 선택 후, 객체 o1을 선택하면 그림4가 완성됩니다.

2.2.16 Chamfer (모따기 - CHA)

메뉴 - Modify > Chamfer

명령 - Chamfer (cha)

Fillet 명령이 객체의 모서리를 라운드 처리해 주는 거라면, Chamfer 명령은 지정된 값으로 모따기하는 명령입니다. 따라서 라운드를 모따기 형태로 처리한다는 점을 제외하곤 모든 과정인 동일합니다. 단, 모따기에선 객체 모서리로부터 좌우로 값을 다르게 줄 수도 있으니 상황에 따라서는 유용하게 사용할 수도 있지요.

◈ 따라하기.

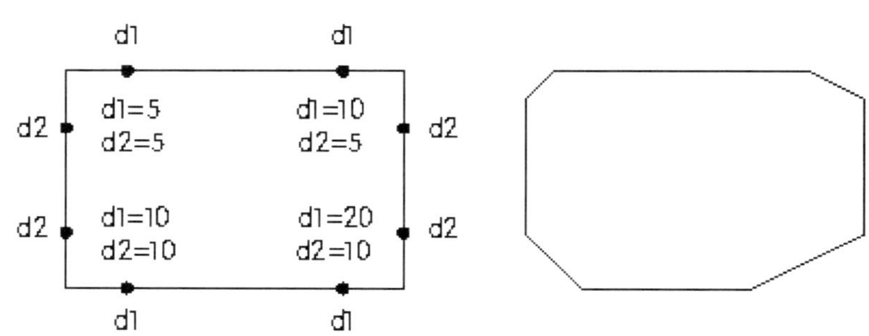

그림1 그림2

```
Command: Chamfer (cha)
(TRIM mode) Current chamfer Dist1 = 10.0000, Dist2 = 10.0000
Select first line or
[Undo/Polyline/Distance/Angle/Trim/mEthod/Multiple]: d
Specify first chamfer distance <10.0000>: 5
Specify second chamfer distance <5.0000>: 5
Select first line or
[Undo/Polyline/Distance/Angle/Trim/mEthod/Multiple]: d1
Select second line or shift-select to apply corner: d2
```

① Chamfer 명령 후, 모따기할 거리값 d1과 d2를 모두 5로 지정합니다.

② 그림1의 좌측상단 부분에서 모따기 거리값에 해당하는 부분, d1과 d2를 클릭하면 좌측상단 모따기가 완성됩니다.

③ 동일한 방법으로 나머지 세 모서리를 처리하여 그림2를 완성합니다.

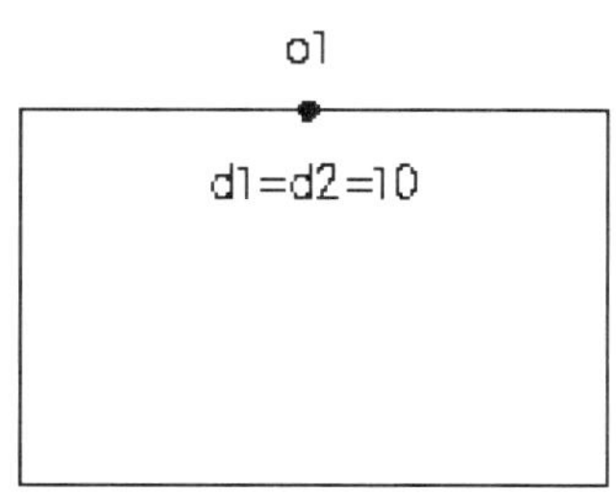

그림3

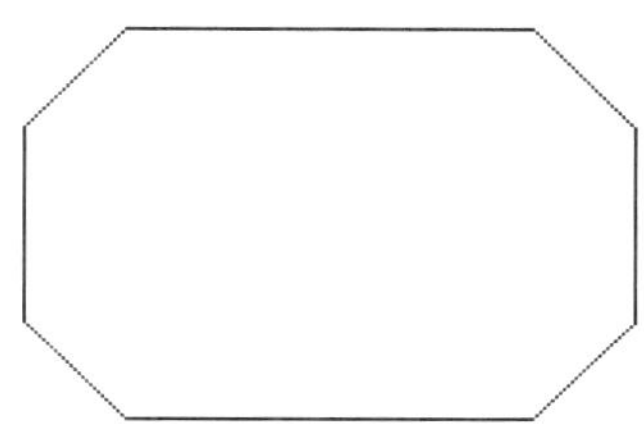

그림4

```
Command: Chamfer (cha)
(TRIM mode) Current chamfer Dist1 = 10.0000, Dist2 = 10.0000
Select first line or
[Undo/Polyline/Distance/Angle/Trim/mEthod/Multiple]: d
Specify first chamfer distance <10.0000>: 10
Specify second chamfer distance <10.0000>: 10
Select first line or
[Undo/Polyline/Distance/Angle/Trim/mEthod/Multiple]: p
Select 2D polyline: o1
4 lines were chamfered
```

① 만약 그림3과 같이 객체 o1이 폴리라인으로 이루어져 있고, 전체 모서리를 동일하게 d1과 d2를 10으로 처리하려면 d1=d2=10을 입력합니다.

② Polyline 옵션 선택 후, 객체 o1을 선택하면 그림4가 완성됩니다.

2.2.17 Explode (분해하기 - X)

메뉴 - Modify > Explode

명령 - Explode (x)

PolyLine, Block, Hatch, Dimension 등의 속성으로 이루어진 객체들은 각각 객체의 기능과 필요에 따라 하나의 데이터처럼 기능을 하지요. 그런데 경우에 따라 각 데이터의 일부분을 따로 처리해야 할 경우가 있는데 이때 Explode 명령을 이용하여 하나로 묶어진 데이터를 각각의 데이터로 분해할 수 있습니다.

◈ 따라하기.

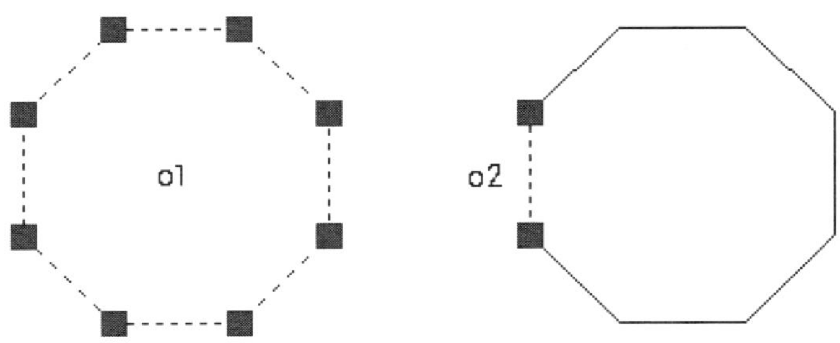

그림1 그림2

Command: Explode (x)
Select objects: 1 found
Select objects: [Enter]

① 객체 o1을 마우스로 선택하면 그림1과 같이 하나의 객체로 이루어져 있음을 알 수 있습니다.

② Explode 명령 후, 객체 o2를 선택하면 그림2와 같이 객체가 각각 분해되어 있음을 알 수 있지요.

③ Delete 키를 클릭하여 그림3을 완성합니다.

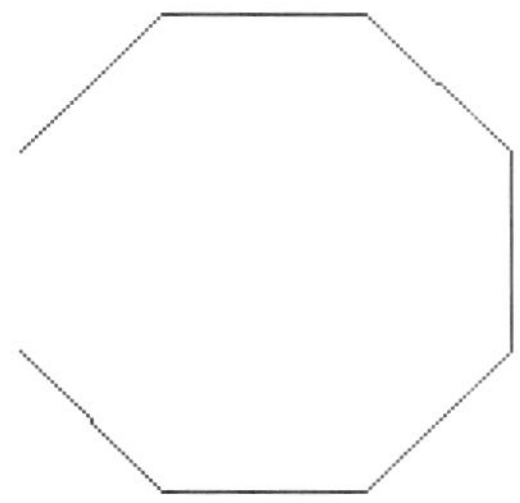

그림3

2.3 도면층 관리하기

2.3.1 Layer (도면층 관리하기 - LA)

메뉴 - Format > Layer

명령 - Layer (la)

CAD로 도면작업을 하다 보면 도면이 복잡해짐에 따라 관리하기가 어렵게 되지요. 이러한 어려움의 해결에 가장 도움이 되는 기능이 Layer라는 개념이지요. Layer 개념의 가장 큰 특징은 유사한 성질의 데이터를 각각의 Layer라는 틀에 모아 작업한 후, 작업중 또는 작업후에 각각의 데이터를 추가하거나 수정, 삭제할 때 효율적으로 관리할 수 있다는 점이지요. Layer를 이해하기 위해 먼저 Layer 대화상자를 살펴보도록 해요.

◈ Layer 관리 대화상자

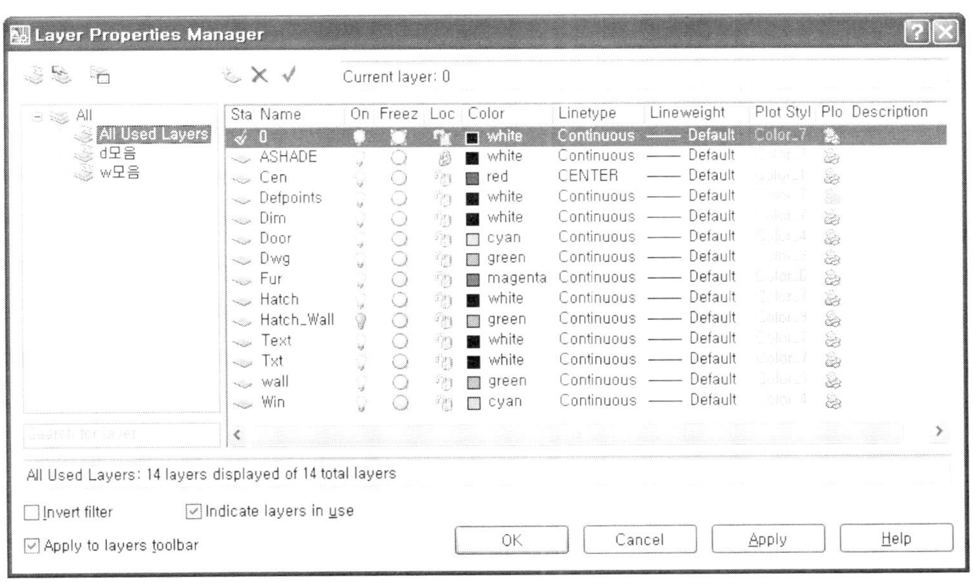

① New Property filter (Alt+P)

사용 중인 Layer가 많을 경우, Layer가 가지고 있는 특성을 Filter로 사용하여

Layer를 관리할 수 있습니다.

Filter는 Layer의 Status, Name, On, Freeze Lock, Color 등 자체의 특성이라면 뭐든지 가능하지요.

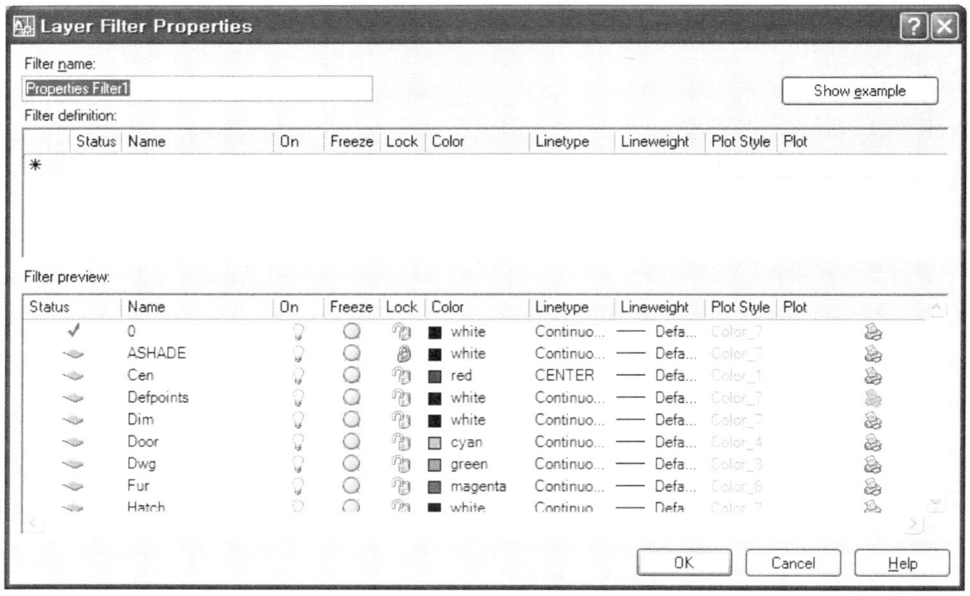

② New Layer (Alt+N)

새로운 Layer를 생성합니다.

Layer는 Enter키 만으로도 간단히 생성할 수 있습니다.

③ Delete Layer (Alt+D)

생성되 있는 Layer를 삭제합니다.

④ Set Current (Alt+C)

선택된 Layer를 현재 Layer로 설정합니다.

현재 Layer는 원하는 Layer를 더블클릭하여 설정할 수 있습니다.

아래의 옵션은 언제든지 각각의 항목을 클릭하여 변경할 수 있습니다.

① Status

현재 Layer의 상태를 나타냅니다.

마우스로 더블클릭하여 변경할 수 있습니다.

② Name

Layer의 이름을 나타냅니다.

Layer가 선택된 상태에서 F2키를 누르거나, 한번더 이름을 클릭하여 변경할 수 있습니다.

③ On

해당 Layer의 객체를 보이거나 감춥니다.

작업 중인 데이터가 많을 때 유용하며, 기능상 Freeze와 유사하나 메모리에서 완전 제거되지 않으므로 편집시 불편할 수 있습니다.

④ Freeze

해당 Layer의 객체를 보이거나 감춥니다.

작업 중인 데이터가 많을 때, 현재의 작업과 관련이 없는 Layer를 Off 시키는 등의 내용은 On 기능과 동일합니다.

단, Freeze 시킨 데이터를 메모리에서 완전 제거하므로 Zoom 기능이나 수정시 On 기능보다 빠르고 편리하지요.

⑤ Lock

해당 Layer의 객체를 잠급니다.

Lock이 On 되어 있는 Layer는 화면에 보여도 작업 중 편집 또는 삭제 할 수 없으므로 특정 Layer를 보호하고자 할 때 효과적입니다.

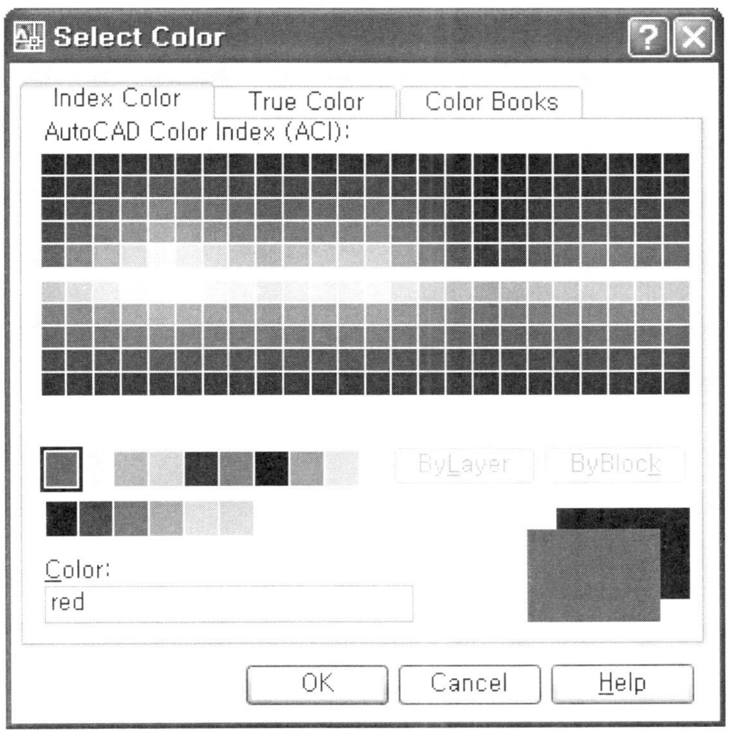

⑥ Color

해당 Layer의 객체 색상을 지정합니다.

⑦ Linetype

해당 Layer의 객체 Linetype을 지정합니다.

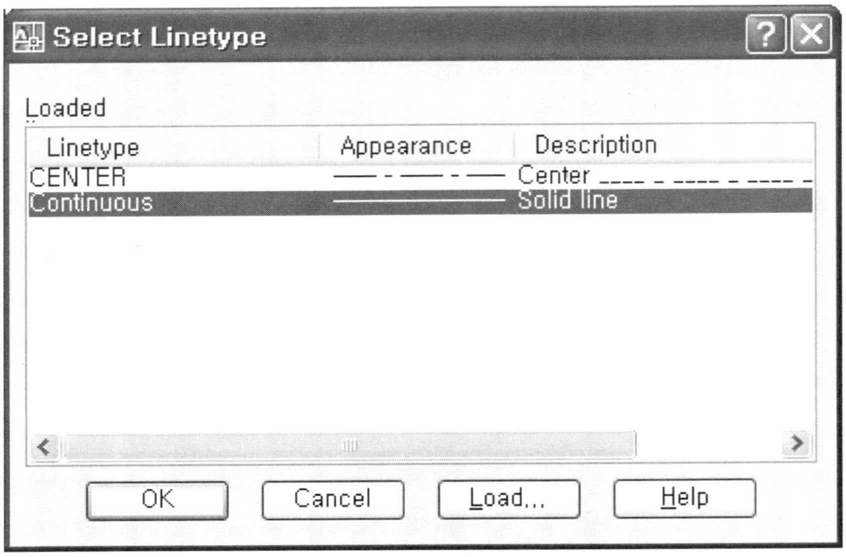

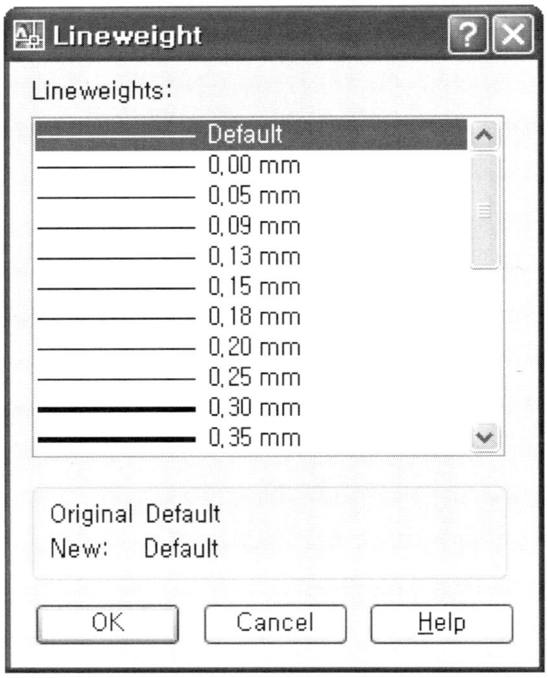

⑧ Lineweight

해당 Layer의 객체 선두께를 지정합니다.

⑨ Plot Style

출력시 해당 Layer의 색상을 나타냅니다.

⑩ Plot

출력시 해당 Layer 객체의 출력여부를 선택합니다. 만약 Off를 하면 화면에는 나타나더라도 출력은 되지 않지요.

◈ 따라하기.

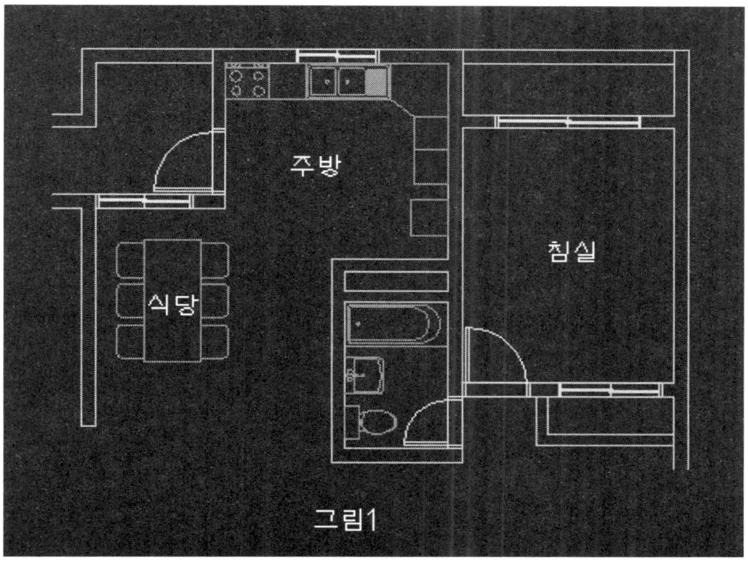

그림1

① 그림1은 설계 도면의 일부분입니다. 이 도면에 사용된 Layer 상황을 알아보기 위해 Layer 명령을 실행하면 아래와 같은 Layer 대화상자가 나타나지요.

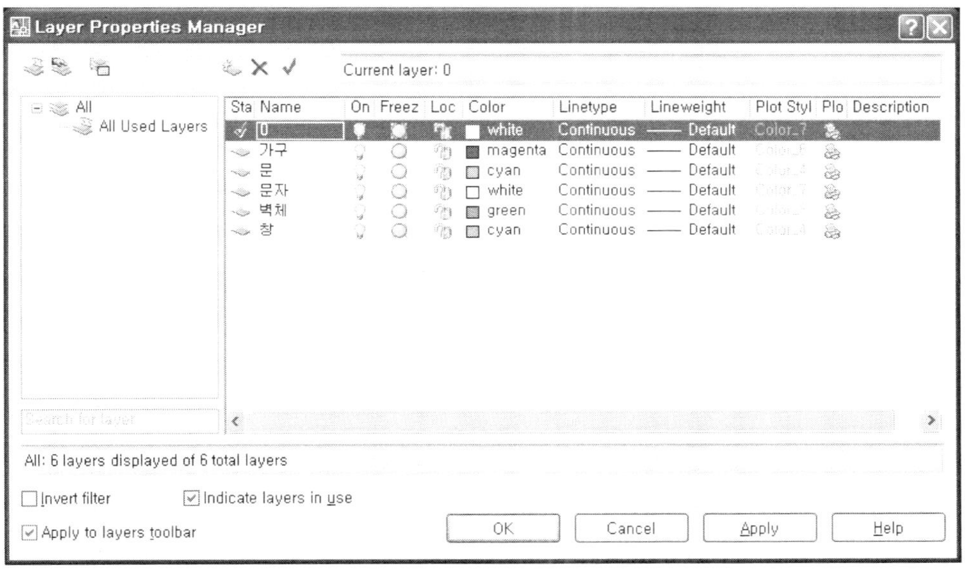

② 이를 간단히 확인하기 위해서 Layer 도구상자를 이용할 수 있습니다.

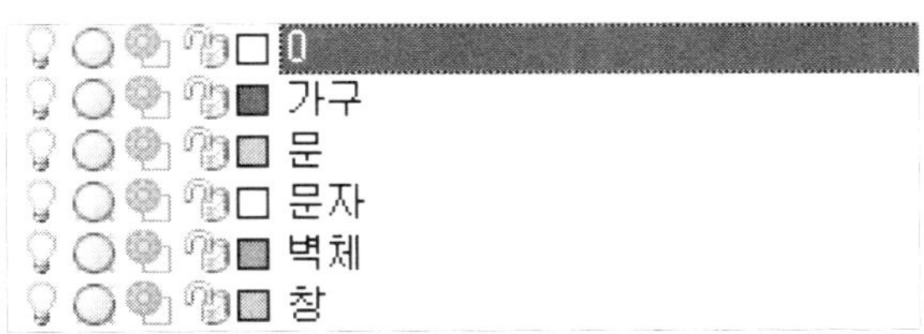

③ Layer 기능을 확인하기 위해 아래와 같이 "가구" Layer를 Freeze시키면 그림2와 같이 도면에서 "가구" Layer에 해당하는 객체들이 사라집니다.

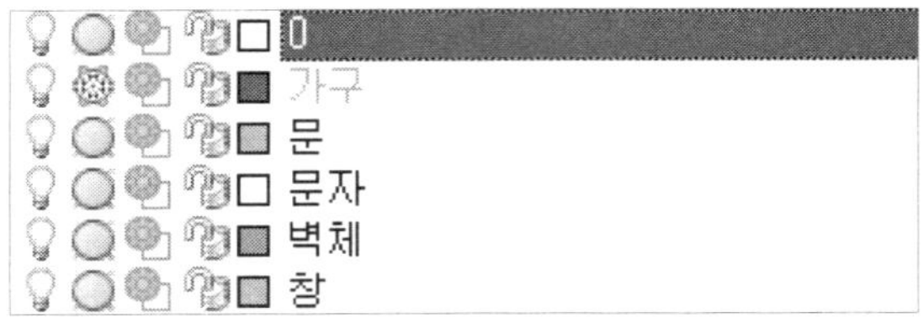

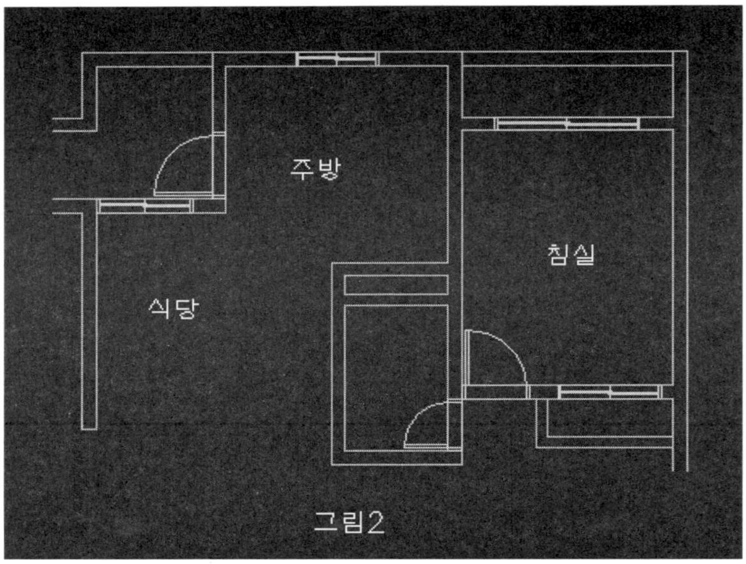

④ 동일한 방법으로 "문자" Layer를 Freeze 시켜 그림3의 결과를 확인합니다.

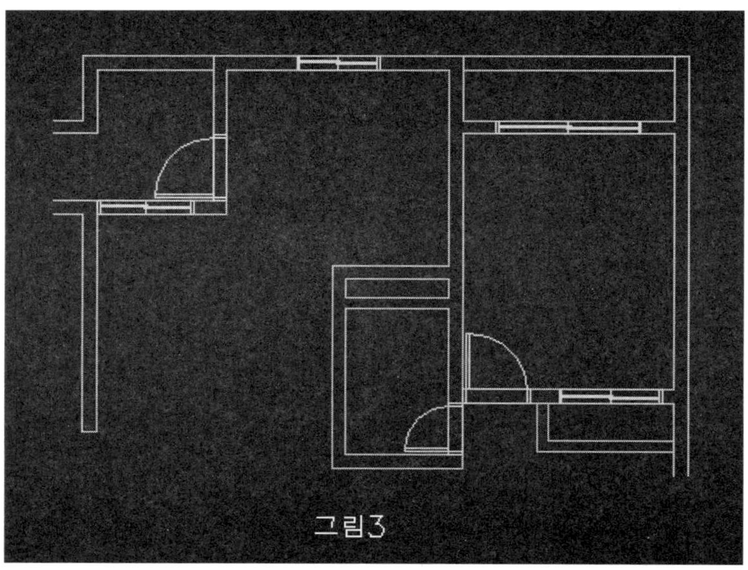

⑤ 마지막으로 "문" 과 "창" Layer를 Freeze하여 그림4를 확인합니다. 즉 필요에 따라 원하는 Layer를 화면에서 보이게 또는 안보이게 처리하여 작업의 효율을 높일 수 있지요.

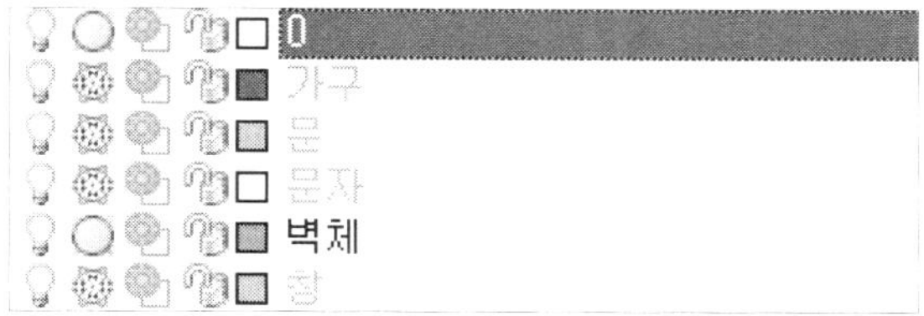

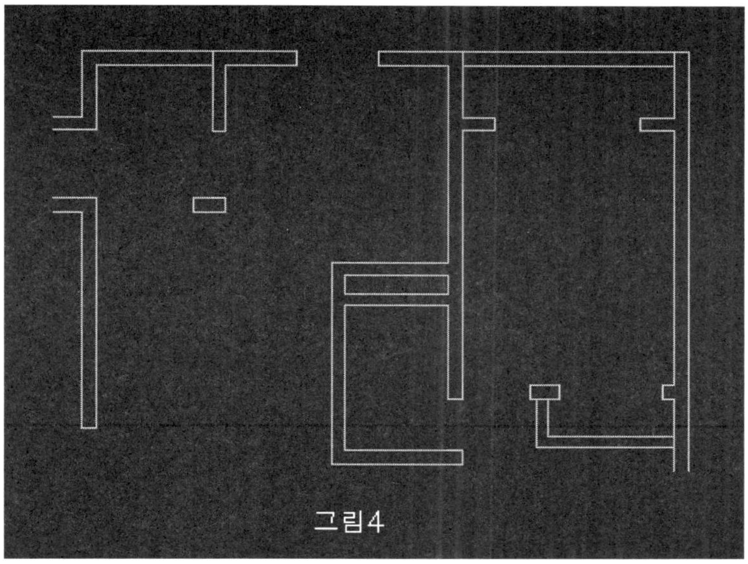

그림4

2.4 블록 관리하기

2.4.1 Block (내부블록 만들기 - B)

메뉴 - Draw > Block > Make

명령 - Block (b)

여러 개의 단위객체가 모여 하나의 의미있는 모양을 나타내는 객체를 자주 사용해야 하는 경우, 이 각각의 객체들을 하나의 객체로 저장한 후, 필요할 때 불러내 사용한다면 작업의 효율이 훨씬 증가합니다. 이때 하나의 객체로 만들어 주는 명령을 Block이라 하며, 만들어진 객체를 특별히 Block 또는 Symbol이라 부르기도 합니다.

Block을 만드는 방법은 두가지가 있는데 현재의 도면에서만 불러서 사용할 목적으로 만드는 명령은 Block이라 하며, Block을 파일 형태로 만들어 다른 도면 또는 다른 사용자와 공유해서 사용할 목적으로 만드는 방법을 wBlock이라 합니다.

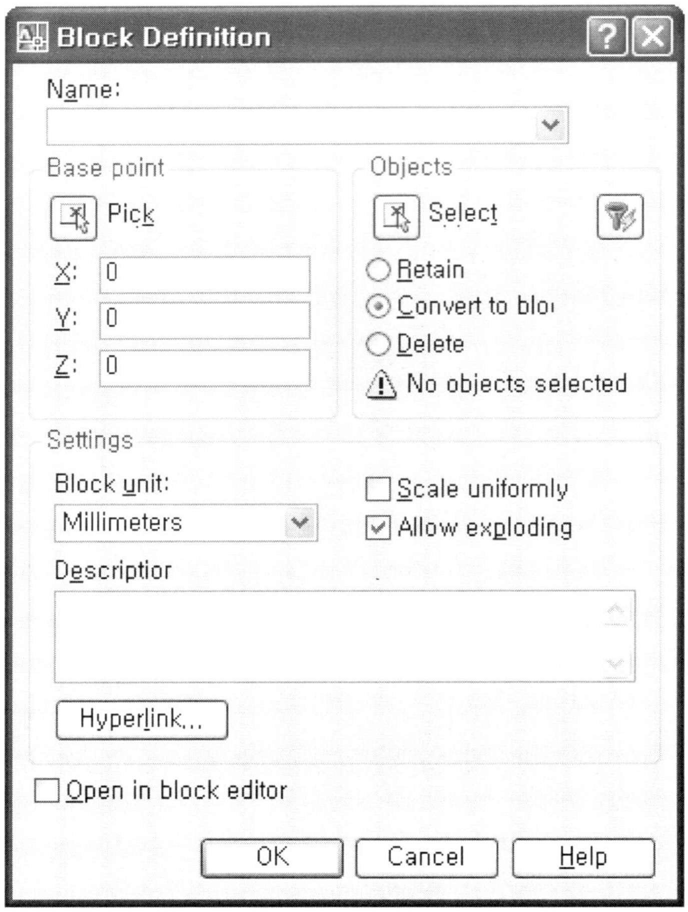

① Name - 블록의 이름을 지정합니다.

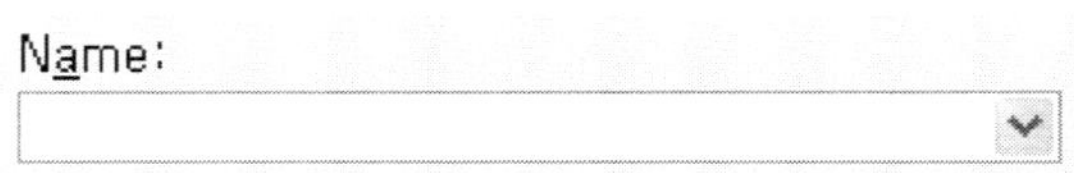

② Base point

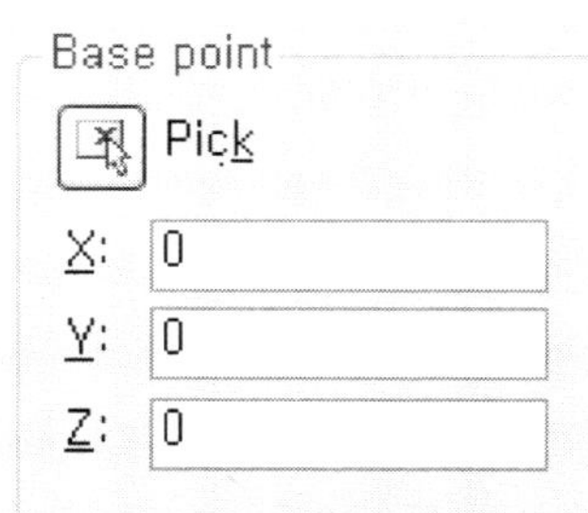

블록의 기준점을 지정합니다. 여기서 지정한 기준점은 Insert 명령으로 삽입할 때, 삽입 기준점이 됩니다.

③ Objects

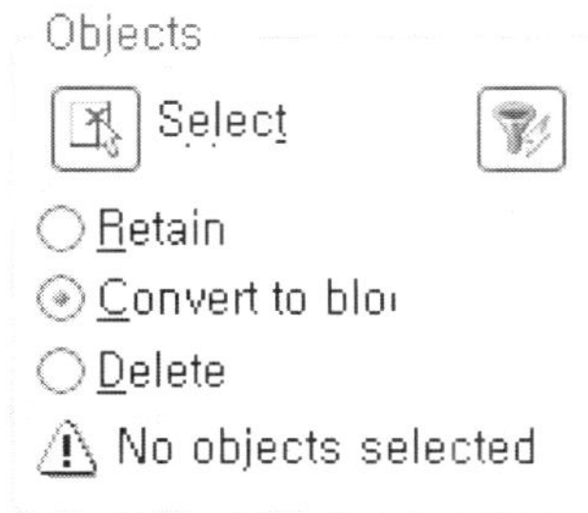

Block에 포함할 객체를 선택합니다.

Retain - 선택된 객체가 Block 명령 후에도 원래의 속성을 유지합니다.

Convert to block - 선택된 객체가 Block 명령 후, Block으로 변형됩니다.

Delete - 선택된 객체가 Block 명령 후, 화면상에서 사라집니다.

④ Settings

Block unit - 블록을 삽입할 때 사용할 단위를 지정합니다.

Scale uniformly - 이 기능을 On 하면, Block을 삽입할 때, X/Y/Z의 크기를 동일하게만 지정할 수 있습니다.

Allow exploding - 이 기능을 Off 로 하고 만든 Block을 삽입한 경우, Explode 명령으로 분해할 수 없습니다.

Description - Block을 편집할 때 선택된 Block의 이해를 돕기 위해 미리 필요한 설명을 기입할 수 있습니다.

Hyperlink - 블록에 링크할 도면이나 문서 등을 지정합니다.

⑤ Open in block editor

이 기능을 On하면 Block을 생성한 후, 곧바로 Block 편집기로 이동합니다. 특별한 이유가 없는 경우에는 Off인 상태가 편리하지요.

◈ 따라하기.

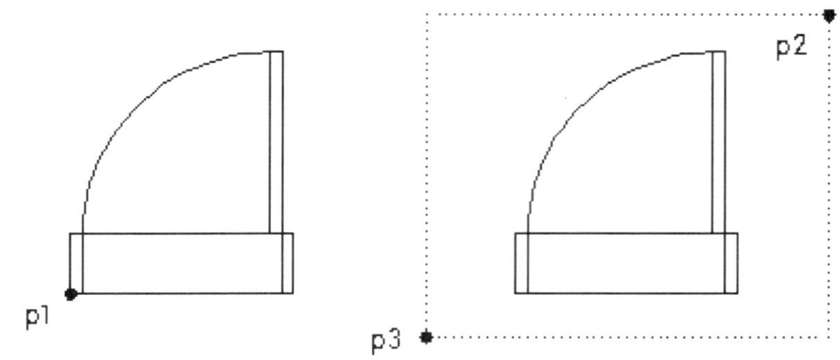

그림1　　　　　　　　그림2

① Block 명령 실행 후, Block Name으로 "문_900" 을 입력합니다.

Block Name은 해당 Block을 인식하기 쉽게 정하는게 사용하기에 편리하지요. 여기서 "문_900" 이란 "크기가 900인 문" 이란 의미이지요.

② 기준점 p1을 지정하여 그림1을 완성합니다.

기준점은 삽입 기준점을 의미하므로 작업의 효율을 생각하여 가장 적절한 지점을 선택하는게 중요합니다.

③ 그림2와 같이 p2와 p3 범위를 지정하여 Block을 생성하기 위한 객체를 선택합니다.

◈ 따라하기.

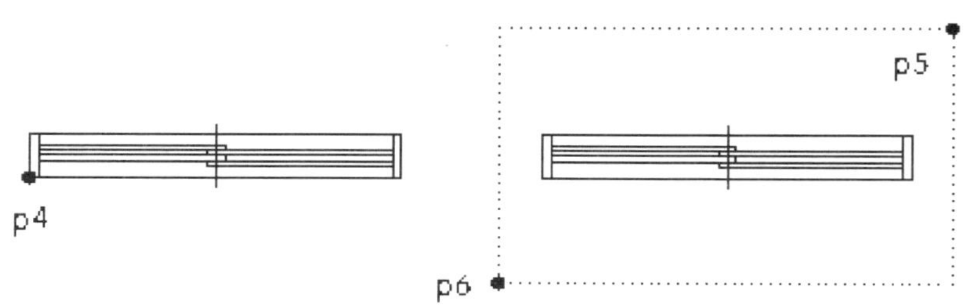

그림3　　　　　　　　그림4

① Block 명령 실행 후, Block Name으로 "창_2000" 을 입력합니다.

Block Name은 해당 Block을 인식하기 쉽게 정하는게 사용하기에 편리하지요.

여기서 "창_2000" 이란 "크기가 2000인 창" 이란 의미이지요.

② 기준점 p4을 지정하여 그림3을 완성합니다.

기준점은 삽입 기준점을 의미하므로 작업의 효율을 생각하여 가장 적절한 지점을 선택하는게 중요합니다.

③ 그림4와 같이 p5와 p6 범위를 지정하여 Block을 생성하기 위한 객체를 선택합니다.

2.4.2 wBlock (외부블록 만들기 - W)

명령 - wBlock (w)

wBlock 이란 Write Block을 의미하는데, Block을 File 형태로 저장함을 의미합니다.

앞의 Block에서 설명한 바와 같이 Block을 현재의 도면에서만 사용할 목적으로 만드는 내부블록과 파일 형태로 만들어 어떤 도면에서든 또는 어떠한 사용자든 마음데로 불러 사용할 수 있는 외부블록이 있지요.

명령어로 설명하자면 Block 명령은 내부블록을 만드는 명령이고, wBlock은 외부블록을 만드는 명령입니다.

따라서 wBlock을 만드는 방법도 Block을 만드는 방법과 유사하지요.

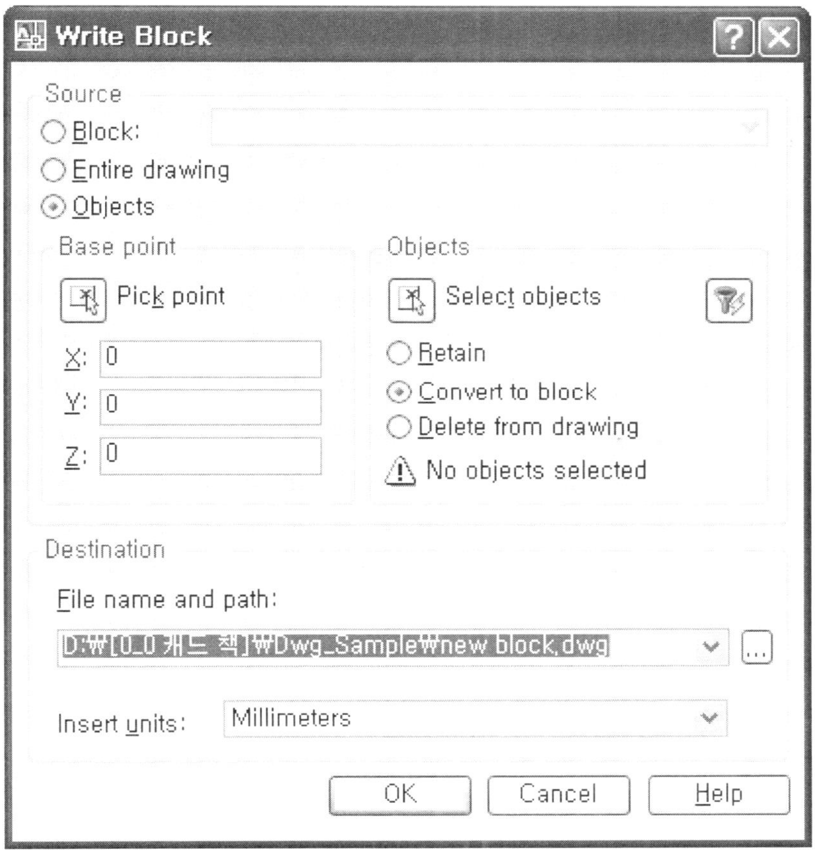

① 블록 생성을 위한 객체의 유형을 선택합니다.

Block - 이미 생성되어 있는 내부블록을 외부블록으로 만들고자할 때 사용합니다.

Entire drawing - 현재 화면에 존재하는 모든 객체를 외부블록을 만드는데 사용합니다.

Object - 내부블록을 만들때와 동일한 방법으로 만들며, 특별한 다른 목적이 없다면 가장 많이 사용하는 방법입니다.

② Base point

내부블록 만들기와 동일하며 삽입할 기준점을 지정합니다.

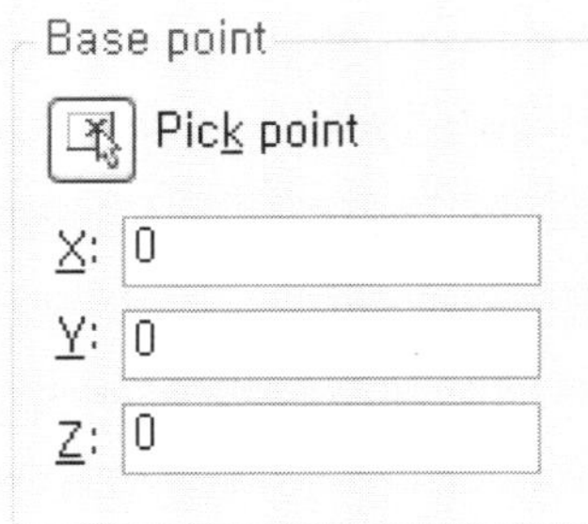

③ Object

내부블록 만들기와 동일하며 외부블록 생성을 위한 객체를 지정합니다.

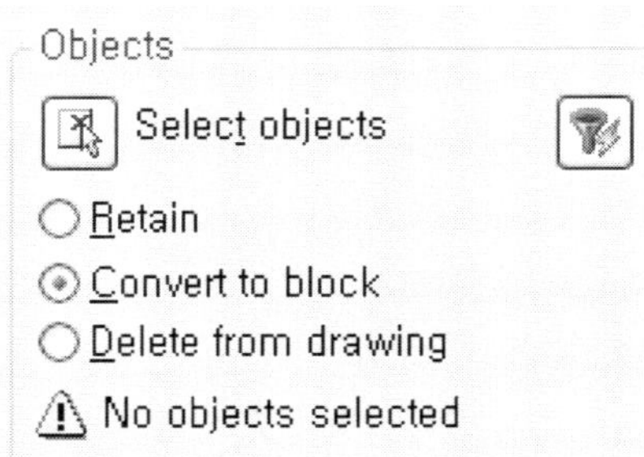

④ Destination

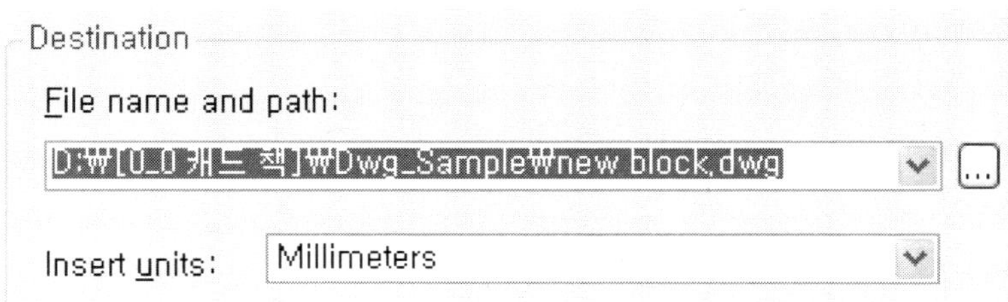

File name and path - 생성된 외부블록이 저장될 컴퓨터 공간의 경로와 파일이름을 지정합니다.

Insert units - 블록을 삽입할 때 사용할 단위를 지정합니다.

◈ 따라하기.

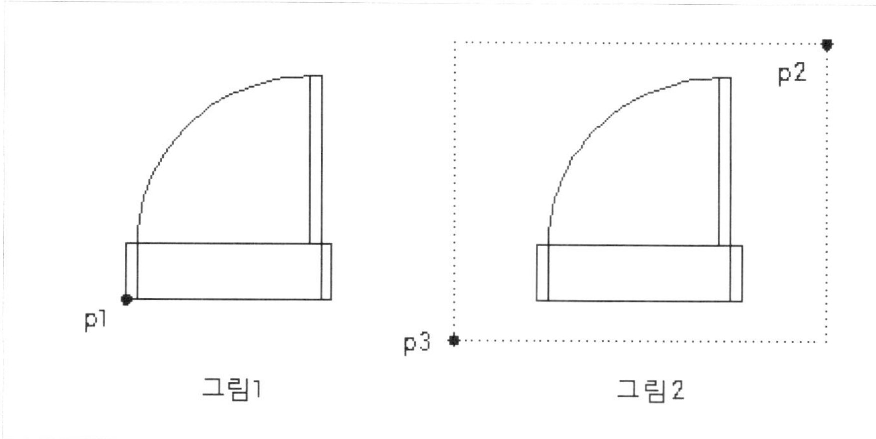

① wBlock 명령 실행 후, Block Name으로 "문_900" 을 입력합니다.

Block Name은 해당 Block을 인식하기 쉽게 정하는게 사용하기에 편리하지요.

여기서 "문_900" 이란 "크기가 900인 문" 이란 의미이지요.

② 기준점 p1을 지정하여 그림1을 완성합니다.

기준점은 삽입 기준점을 의미하므로 작업의 효율을 생각하여 가장 적절한 지점을 선택하는게 중요합니다.

③ 그림2와 같이 p2와 p3 범위를 지정하여 Block을 생성하기 위한 객체를 선택합니다.

즉, Block과 wBlock은 사용방법이 거의 동일합니다.

2.4.3 Insert (블록 삽입하기 - I)

명령 - Insert (i)

도면작업 도중 필요에 의해 내부블록 또는 외부블록을 삽입할 때 사용합니다. 블록을 생성할 때 블록이름을 의미있게 잘 정리하면 삽입할 때 편리하여 작업의 효율을 높일 수 있습니다.

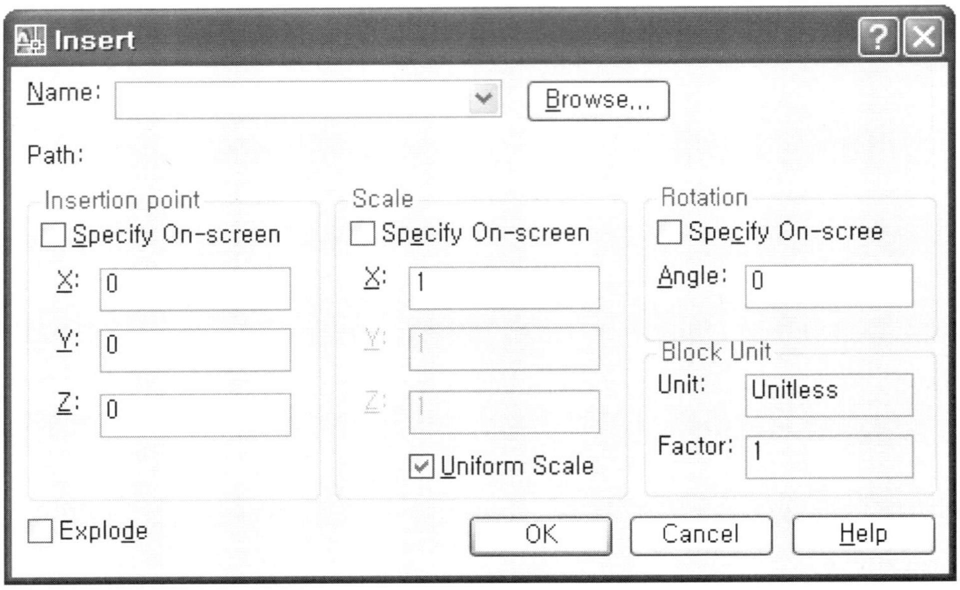

① Name

삽입할 블록을 선택합니다. 처음 사용하는 내부블록은 좌측의 리스트에 자동 등록되어 있으며, 외부블록은 우측의 'Browse'버튼을 클릭한 후, 컴퓨터에 저장되어있는 블록을 찾아 선택합니다.

② Insertion point

삽입할 블록의 좌표를 지정합니다.

Specify On-screen

On - 삽입점을 마우스로 화면에 직접 지정합니다.

Off - X/Y/Z 좌표값으로 블록을 삽입합니다.

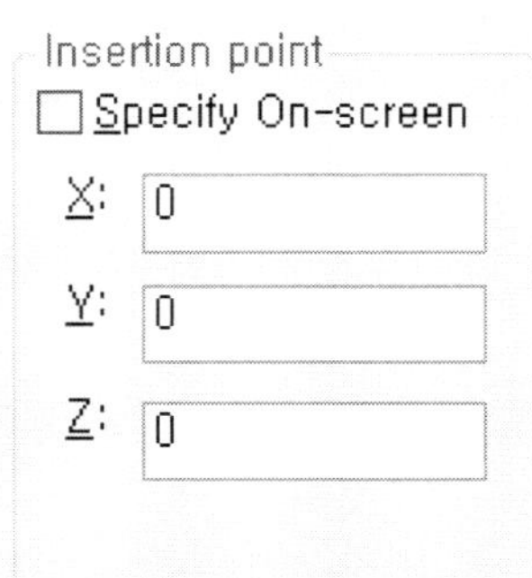

③ Scale

블록 삽입시 블록의 크기를 바꿀 수 있습니다.

Specify On-screen

On - 블록을 삽입할 때 직접 크기의 변화를 줄 수 있습니다.

Off - 대화상자에 지정된 크기로 블록을 삽입합니다.

Uniform Scale

On - X/Y/Z 크기의 비율을 동일하게 바꿉니다.

Off - X/Y/Z 크기의 비율을 각각 다른값으로 바꿀 수 있습니다.

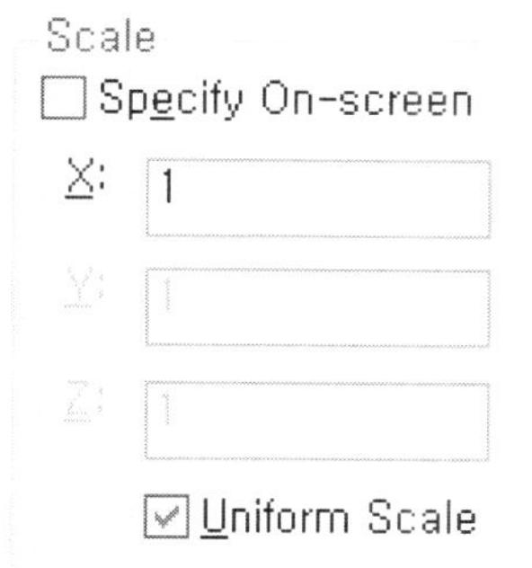

④ Rotation

삽입할 블록의 각도를 조정합니다.

Specify On-screen

On - 삽입할 블록의 각도를 화면에서 직접 조정합니다.

Off - 블록을 삽입할 때, Angle의 각도에 의해 삽입합니다.

Angle - 삽입할 블록의 각도를 지정합니다.

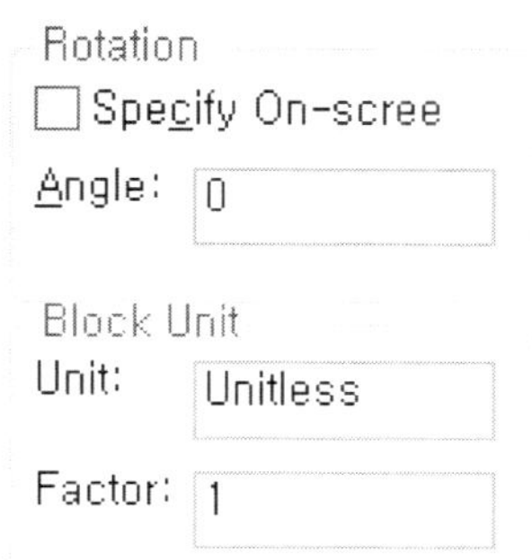

⑤ Explode 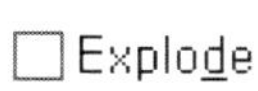

삽입되는 블록의 속성을 지정합니다.

On - 블록을 개별적 객체상태로 분해해서 삽입합니다.

Off - 블록을 하나의 덩어리 상태로 삽입합니다.

◈ 따라하기.

① 아래의 도면 그림1은 간단한 형태의 주택평면입니다. 여기에 등록되어 있는 문과 창의 블록을 삽입해 보아요.

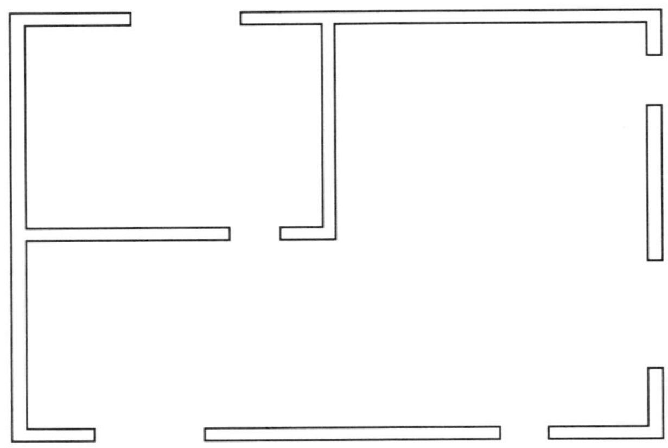

그림1

② Insert 명령 후, 블록 '문_900' 을 p1의 위치에, 블록 '창_2000' 을 p2의 위치에 삽입하여 그림2를 완성합니다.

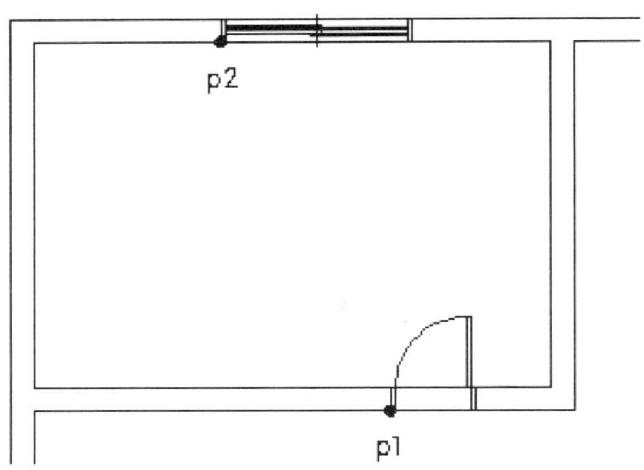

그림2

③ 동일한 방법으로 도면의 아래 부분에 문과 창을 하나씩 삽입하여 그림3을 완성합니다.

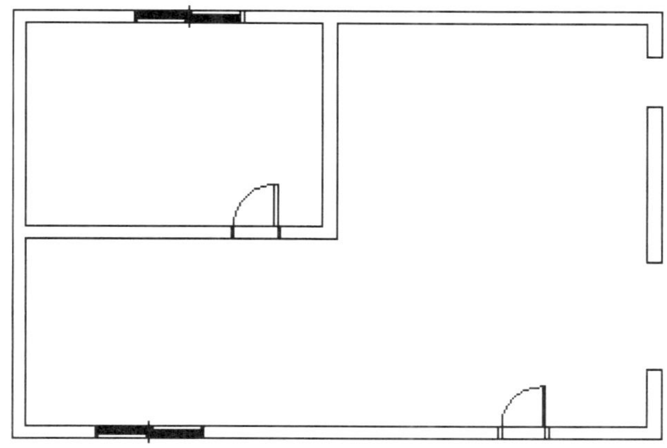

그림3

④ 그림3의 우측상단에 문을 삽입할 경우, 각도가 맞지 않아 앞에서와 동일한 방법으로 삽입하면 그림4

와 같이 됩니다. 따라서 대화상자의 Angle을 90도로 하고 삽입하여 그림5를 완성합니다

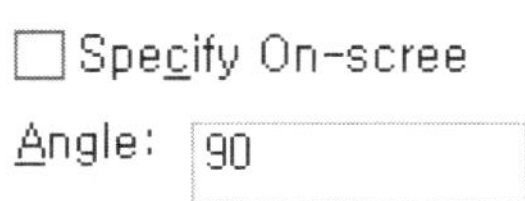

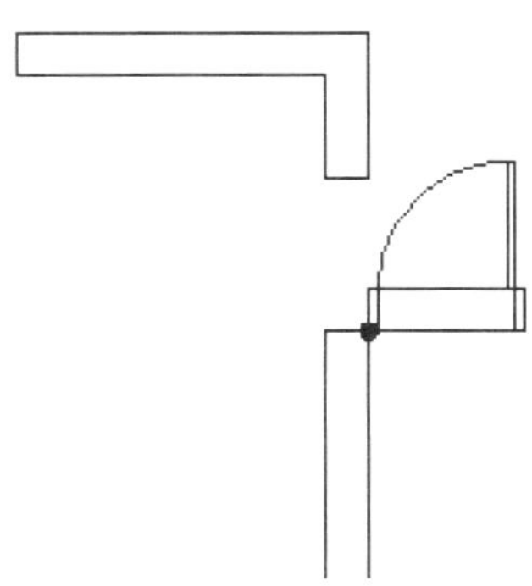

그림4

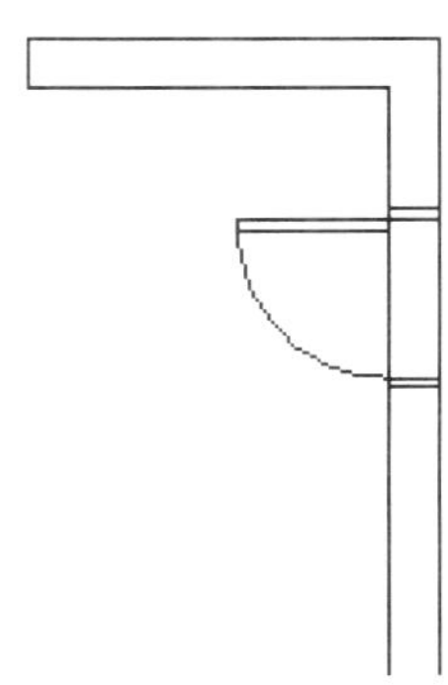

그림5

⑤ 그림3의 우측하단에 창을 삽입할 때, Angle을 0으로 하면 그림6과 같이 됩니다. 따라서 ④에서와 동일한 방법으로 Angle을 90도로 하여 그림7을 완성합니다.

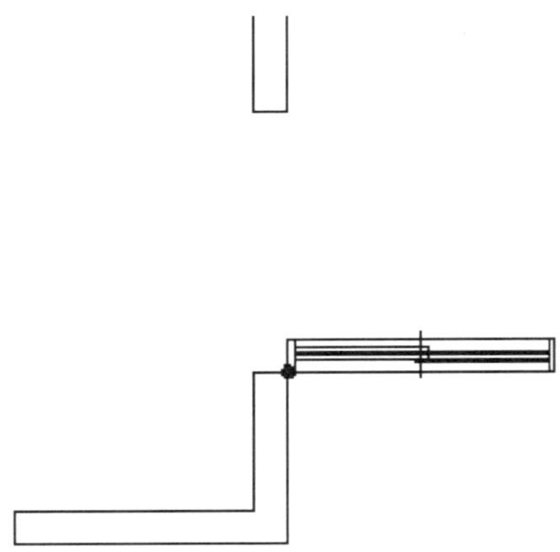

그림6 그림7

⑥ 그림7을 완성하고 전체도면을 확인하면 그림8이 완성되었음을 확인할 수 있습니다.

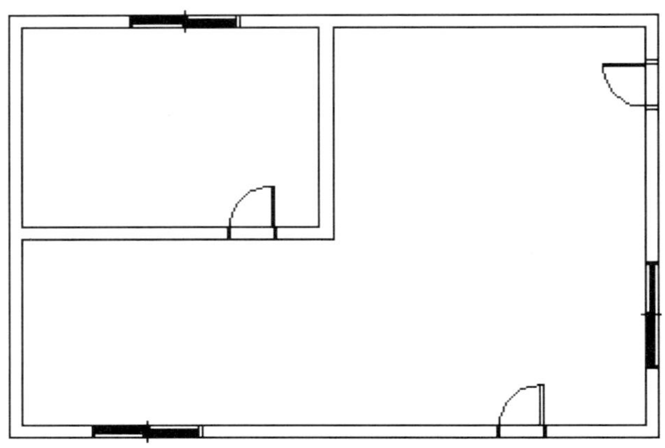

그림8

2.5 문자 기입하기

도면이 어느 정도 형태를 갖추게 되면 문자, 해치, 치수 등, 도면을 이해시킬 수 있는 작업을 합니다. 문자, 해치, 치수는 표현 내용이 다양한 만큼 사전에 사용자의 환경에 맞게 설정해 주어야 할 내용들이 있습니다. 하지만 이 세 가지 내용만 잘 다루어도 도면을 효율적으로 표현하고 관리할 수 있지요.

2.5.1 문자 스타일 지정하기

워드프로세서에서 문자를 사용할 때는 문자의 유형과 크기만 지정하면 곧 바로 원하는 문자를 입력할 수 있지요.하지만 캐드에서는 아래와 같은 문자 대화상자에서 미리 문자 유형에 필요한 몇 가지 설정을 해 주어야 합니다.

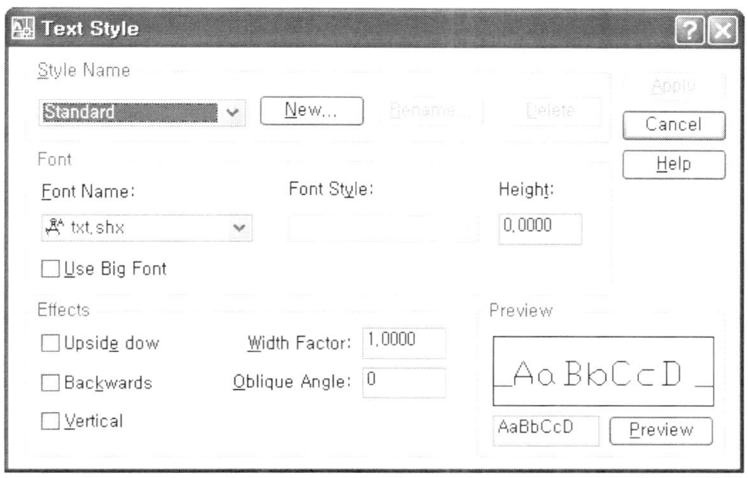

① Text Style (문자 유형 지정하기 - ST)

메뉴 - Format > Text Style

명령 - Style (st)

도구 - 

문자 유형 대화상자에서 작업에 필요한 Style Name, Font, Effects 등을 지정합니다.

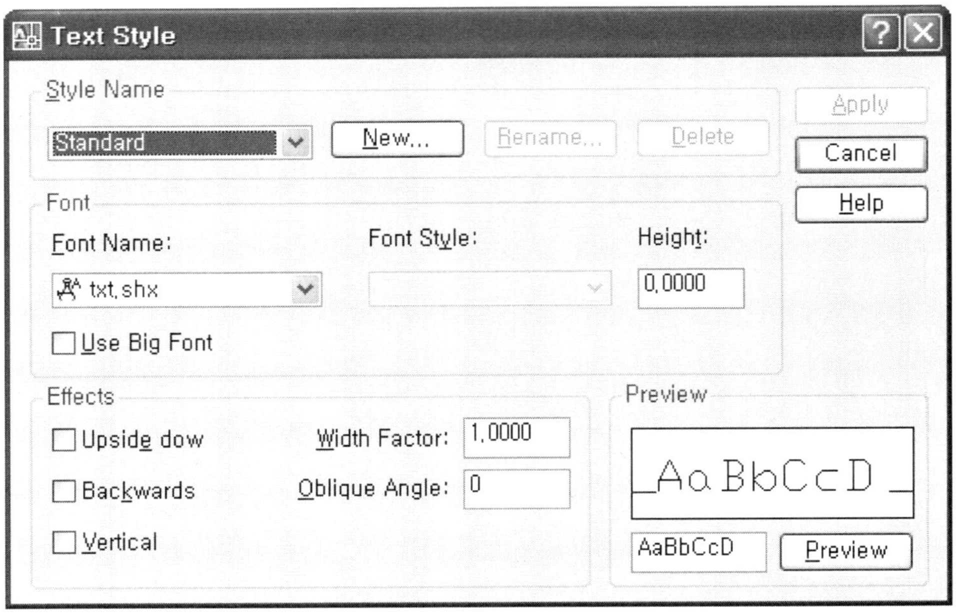

② Style Name

사용자는 원하는 만큼의 문자 유형을 지정하여 사용할 수 있습니다.

- New : 문자 유형을 생성합니다.

- Rename : 지정된 문자 유형 이름을 변경합니다.

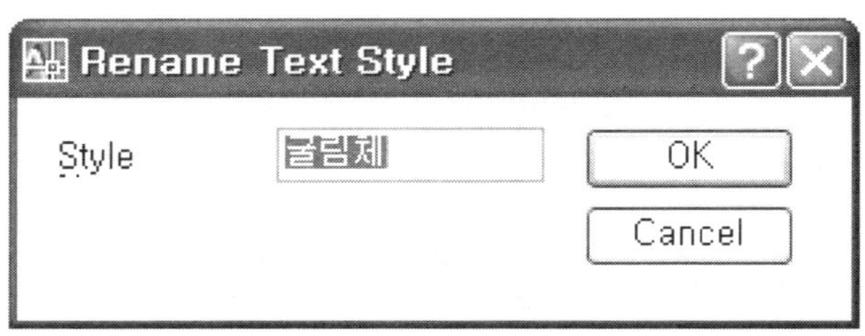

- Delete : 지정된 문자 유형을 삭제합니다.

③ Font

하나의 문자 유형에 사용될 글꼴을 선택합니다. 캐드에서 사용하는 글꼴은 캐드전용 글꼴과 윈도우용 글꼴 두 가지로 구분됩니다. 말 그대로 캐드전용 글꼴은 오토캐드 내에서만 사용가능한 글꼴이고 윈도우용 글꼴은 윈도우를 OS로 하는 모든 응용프로그램이 공통으로 사용하는 글꼴을 의미합니다.

대화상자에서 Font Name을 클릭하면 아래와 같은 팝업창이 나타나는데, 글꼴 이름 좌측 아이콘이 은 캐드전용 글꼴이고 은 윈도우용 글꼴을 의미합니다.

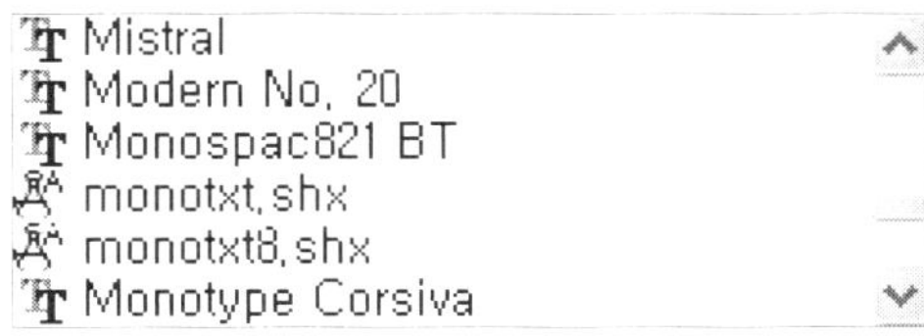

- 캐드전용 글꼴 사용하기

캐드전용 글꼴은 아이콘과 함께 파일 확장자가 shx이므로 쉽게 구분할 수 있습니다. 그러나 아래와 같이 Use Big Font가 Off되어 있으면 Font Style이 비활성화 되며 한글이 지원되지 않습니다.

캐드에서는 whgdtxt.shx, whgtxt.shx, whtgtxt.shx, whtmtx.shx 이상 4가지 종류의 한글 글꼴을 내부적으로 지원합니다. 이를 사용하려면 먼저 Use Big Font를 On하여 Big Font가 활성화 될 때, Font List에서 지정하여 사용합니다.

각각의 한글폰트의 모양은 아래의 그림1과 같습니다.

그림1

- 윈도우용 글꼴 사용하기

윈도우용 글꼴은 앞에서 설명한 것처럼 폰트 이름 옆의 아이콘이 Ŧ 로 이루어져 있습니다. 따라서 어떠한 윈도우 내의 글꼴과도 동일하게 호환이 가능합니다.

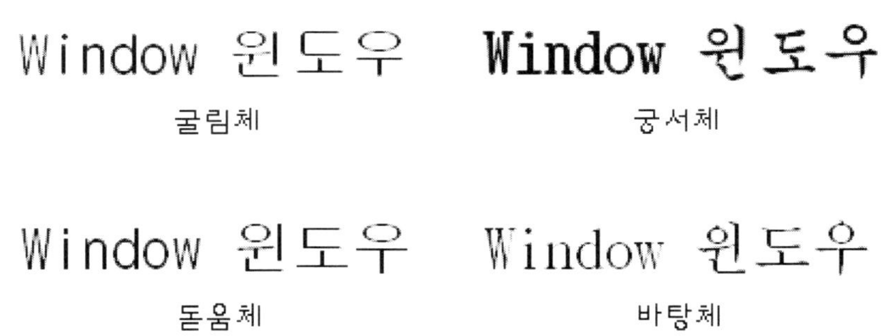

그림2

- 세로 문자 입력하기

세로 문자는 윈도우용 글꼴에서만 지원하며 캐드전용 글꼴에서는 지원하지 않습니다. 세로 문자 글꼴은 아래의 글꼴 이름 리스트에서와 같이 일반 글꼴 이름 앞에 "@" 기호가 붙어있어 쉽게 구별할 수 있습니다. 또한 세로 문자의 형태는 그림3과 같이 한글과 영문에서의 표기법이 약간 차이가 있습니다.

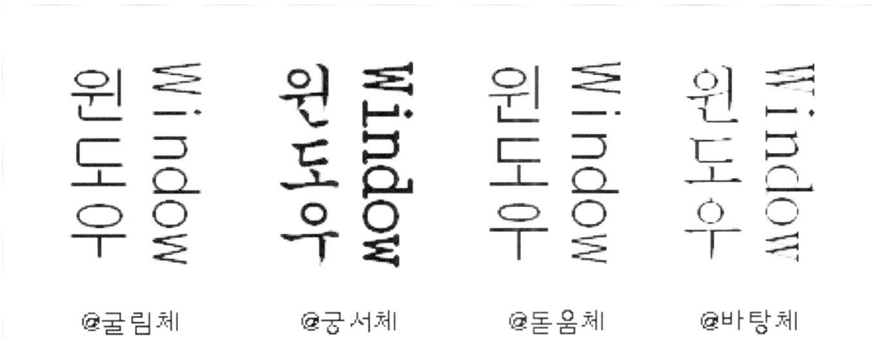

그림3

- Height의 의미

Height = 0 인 경우

한글 입력 시 매번 문자 크기를 지정해 주어야 합니다.

Height = 양의 정수인 경우

한글 입력 시 Height로 지정된 크기를 사용하기 때문에 문자입력 시에는 크기 지정을 별도로 물어보지 않습니다.

④ Effects

문자의 표현방법을 지정합니다. 대화상자에서 상하 변환, 좌우 변환, 폭 비율, 기울기 각도 등을 조절하여 다양한 문자를 표현합니다.

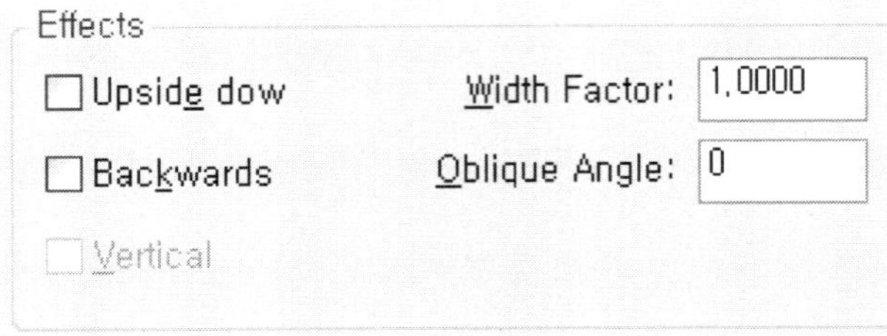

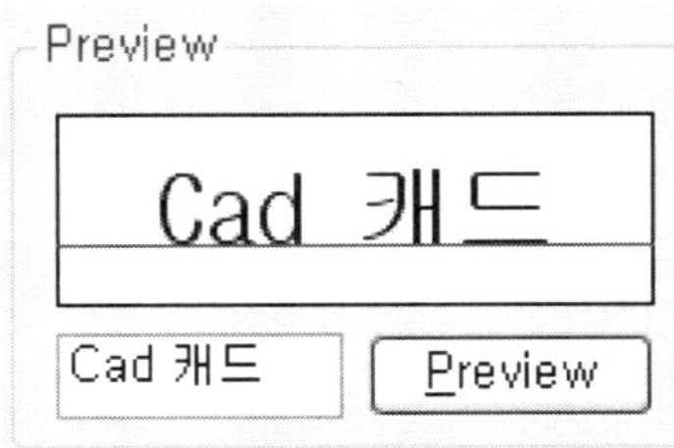

그림 250 옵션 무설정

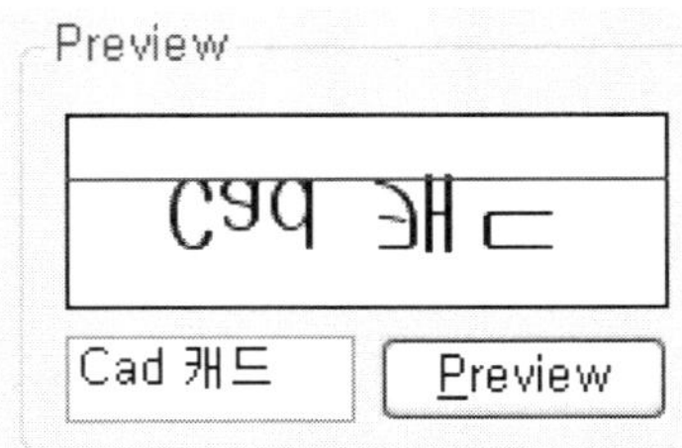

그림 251 Upside down = On

효과에 대한 결과는 미리보기 창에서 곧바로 확인할 수 있습니다.

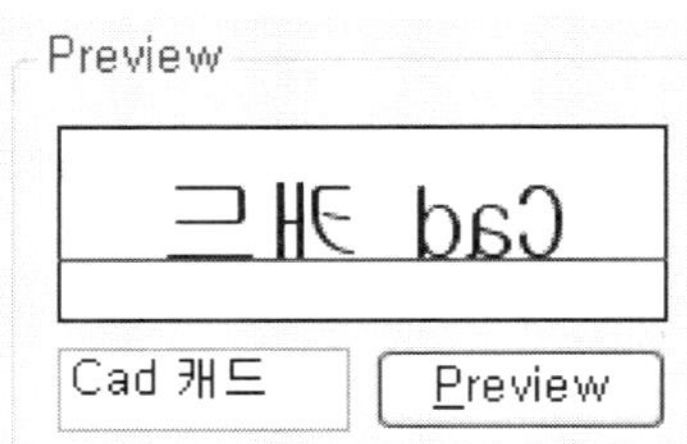

그림 252 Backward = On

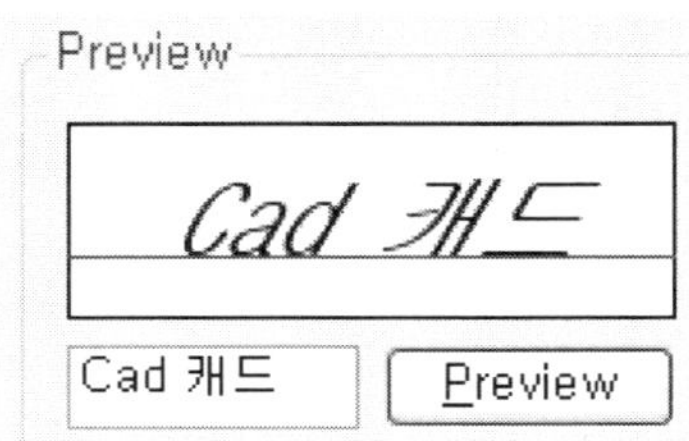

그림 253 Oblique Angle = 30

그림 254 Width Factor = 0.5

그림 255 Width Factor = 1.4

2.5.2 단일행 문자 입력하기 (Text, dText)

메뉴 - Draw > Text > Single Line Text

명령 - dtext (de)

도구 - 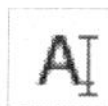

dtext는 도면에 문자를 입력하는 명령으로 엔터키를 누르기 전까지의 문자를 하나의 객체로 인식합니다. 엔터키를 누르며 입력한 여러 줄의 문자의 경우 각 줄의 문자를 별도의 문자로 인식하므로 이를 단일행 문자열이라 합니다.

◈ 따라하기.

그림1

Command: dtext (dt)
Current text style: "굴림체" Text height: 15.0000
Specify start point of text or [Justify/Style]: p1
Specify height <15.0000>: 15
Specify rotation angle of text <0>:
School
학교
學校

① 입력될 문자의 좌측하단 p1을 클릭합니다.

② 문자의 크기를 지정합니다.

③ 문자의 각도를 입력합니다.

④ 원하는 문자를 입력합니다.

하나의 문자열은 엔터키로 구분하며, 영문, 한글, 한문, 특수 문자등의 입력이 모두 가능합니다.

2.5.3 문자열 정렬하기

캐드에서 문자는 그림2에 표시한 것처럼 13가지의 기준점이 있습니다. 이는 문자 입력 시에 필요에 따라 기준점을 다르게 정렬하여 편리하게 문자를 관리할 수 있습니다.

그림2

그림3의 옵션은 문자 명령의 13가지 정렬 옵션의 내용과 위치를 나타낸 겁니다. 옵션의 내용은 각각의 위치와 관련이 있으므로 이해하기 편리하도록 되어 있지요. 즉 왼쪽 위를 기준점으로 하고자 할 경우에는 영문으로 "Top Left"에 해당하는 TL을 옵션에서 입력하면 됩니다.

TL (Top Left)	TC (Top Center)	TR (Top Right)
ML (Middle Left)	MC (Middle Center)	MR (Middle Right)
	Middle	
Left (Default)	Center	Right
BL (Bottom Left)	BC (Bottom Center)	BR (Bottom Right)

그림3

◈ 따라하기.

- Align Option

도면에 문자가 들어갈 p1과 p2를 클릭하면 문자의 크기는 자동으로 p1과 p2사이에 가로크기와 세로크기가 1:1로 일정하게 유지되게 조정됩니다. 따라서 사용자가 높이를 임으로 조정할 수 없습니다.

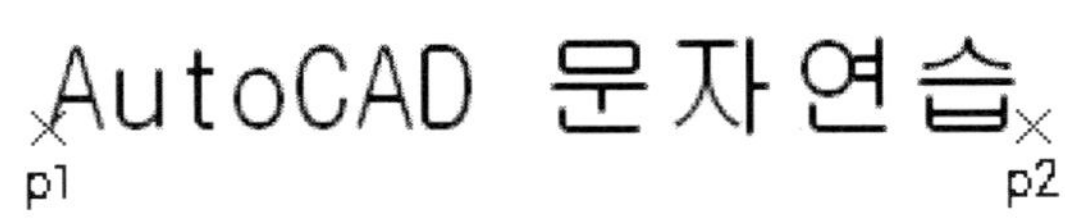

그림4

Command: dtext (dt)
Current text style: "굴림체" Text height: 0.0000
Specify start point of text or [Justify/Style]: j
Enter an option[Align/Fit/Center/Middle/Right
/TL/TC/TR/ML/MC/MR/BL/BC/BR]: a
Specify first endpoint of text baseline: p1
Specify second endpoint of text baseline: p2

① "j" (Justify) Option과 "a" (Align) Option을 선택합니다.

② 입력할 문자의 위치 p1과 p2를 클릭합니다.

③ 문자의 높이는 자동으로 해당 거리에 맞게 조정되므로 사용자가 임으로 지정할 수 없습니다.

- Fit Option

입력한 문자의 폭은 사용자가 지정한 거리 p1과 p2에 의해 결정되며 높이는 사용자가 입력한 값에 의해 각각 결정됩니다.

아래 그림5는 폭이 p1과 p2로 동일하지만, 높이가 각각 10과 20으로 다른 경우의 결과를 보여주고 있습니다.

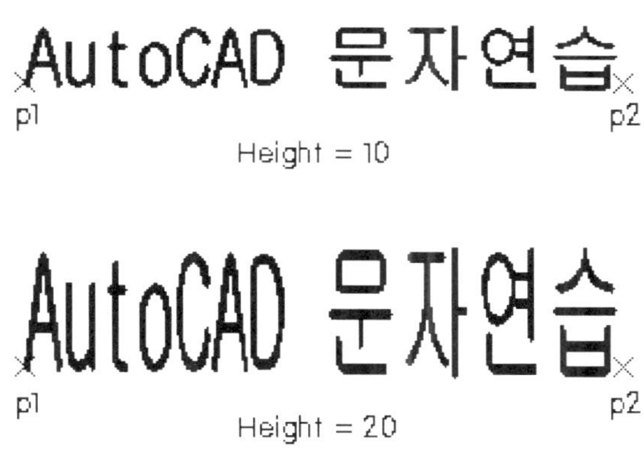

그림 5

Command: dtext (dt)
Current text style: "굴림체" Text height: 0.0000
Specify start point of text or [Justify/Style]: j
Enter an option[Align/Fit/Center/Middle/Right
/TL/TC/TR/ML/MC/MR/BL/BC/BR]: f
Specify first endpoint of text baseline: p1
Specify second endpoint of text baseline: p2
Specify height <15.0000>: 10 or 20

① “j” (Justify) Option과 “f” (Fit) Option을 선택합니다.

② 입력할 문자의 위치 p1과 p2를 클릭합니다.

③ 문자의 높이는 10 또는 20을 입력합니다.

따라서 Fit 옵션은 문자의 가로 크기와 세로 크기를 사용자가 각각 지정할 수 있음을 알 수 있습니다.

- Middle Option

이하 Center/Middle/Right/TL/TC/TR/ML/MC/MR/BL/BC/BR

Option에 대한 내용은 앞의 “문자열 정렬하기” 에서 설명한 바와 같습니다.

그림6

```
Command: dtext (dt)
Current text style: "굴림체" Text height: 0.0000
Specify start point of text or [Justify/Style]: j
Enter an option[Align/Fit/Center/Middle/Right
/TL/TC/TR/ML/MC/MR/BL/BC/BR]: mc
Specify middle point of text: p1
Specify height <15.0000>: 15
Specify rotation angle of text <0>:
문자연습
```

① dtext 명령 후, 정렬을 원하면 “j” (Justify) 옵션을 입력합니다.

② 클릭하는 위치를 입력한 문자의 가운데로 하길 원하면, “mc” (Middle Center) 옵션을 입력합니다.

③ 문자 입력의 기준점 p1을 클릭합니다.

④ 문자의 크기를 지정합니다.

⑤ 문자의 각도를 입력합니다.

⑥ 원하는 문자를 입력합니다.

2.5.4 다중행 문자 기입하기 (mText)

메뉴 - Draw > Text > Multiline Text

명령 - mtext (mt, t)

도구 - 

다중행 문자 기입은 캐드에서 마치 워드프로세서를 사용하는 것처럼 문자를 입력하고 편집하는 기능입니다. 따라서 스택문자 입력, 문자 정렬 등 단일행 문자 입력에는 없는 기능을 포함하고 있어 편리한 점도 있지만 실제 도면 작업시 기동성 등 불편한 점도 있으므로 작업의 성격에 맞게 문자 기입 방법을 선택하는 것도 중요합니다.

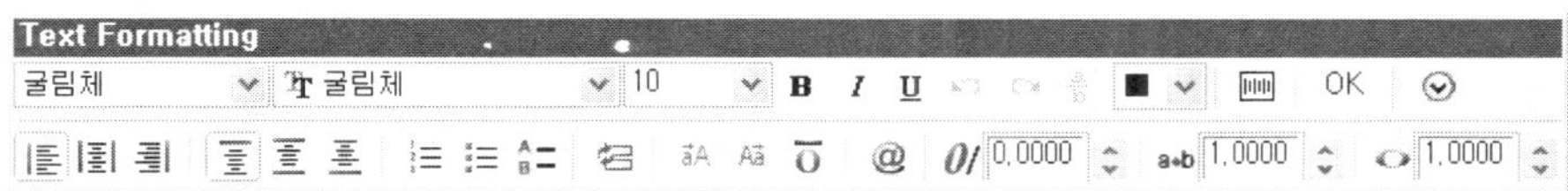

① Style - 이미 지정한 문자 유형을 선택할 수 있는 리스트입니다.

② Font - Style에서 문자 유형을 선택하면, 선택된 문자 유형에 지정된 글꼴을 나타냅니다.

③ Text Height - 입력할 문자의 크기를 나타냅니다.

④ Bold/Italic/Underline - 문자에 굵게/기울임/밑줄 효과를 줍니다.

⑤ Undo/Redo - 문자의 입력 도중에 명령의 취소/재생 기능을 실행합니다.

⑥ Stack - 분수 형태의 표현을 실행합니다.

⑦ Color - 문자에 색상을 지정합니다.

⑧ Ruler - 문자 입력창에 눈금자를 나타냅니다.

⑨ OK - 문자 입력을 마칩니다.

⑩ Options - 문자 도구상자에 대한 기능을 메뉴 형식으로 제공합니다.

⑪ Left/Center/Right - 문자열을 가로 방향으로 정렬합니다.

⑫ Top/Middle/Bottom - 문자열을 세로 방향으로 정렬합니다.

⑬ Numbering/Bullets/Uppercase Letters - 문자열의 글머리 표현을 지정합니다.

⑭ Insert Field - 제목, 작성자, 도면 번호, 도면 작성 날짜 등 데이터를 목록에서 선택하여 입력합니다.

⑮ Uppercase/Lowercase - 입력한 영문자를 선택하여 대문자 또는 소문자로 변경합니다.

⑯ Overline - Underline의 반대 개념으로 문자에 윗줄을 표현합니다.

⑰ Symbol - 기호 또는 특수 문자를 메뉴 형식으로 입력합니다.

⑱ Oblique Angle - 문자의 기울기를 지정합니다.

⑲ Tracking - 문자의 간격을 지정합니다.

⑳ Width Factor - 문자의 폭을 지정합니다.

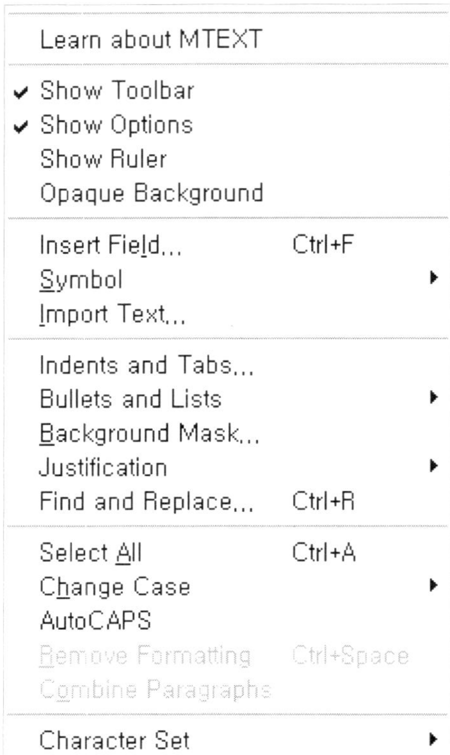

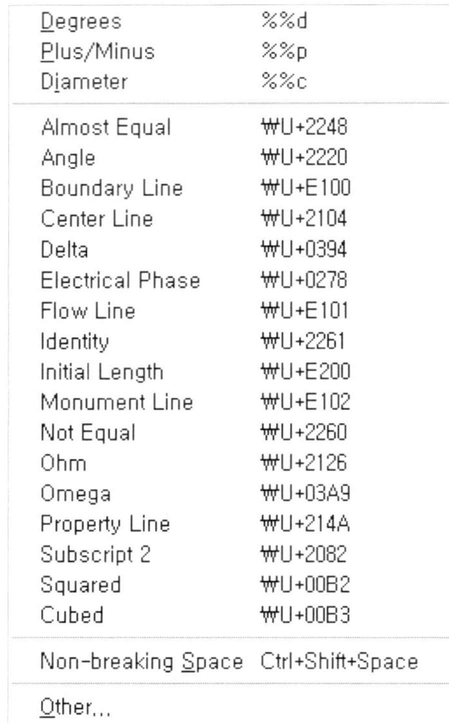

2.5.5 문자 수정하기

- 단일행 문자 수정하기

메뉴 - Modify > Object > Text > Edit

명령 - ddedit

입력한 문자의 수정을 원할 때 사용하는 명령입니다. 그러나 도면 작업 중 문자를 수정하려면 그냥 해당 문자를 더블클릭해도 동일한 기능을 하며 보다 쉽고 편리하게 사용할 수 있습니다.

◈ 따라하기.

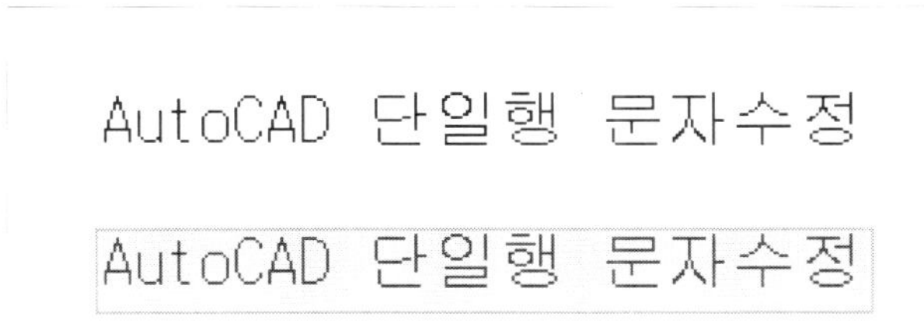

그림7

Command: ddedit
Select an annotation object or [Undo]: 수정할 문자 입력

① ddedit 명령을 사용하거나, 수정을 원하는 문자를 더블클릭하면 그림7과 같이 문자가 수정 모드로 변경됩니다.

② 원하는 문자를 입력하고 엔터키를 클릭하여 수정을 마칩니다.

- 다중행 문자 수정

명령 - mtedit

다중행 문자 수정도 직접 캐드 명령을 사용할 수 있지만, 단일행 문자 수정에서와 동일하게 문자를 더블클릭하여 문자 수정 모드로 변경되었을 때 수정합니다.

2.6 해치 사용하기 (Hatch)

메뉴 - Draw > Hatch

명령 - Hatch (h, bh)

Hatch는 패턴을 닫혀진 공간에 채우는 명령으로 도면의 특정 영역을 이해하는데 도움을 줍니다. 즉 건축 평면도에서 발코니나 화장실이라면 타일 패턴을 사용하고, 일반 주택의 입면도 외벽에 벽돌 패턴을 사용하면 표현도 간단하고 이해하는데도 효과적이지요. 한 가지 주의할 점은 패턴 적용을 원하는 객체는 반드시 폐곡선이어야 합니다.

2.6.1 대화상자 이해하기

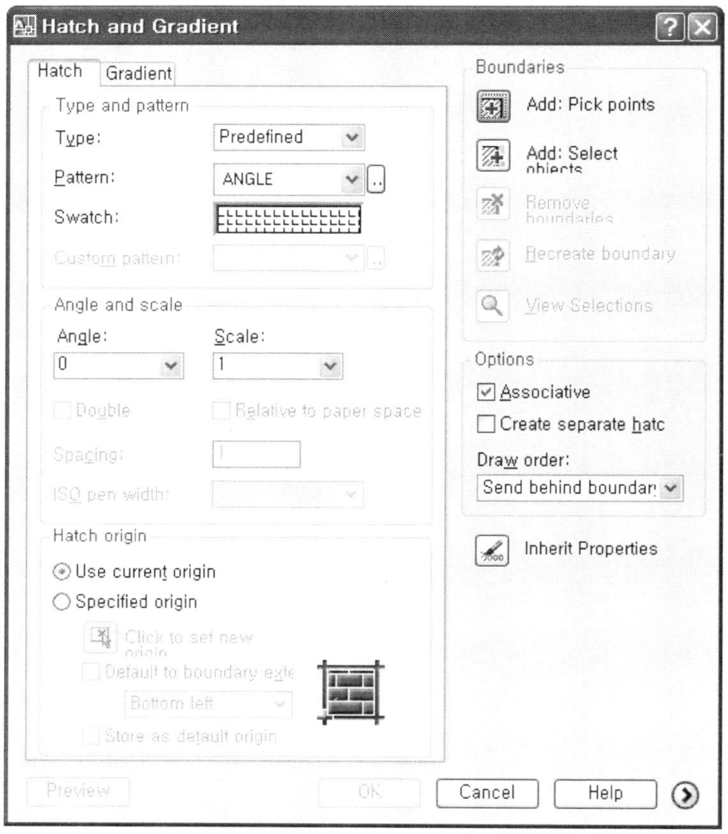

- Type and pattern

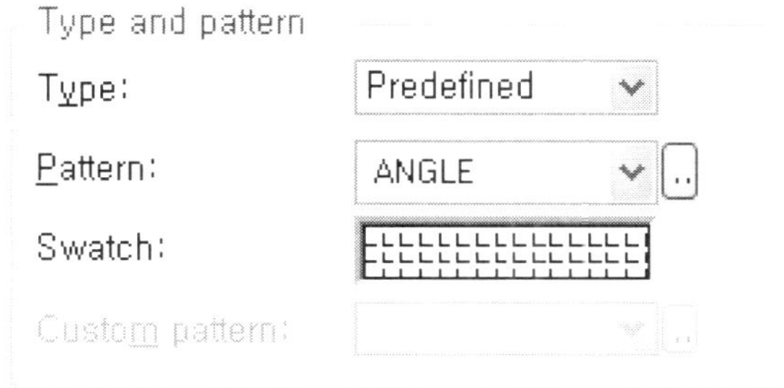

Type - Predefined 패턴, User defined 패턴, Custom 패턴이 있습니다.

Predefined - 오토캐드에서 제공하는 패턴입니다.

User defined - 하나 또는 두 개의 선들을 간격과 각도에 변화를 주어 사용하는 패턴입니다.

Pattern

해치 패턴은 ANGLE 버튼을 클릭하여 목록에서 선택할 수도 있고 [..] 버튼을 클릭하여 아래와 같이 대화상자에서 견본 그림을 보고 선택할 수 있습니다.

패턴의 종류는 ANSI, ISO, Other Predefined, Custom 이 있습니다. 아래의 대화상자는 Other Predefined 패턴을 나타내고 있으면 원하는 패턴을 선택하여 사용합니 다.

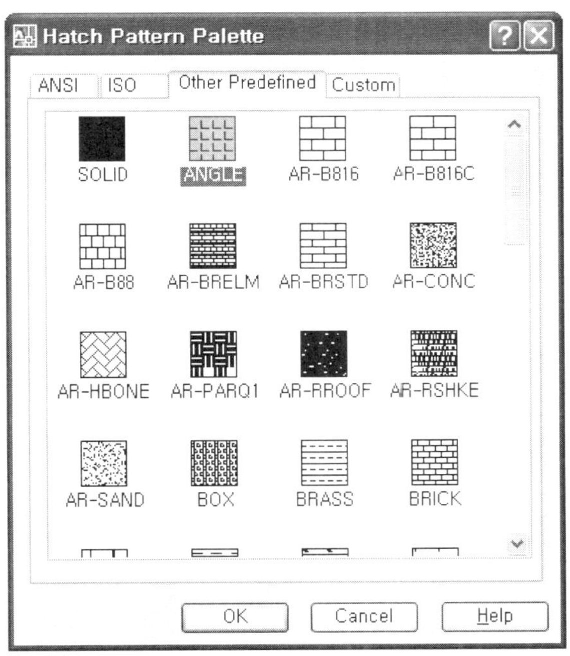

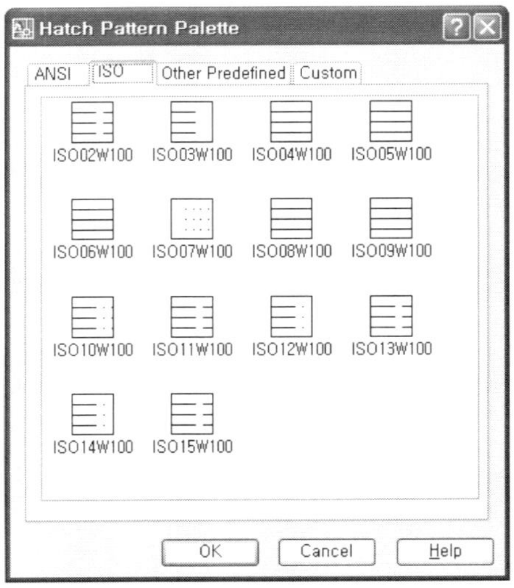

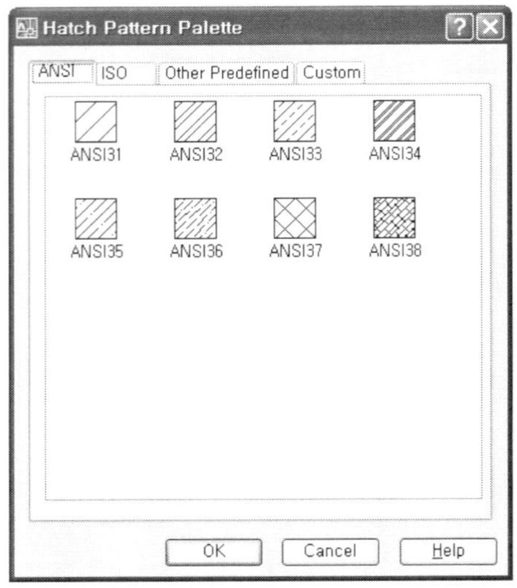

- Angle and scale - 해치 패턴의 각도와 측척을 지정합니다.

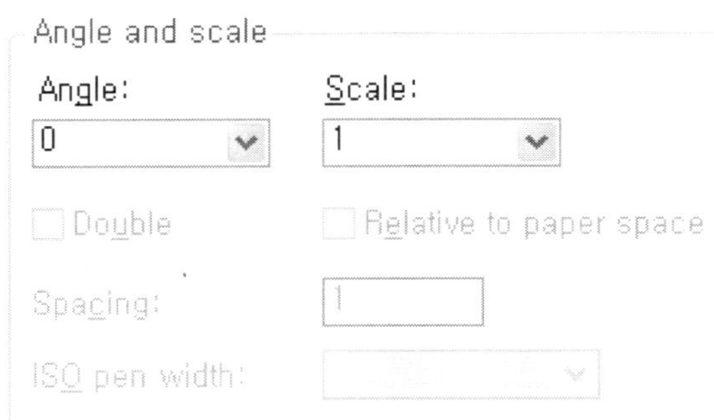

Angle - 해치 패턴의 기울임 각도를 지정합니다.

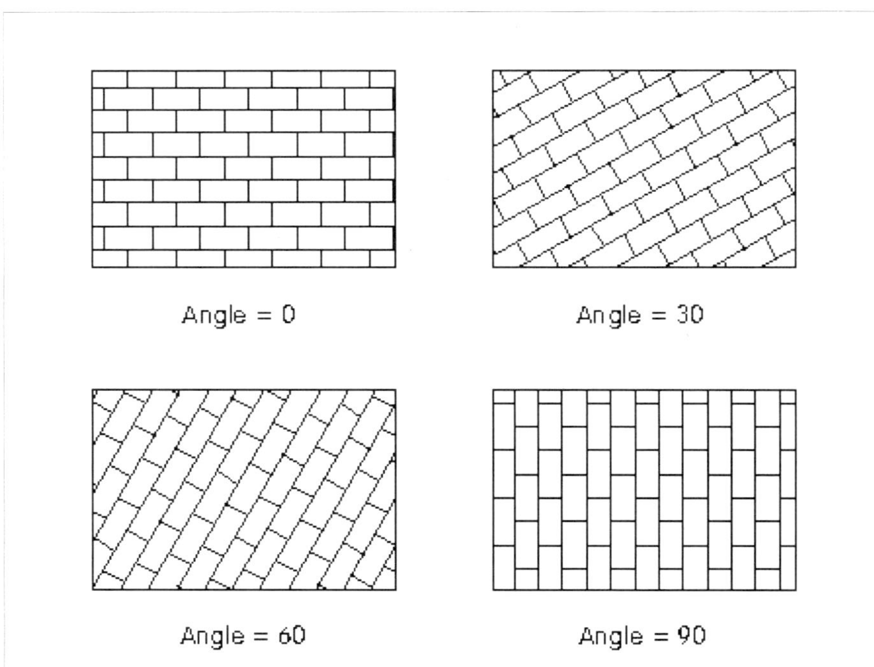

Scale - 해치 패턴 크기의 축척을 지정합니다.

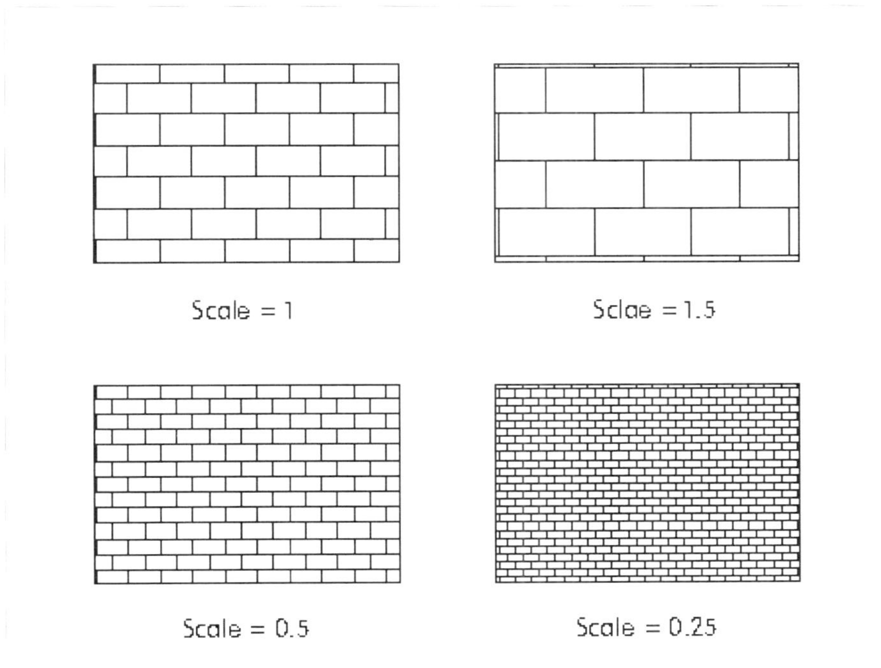

Type에서 User defined를 선택하면 아래와 같이 Double과 Spacing이 활성화됩니다. 이때 사용자는 아래와 같이 패턴을 만들어 사용할 수 있습니다.

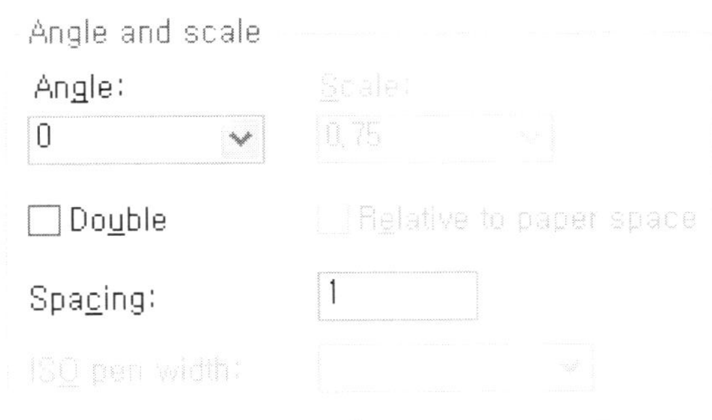

Double

User defined 패턴이 선택되었을 때 활성화되며, 한 줄 또는 두 줄 패턴을 결정합니다.

Spacing

User defined 패턴이 선택되었을 때 활성화되며, 각 줄간 거리를 지정합니다.

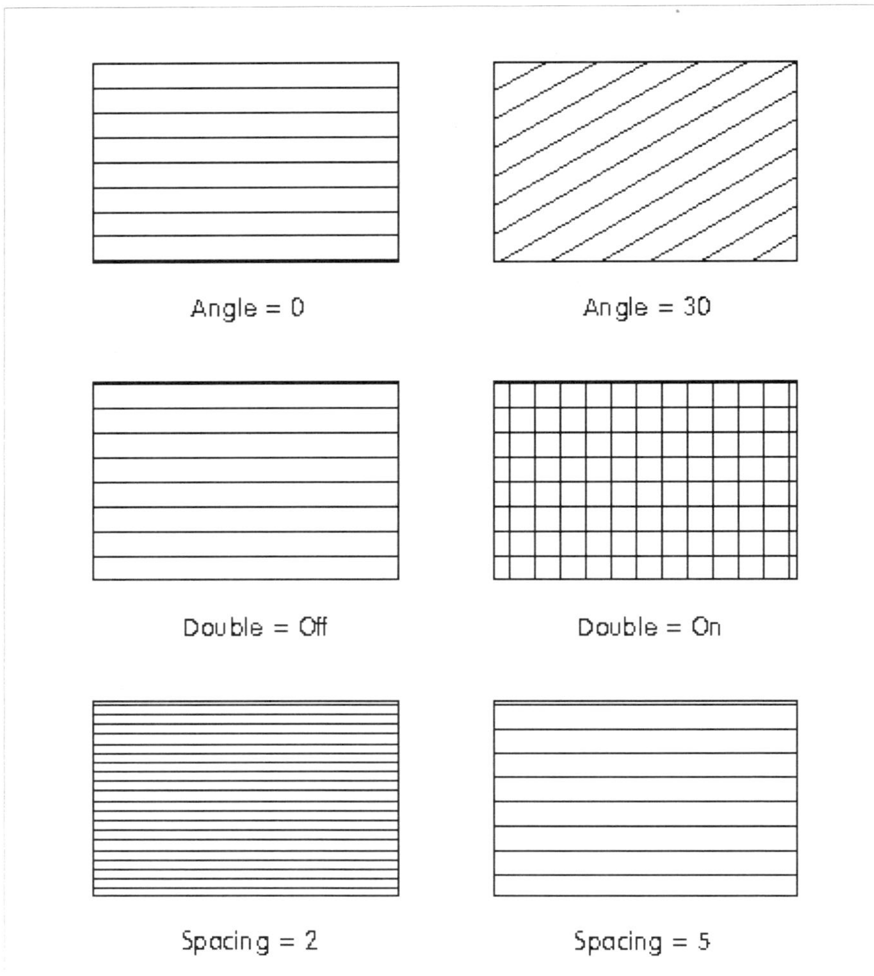

- Hatch origin - 패턴의 기준점을 설정합니다.

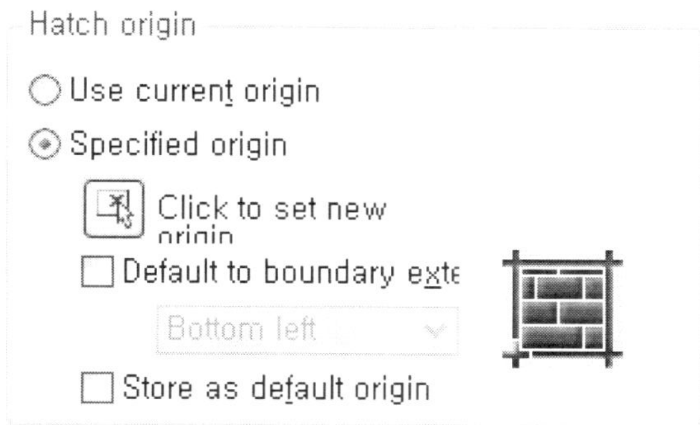

Use current origin

현재 설정된 HPORIGIN 값으로 패턴을 채웁니다.

Specified origin

click to set new origin

사용자가 패턴의 원점을 직접 마우스로 지정합니다.

Default to boundary extents

패턴의 원점을 아래의 5가지 목록 중에서 선택합 니다.

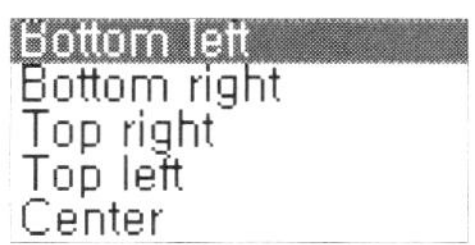

Store as default origin

현재 지정된 패턴의 원점을 HPORIGIN 변수에 저장합니다.

이 값은 Use current origin 옵션을 사용했을 때 패턴의 원점으로 작용합니다.

- Boundaries

해치 패턴을 채우기 위해서는 먼저 패턴을 채우기 위한 영역을 지정해야 합니다. 해치를 위한 영역은 반드시 폐곡선 형태를 갖추어야 하며, 여기에선 해치 패턴을 위한 영역과 관련된 내용을 다룹니다.

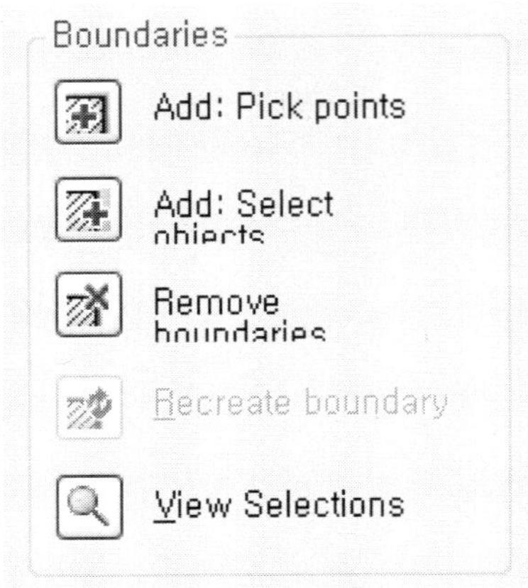

Add: Pick points

해치 패턴을 채울 영역 내부의 한 점을 마우스로 클릭하여 영역 그림1의 p1을 선택합니다. 선택할 영역이 많으면 그림2에서와 같이 p1, p2, p3, p4를 연속해서 선택한 후, 엔터 또는 마우스 우측버튼을 클릭하여 선택을 종료합니다.

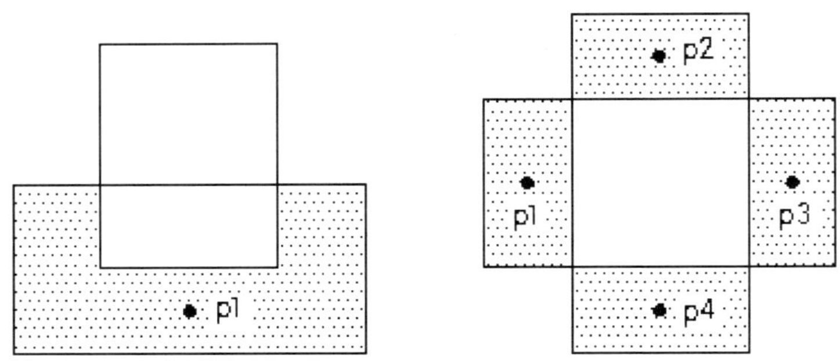

그림1 그림2

Add: Select objects

해치 패턴의 영역으로 사용될 객체들을 직접 클릭하여 영역을 선택하는 방법입니다. 이때 선택된 객체들은 반드시 폐곡선을 이루고 있어야 합니다. 그런데 객체를 선택하는 경우는 그림3과 그림4에서처럼 선택된 객체내에 있는 모든다른 영역을 무시합니다.

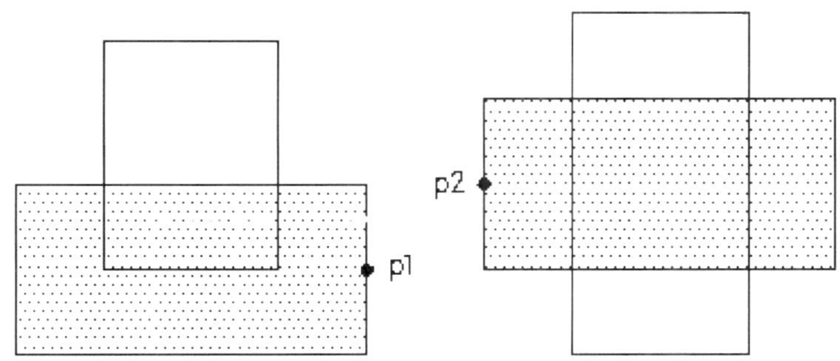

그림3 그림4

Remove boundaries

해치 패턴의 영역 선택 도중에 선택 영역을 취소하고자 할 때 사용합니다. 아래 그림5에서와 같이 4개의 원이 선택된 상태에서 Remove boundaries 버튼을 선택하고 p1과 p2를 클릭하면 위 2개의 원이 선택에서 제외됩니다.

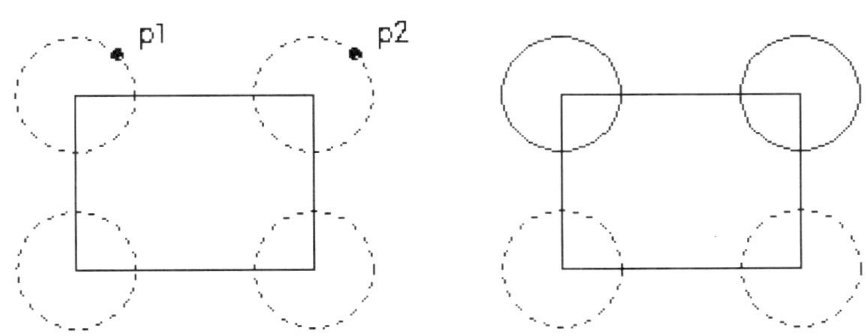

그림5 그림6

View Selections

현재 선택한 해치 패턴 영역을 나타냅니다.

- Options

Associative

이 옵션이 On 되어 있으면, 그림7에서와 같이 "화장실" 문자를 아래로 이동했을 때, 해치를 다시 설정하지 않아도 자동으로 그림8과 같이 처리해 줍니다. 마찬가지로 그림9에서 원 p1과 p2를 선택하여 아래로 이동했을 경우에도 관련된 영역안의 해치 패턴을 자동으로 정렬시킵니다. 그러나 이 옵션이 Off 인 경우에는 영역이 바뀌더라도 패턴은 그대로 있게 됩니다.

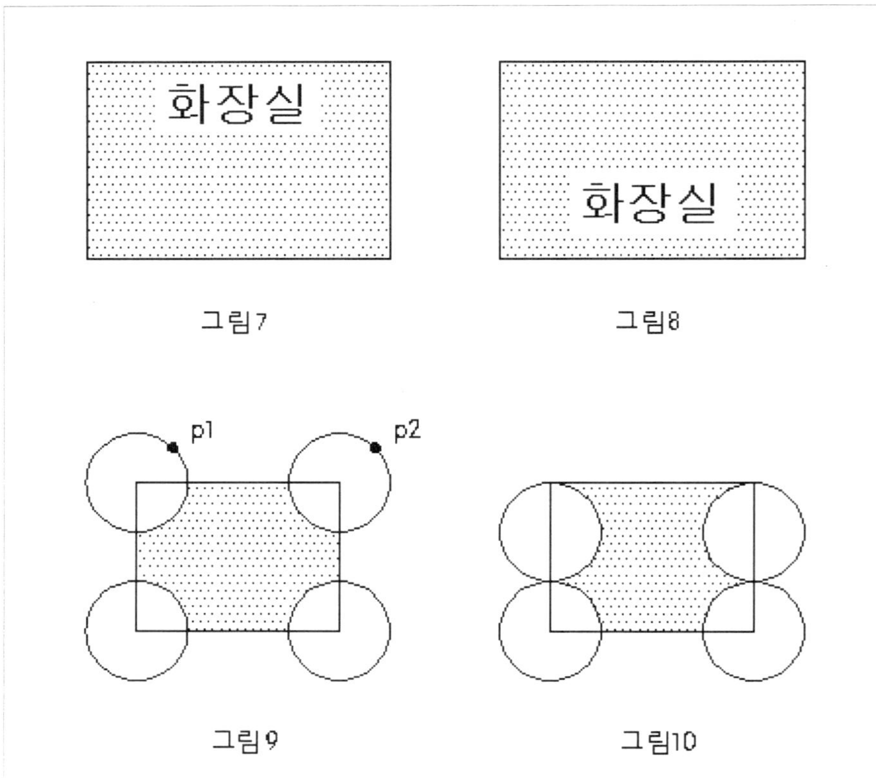

그림7 그림8

그림9 그림10

Create separate hatchs

이 옵션을 On으로 하고 여러 영역을 한 번에 지정하여 패턴을 지정한 경우, 이 지정된 패턴은 하나로 인식합니다. 그림11은 이 옵션이 On인 경우이므로 각각의 해치 패턴이 한 번의 클릭으로 선택된 경우이고, 그림12는 이 옵션이 Off인 경우로서 p1, p2, p3, p4의 해치 패턴이 각각 별개의 객체로 인식되는 내용을 나타내고 있습니다.

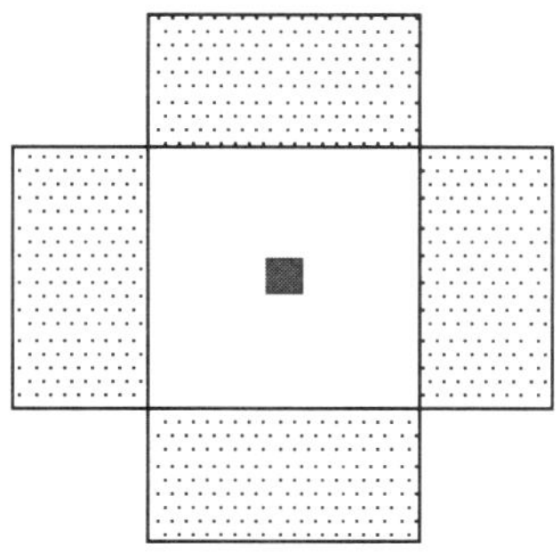

그림11

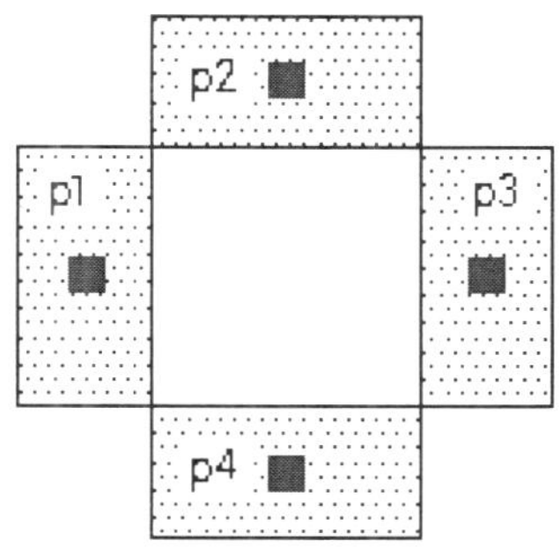

그림12

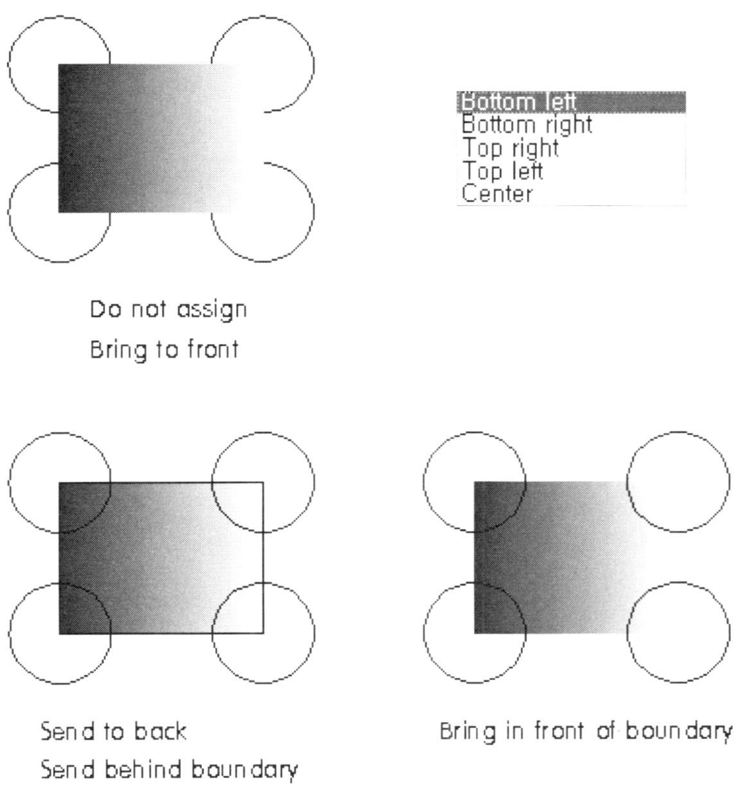

- Draw order

  해치 패턴을 나타내는 순서를 지정합니다.

- Inherit Properties 

  특성 상속 기능은 이미 적용된 해치 패턴을 동일한 속성으로 다른 영역에 그대로 적용시키고자 할 때 사용합니다. 이 경우엔 축척이나 각도 등을 다시 맞추지 않아도 되기 때문에 편리하지요.

  특성 상속 방법은 크게 두 가지가 있는데, 하나는 빈 영역에 이미적용된 특정 해치 패턴을 동일한 조건으로 적용하는 경우이고, 다른 하나는 이미 적용된 해치 패턴을 역시 이미 적용된 다른 해치 패턴으로 교체하는 경우입니다. 아래의 예문에서 확인해 봅니다.

방법 1

① 이미 적용된 그림13의 해치 패턴을 그림14의 빈 영역으로 적용하기 위해 먼저 해치 대화상자의 Inherit Properties 버튼을 클릭합니다.

② 그림13의 해치 패턴을 클릭합니다.

③ 그림14의 빈 공간 p1를 클릭하거나 또는 객체 p2를 선택합니다.

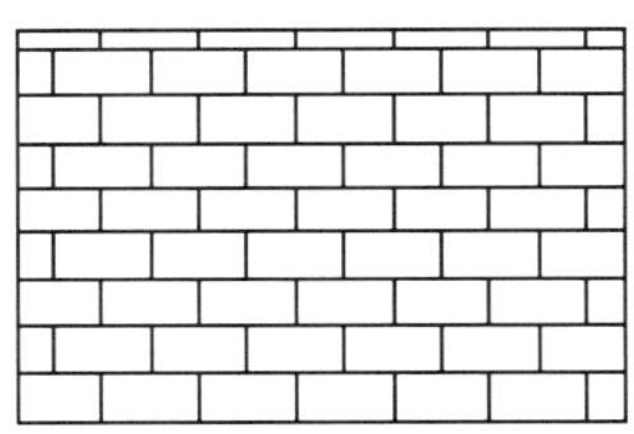

그림13

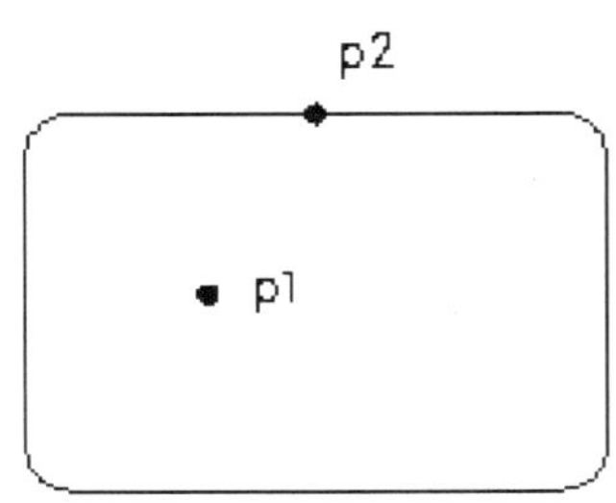

그림14

④ 그림15의 해치 패턴이 동일하게 그림16에 적용됩니다.

그림15

그림16

방법 2

① 이미 적용된 그림18의 해치 패턴을 그림17의 해치 패턴으로 바꾸려면 그림18의 해치 패턴을 더블 클릭합니다. 그러면 해치 대화상자가 나타납니다.

② 해치 대화상자에서 Inherit Properties 버튼을 클릭합니다.

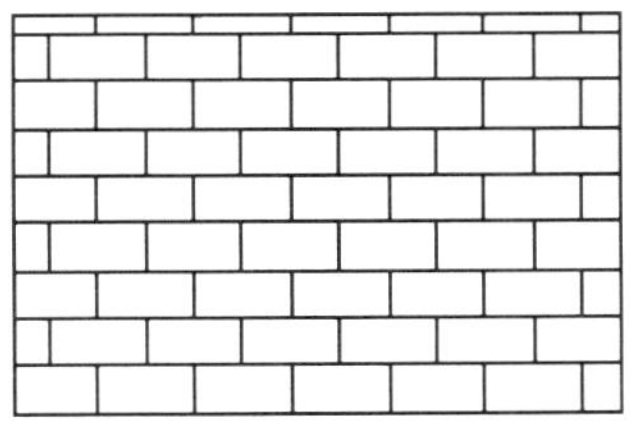

그림17

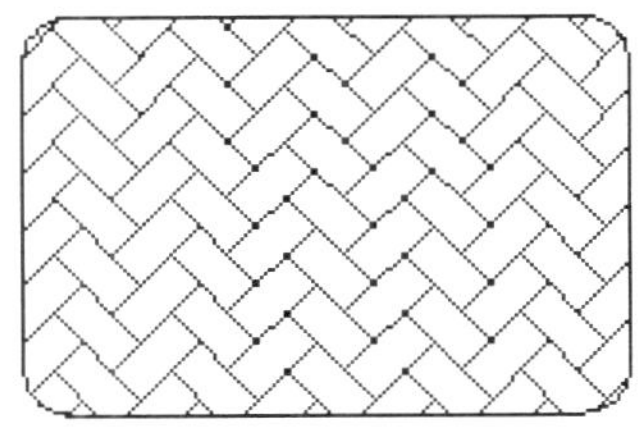

그림18

③ 교체하고자 하는 그림19의 해치 패턴을 클릭하고 엔터하면 그림20과 같이 적용된 걸 확인할 수 있습니다.

그림19

그림20

- 확장 옵션

해치 패턴의 Islands, Boundary retention, Boundary set 등의 기능 을 사용하기위해 우측 하단의 More Options  버튼을 클릭하면 아래와 같이 확장 기능을 포함한 대화상자가 나타납니다.

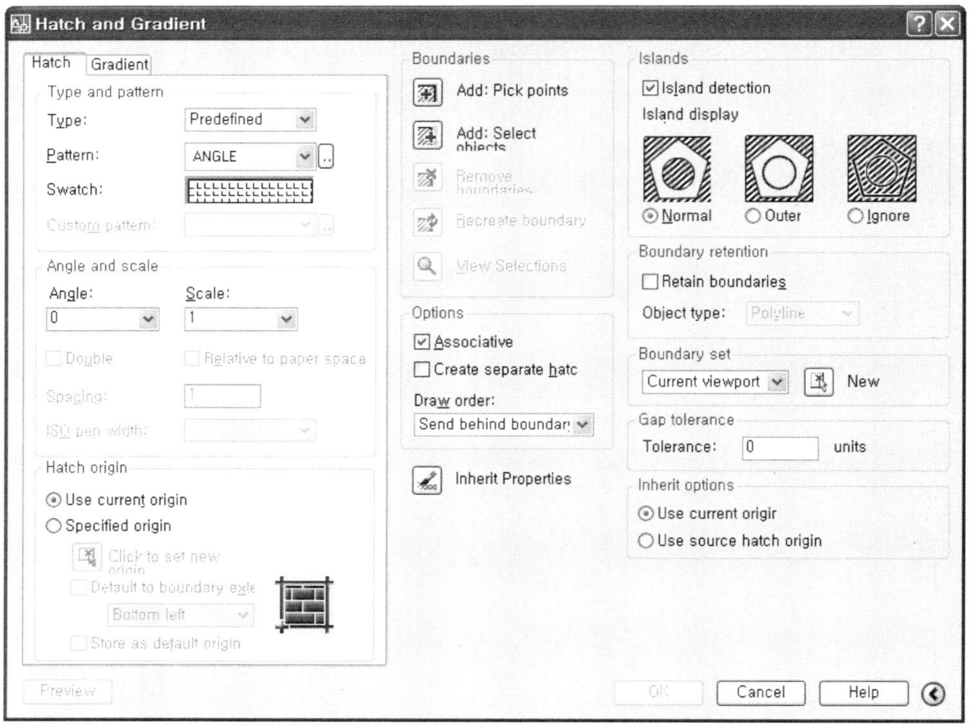

- Islands

해치 패턴 영역의 선택 도중 영역 내부에 있는 다른 폐곡선들을 영역 안에 떠있는 객체라는 의미로 섬(Island)이라는 재미있는 표현을 사용합니다. Islands 옵션은 해치 패턴을 이 내부의 폐곡선들에 어떻게 적용할 것인지에 대한 내용들이지요.

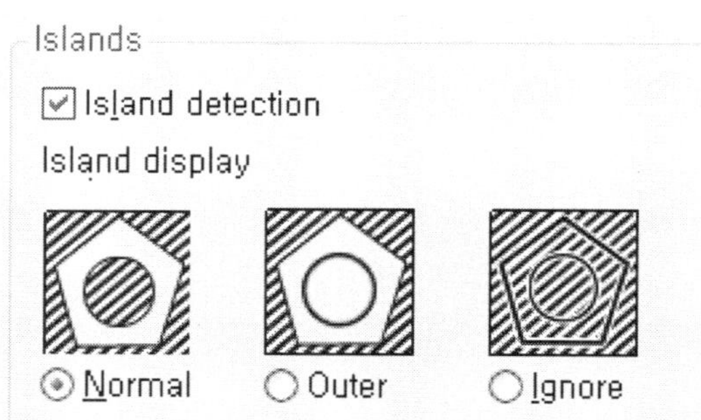

Island detection

On - 내부의 섬들을 아래의 Island display 옵션에 의거하여 인식하고 처리합니다.

Off - 내부의 섬 객체를 모두 무시하여 없는 것으로 간주하고 해치 패턴을 적용합니다.

이 결과는 Island detection을 On 으로 하고 Island display 옵션을 Ignore로 한 결과와 동일합니다.

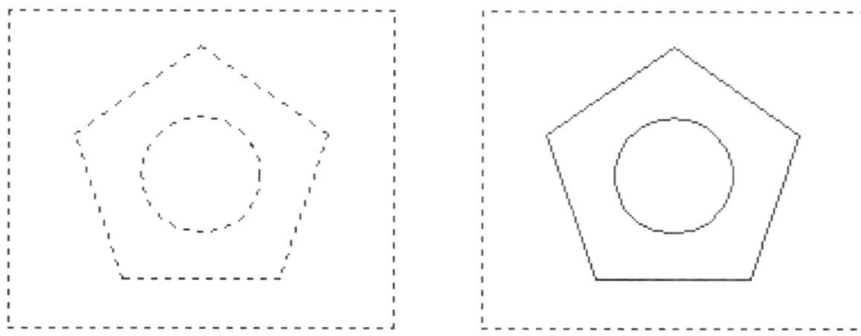

Island detection = On Island detection = Off

Island display

Normal - 클릭한 지점에서 안쪽으로 영역을 하나씩 건너뛰며 해치 패턴이 적용됩니다.

Outer - 클릭한 지점의 영역에만 해치 패턴이 적용됩니다.

Ignore - 클릭한 지점의 내부에 있는 다른 영역은 모두 무시하고 해치 패턴이 적용됩니다.

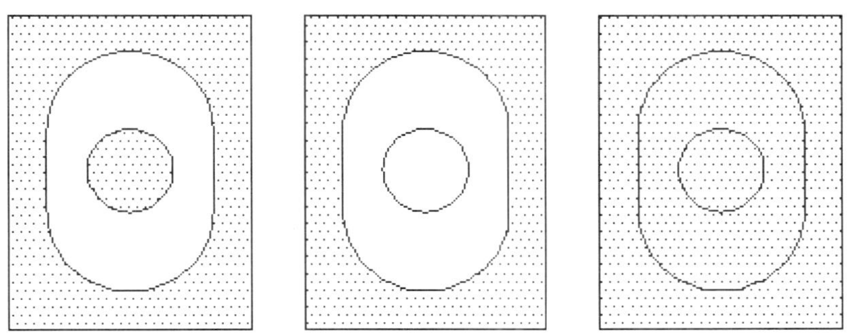

Normal Outer Ignore

- Boundary retention

Retain boundaries

On - 해치 패턴을 생성하면서 동시에 Ploylin 또는 Region의 테두리선을 생성합니다.

Off - 해치 패턴만 생성하고 테두리선은 생성하지 않습니다.

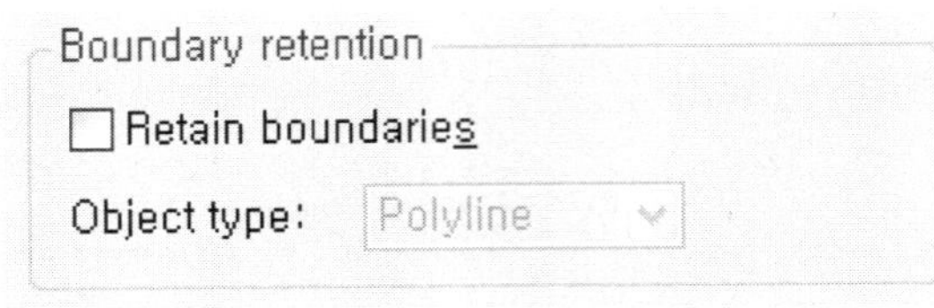

- Boundary set

해치 패턴을 적용할 개체가 너무 많아서 해치 영역 계산에 많은 시간 소요가 예측되거나 해치 영역의 설정이 복잡하여 필요한 부분만 선택적으로 적용하고자 할 때는 Select new boundary set  버튼을 클릭한 후, 해당 객체를 선택하면 됩니다.

2.7 치수 기입하기

일반적으로 도면작업이 끝나면 도면에 대한 치수를 기입하여 도면작업을 마무리하게 됩니다. 도면은 치수를 보고 크기와 형태를 가늠할 수 있으면 실제 작업을 하는 기초 데이터로 활용되므로 정확하고 누구나 동일하게 이해할 수 있는 표준적 기입방법이 중요하지요. 효율적 치수기입을 위해서 치수 대화상자에 대한 이해가 필요합니다.

2.7.1 치수 대화상자

메뉴 - Dimension > Dimension Style

명령 - Dimstyle (ddim)

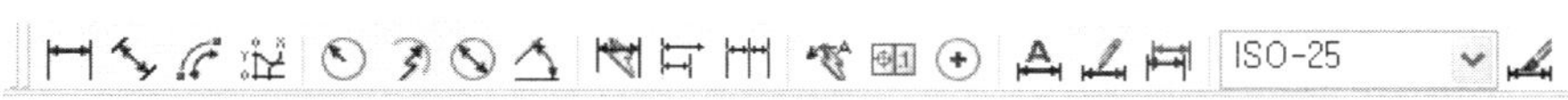

치수를 기입하려면 먼저 치수에 대한 환경을 설정해 주어야 합니다. 치수 환경설정을 위해 명령어 'ddim 또는 dimstyle' 을 입력하거나 '치수 도구막대' 의 가장 우측에 있는 'dimension style' 아이콘을 클릭하면 아래와 같은 치수 대화상자가 나타납니다.

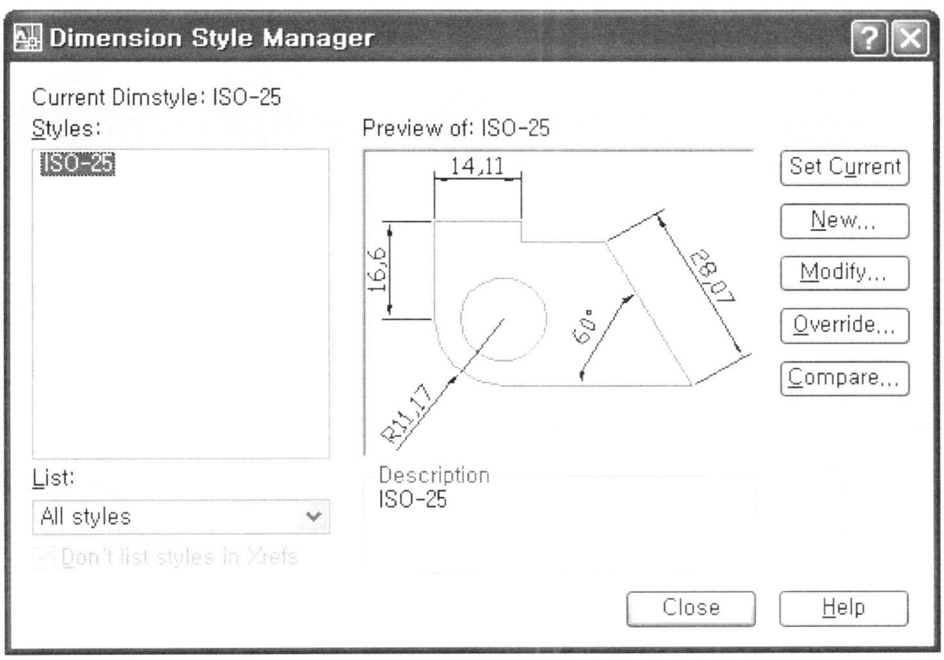

① Set Current

미리 설정한 치수유형 중 하나를 좌측의 치수유형 리스트에서 선택한 후 현재 치수유형으로 설정합니다.

② New

새로운 치수유형을 생성합니다.

③ Modify

이미 설정되어 있는 치수유형의 설정값들을 수정합니다. Modify를 클릭하면 아래와 같이 7가지 항목으로 세분하여 값들을 수정할 수 있습니다. 즉 Lines, Symbols and Arrows, Text Fit, Primary Units, Alternate Units, Tolerances 버튼을 선택하여 필요한 부분의 값들을 수정할 수 있습니다.

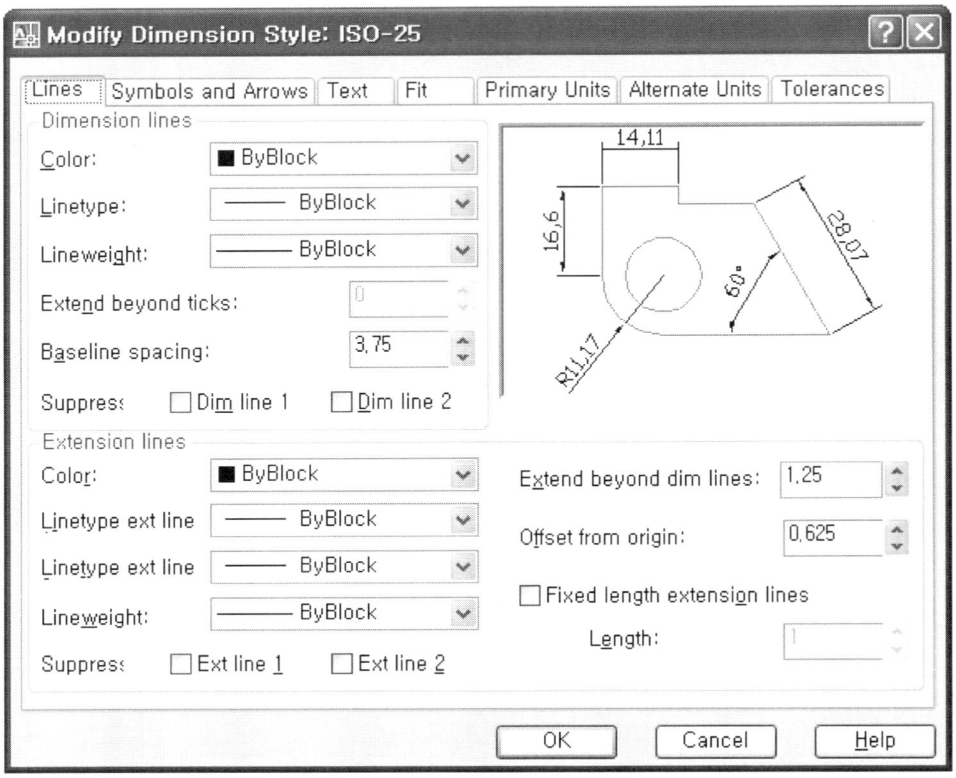

2.7.2 치수유형 수정 대화상자 (Edit Dimension Style)

① Lines

치수선(Dimension lines)과 치수보조선(Extension lines)의 환경을 설정합니다.

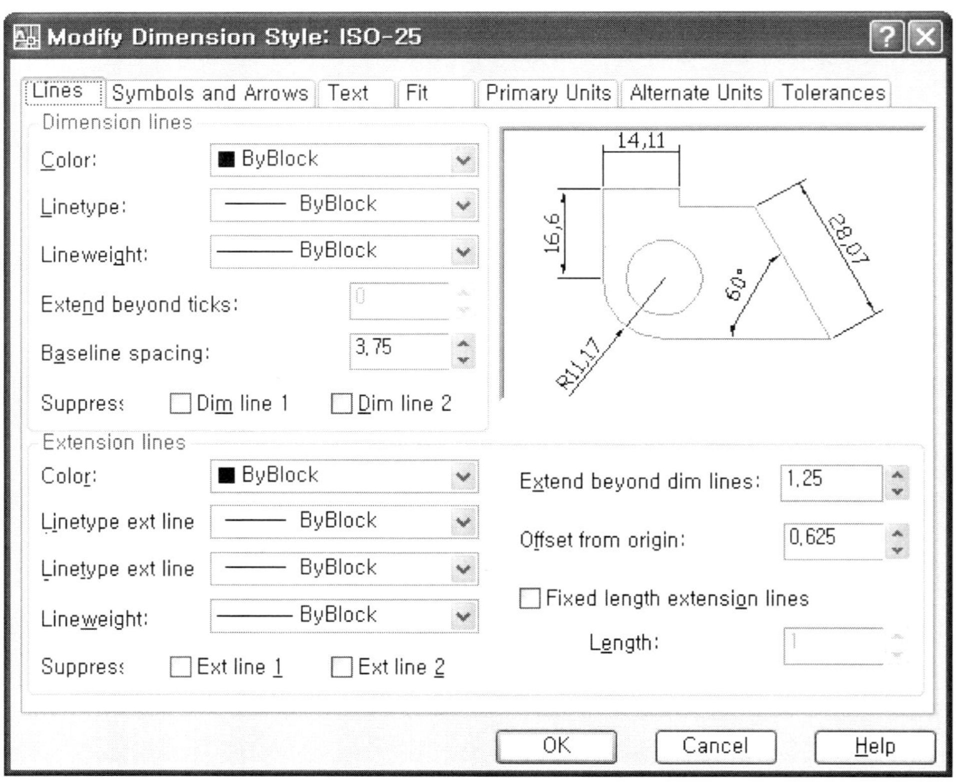

- Dimension lines (치수선)

Color - 치수선의 색상을 지정합니다.

Linetype - 치수선의 선종류를 지정합니다.

Lineweight - 치수선의 두께를 지정합니다.

Extend beyond ticks - 치수보조선에서 돌출되는 치수선의 연장길이를 지정합니다. (그림1의 d1)

Baseline spacing - 치수선이 중첩될 경우 치수선 사이의 거리를 지정합니다. (그림2의 d2)

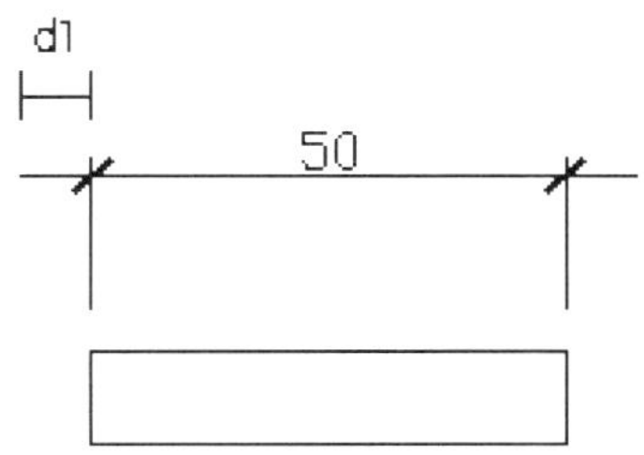

그림1

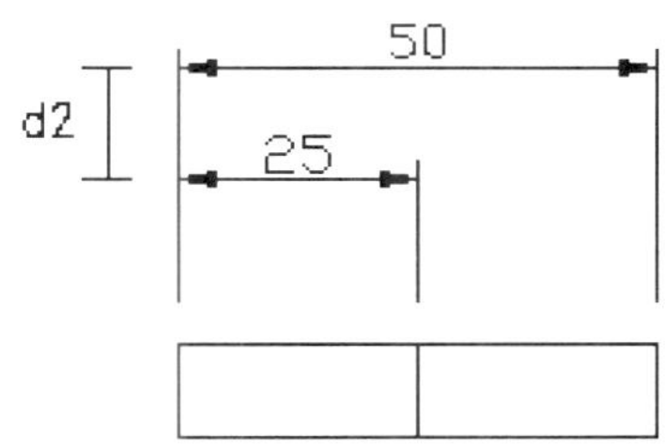

그림2

Suppress

Dim line 1 - 좌측 치수선의 표시여부를 결정합니다. (그림3)

Dim line 2 - 우측 치수선의 표시여부를 결정합니다. (그림4)

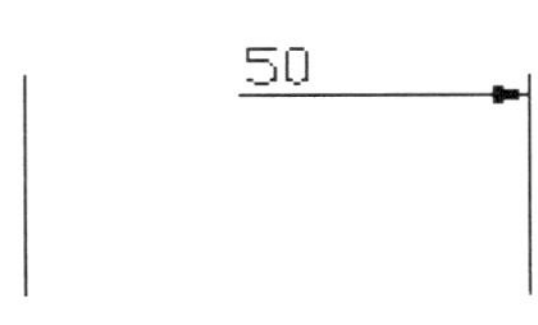

Dim line 1 = On

그림3

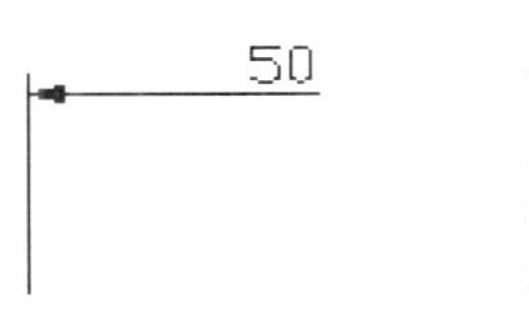

Dim line 2 = On

그림4

- Extension lines (치수 보조선)

Color - 치수보조선의 색상을 지정합니다.

Linetype ext line 1 - 첫 번째 치수보조선의 선종류를 지정합니다.

Linetype ext line 2 - 두 번째 치수보조선의 선종류를 지정합니다.

Lineweight - 치수보조선의 두께를 지정합니다.

Suppress

Ext line 1 - 좌측 치수보조선의 표시여부를 결정합니다. (그림1)

Ext line 2 - 우측 치수보조선의 표시여부를 결정합니다. (그림2)

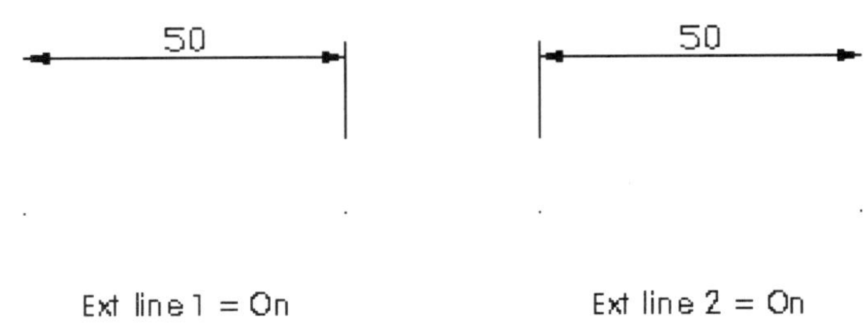

그림1 그림2

Extend beyond dim - 치수선에서 돌출되는 치수보조선의 연장길이를 지정합니다. (그림3의 d1)

Offset from origin - 객체와 치수보조선 사이의 거리를 지정합니다. (그림4의 d2)

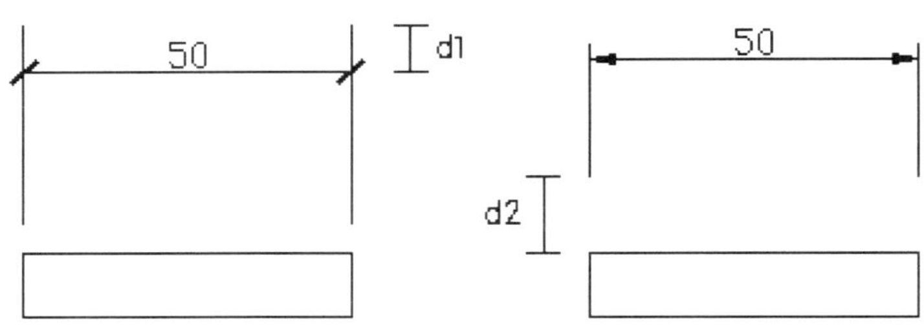

그림3 그림4

Fixed length extension lines - 치수보조선의 고정 길이를 지정합니다. (그림5의 d3)

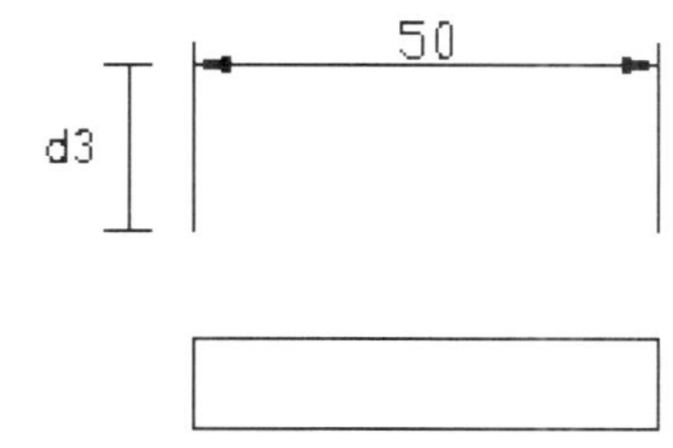

그림5

② Symbols and Arrows

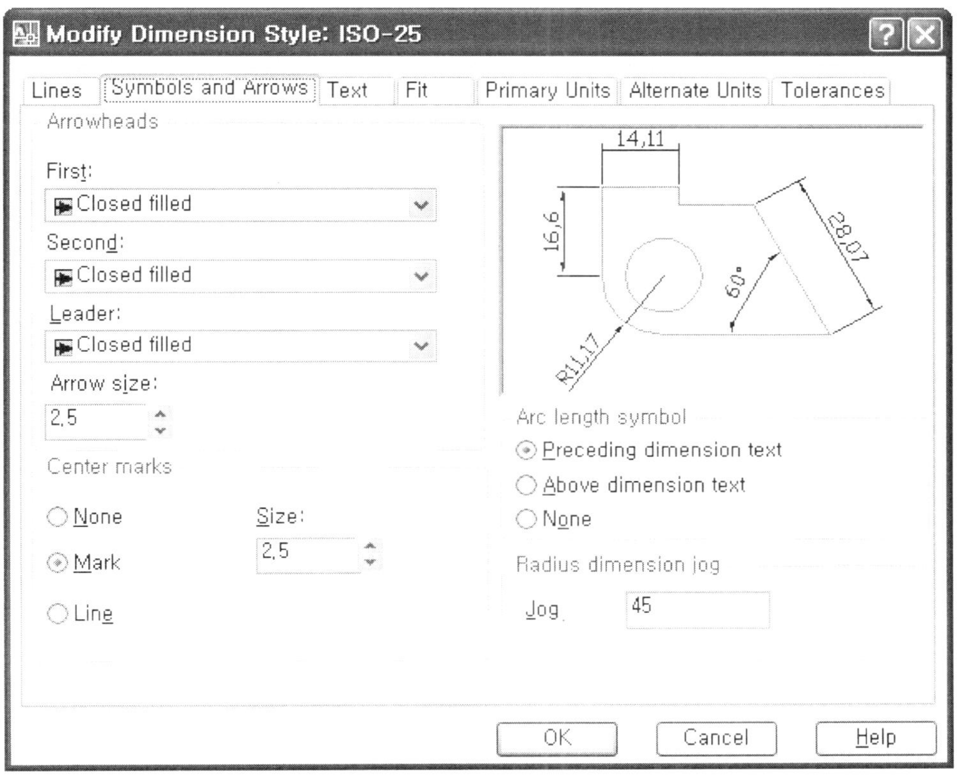

- Arrowheads

  치수선과 지시선의 화살표 종류 및 크기를 지정합니다.

  First - 첫 번째 화살표의 종류를 지정합니다.

  Second - 두 번째 화살표의 종류를 지정합니다.

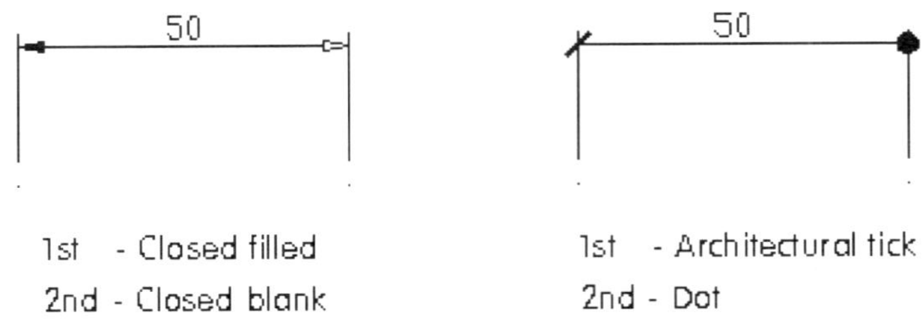

그림1

Leader - 지시선의 화살표 종류를 지정합니다.

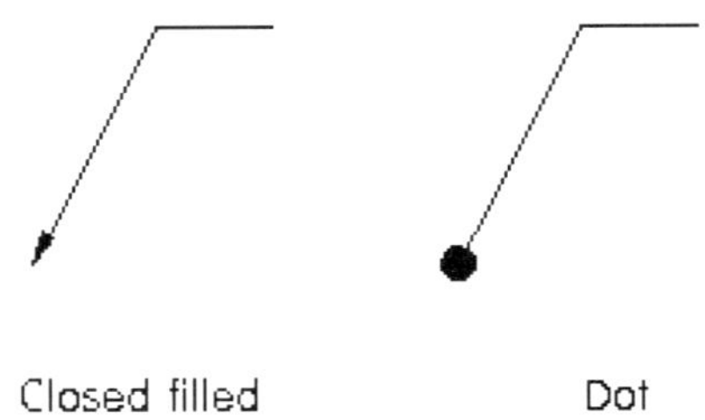

그림2

Arrow size - 화살표의 크기를 지정합니다.

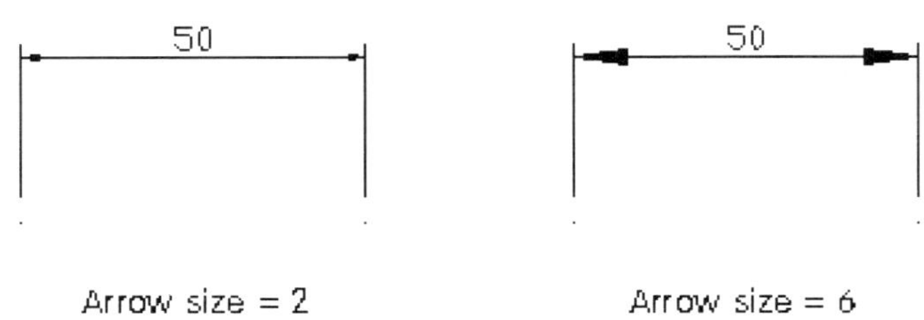

그림3

- Center marks (중심 표시)

  None - 원 또는 호에 중심 표시를 하지 않습니다.

  Mark - 원 또는 호에 중심 표시를 그림4와 같이 합니다. (그림4)

  Line - 원 또는 호에 중심 표시를 그림5와 같이 합니다. (그림5)

  이때 중심 표시의 크기는 Size에서 지정합니다.

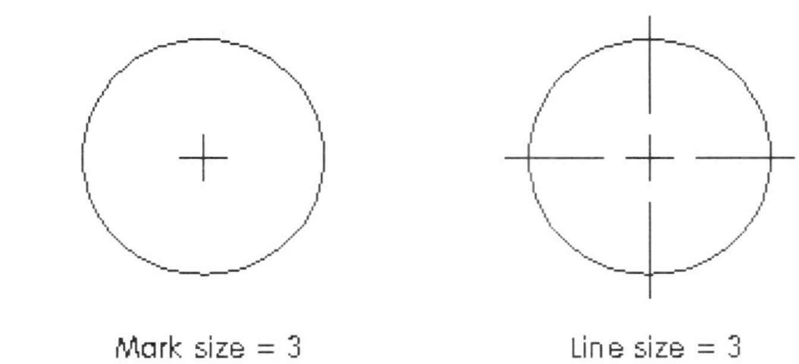

그림4 그림5

- Arc length symbol

  Preceding dimension text - 호 길이 치수 기호를 치수 문자좌측에 표시합니다. (그림6)

  Above dimension text - 호 길이 치수 기호를 치수 문자위에 표시합니다. (그림7)

  None - 호 길이 치수 기호를 표시하지 않습니다.

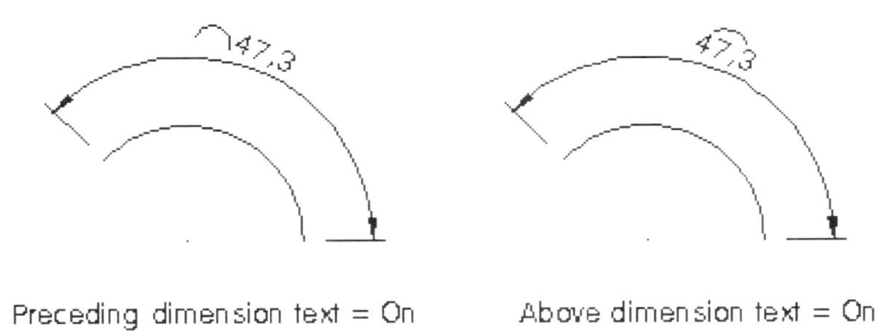

그림6 그림7

- Radius dimension jog

  반지름 치수 꺽기의 각도를 지정합니다.

  그림8 - 꺽기 각도를 45로 지정한 경우입니다.

  그림9 - 꺽기 각도를 90으로 지정한 경우입니다.

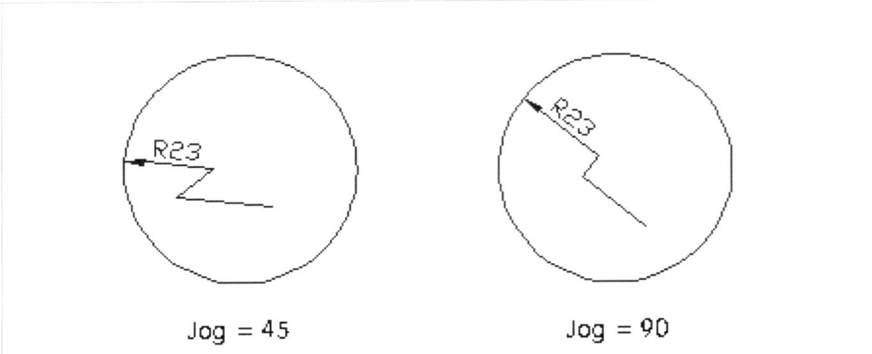

그림8 그림9

③ Text

치수문자와 관련된 옵션을 지정합니다.

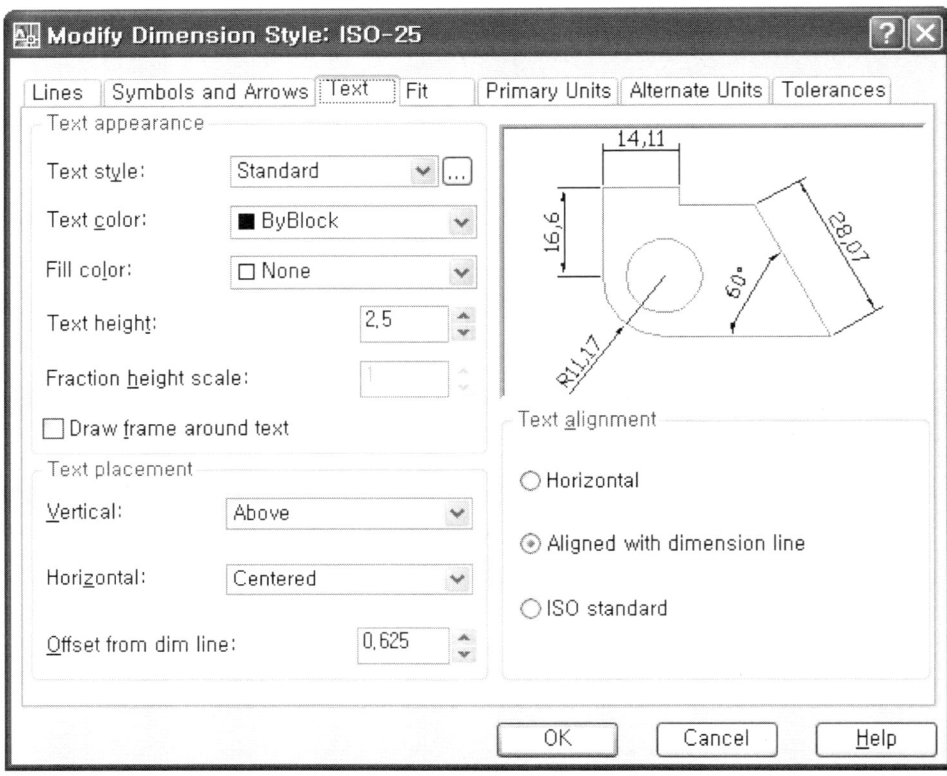

Text appearance

Text style - 치수 문자의 종류를 지정합니다.

Text color - 치수 문자의 색상을 지정합니다.

Fill color - 치수 문자의 채우기 색상을 지정합니다.

Text height - 치수 문자의 크기를 지정합니다. (그림1)

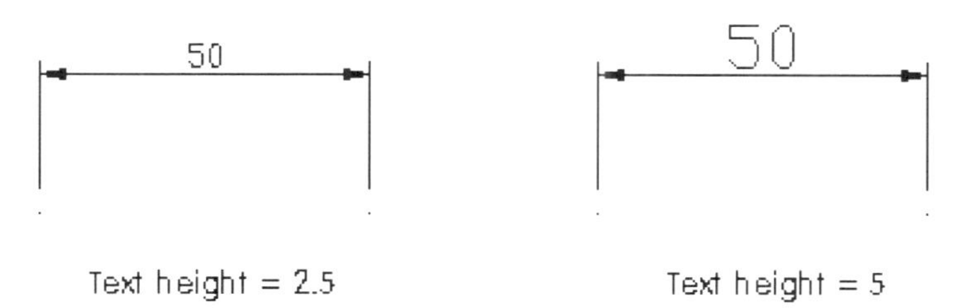

그림1

Fraction height scale - 치수 문자의 분수 크기 스케일을 지정합니다. (그림2)

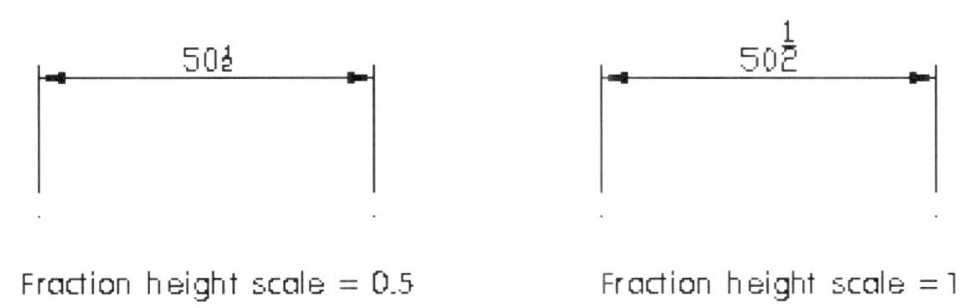

그림2

Draw frame around text - 치수 문자의 둘레에 사각박스를 그려줍니다. (그림3)

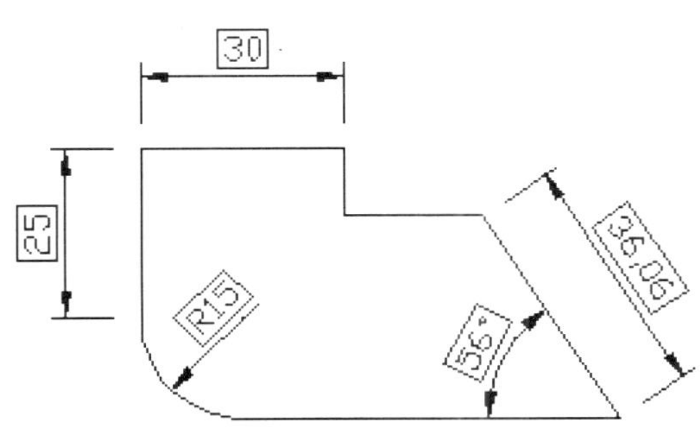

그림3

- Text placement (치수 문자의 위치)

Vertical - 치수선을 중심으로 치수 문자가 기입될 수직방향의 위치를 지정합니다.

Above - 그림4

Centered - 그림5

Outside - 그림6

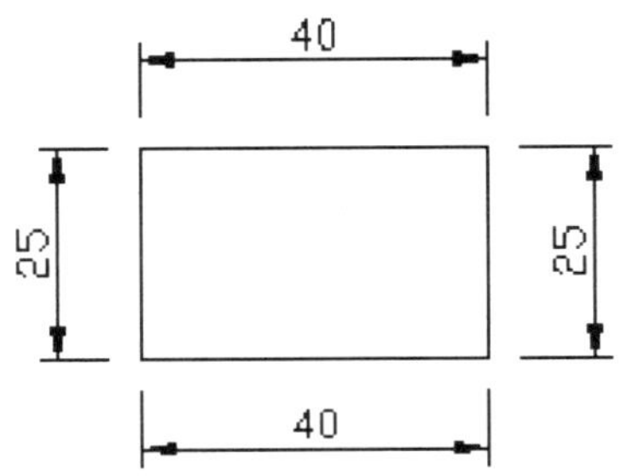

Vertical = Above

그림 4

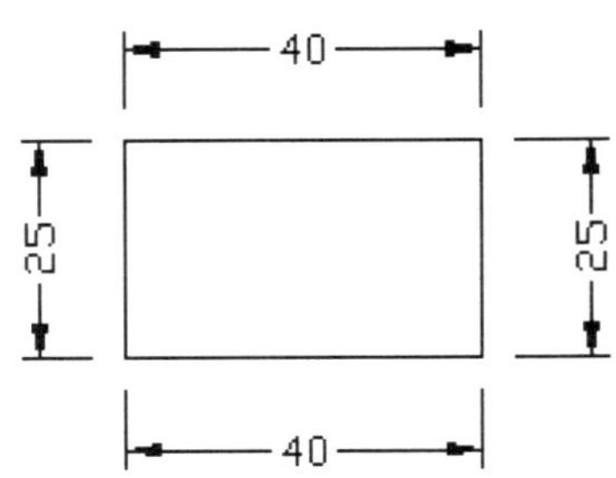

Vertical = Centered

그림 5

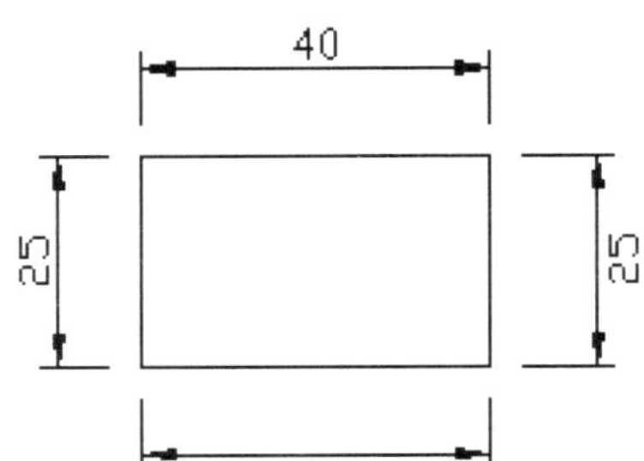

Vertical = Outside

그림6

Horizontal - 치수선을 중심으로 치수 문자가 기입될 수평방향의 위치를 지정합니다. (그림7)

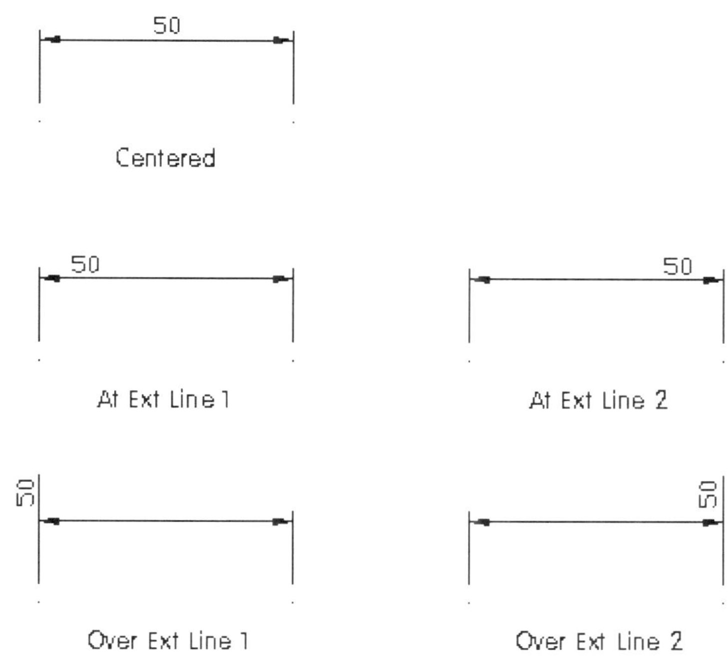

그림7

Offset from dim line - 치수선과 치수 문자 사이의 거리값을 지정합니다. (그림8)

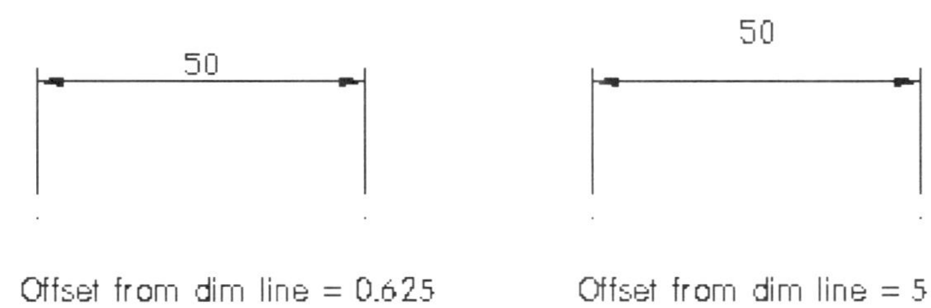

그림8

- Text alignment

치수 문자의 정렬 방법을 지정합니다. (그림9)

Horizontal - 치수 문자를 도면에 수평하게 정렬합니다.

Aligned with dimension line - 치수 문자를 치수선에 평행하게 정렬합니다.

ISO standard - 치수 문자를 ISO 표준에 의해 정렬합니다.

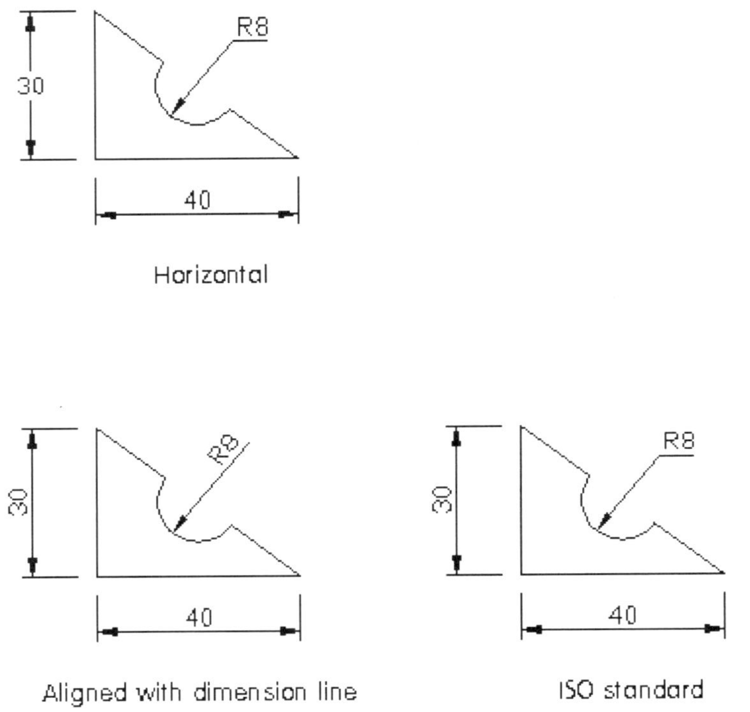
R8
30
40
Horizontal
R8
30
40
Aligned with dimension line
R8
30
40
ISO standard

그림9

④ Fit

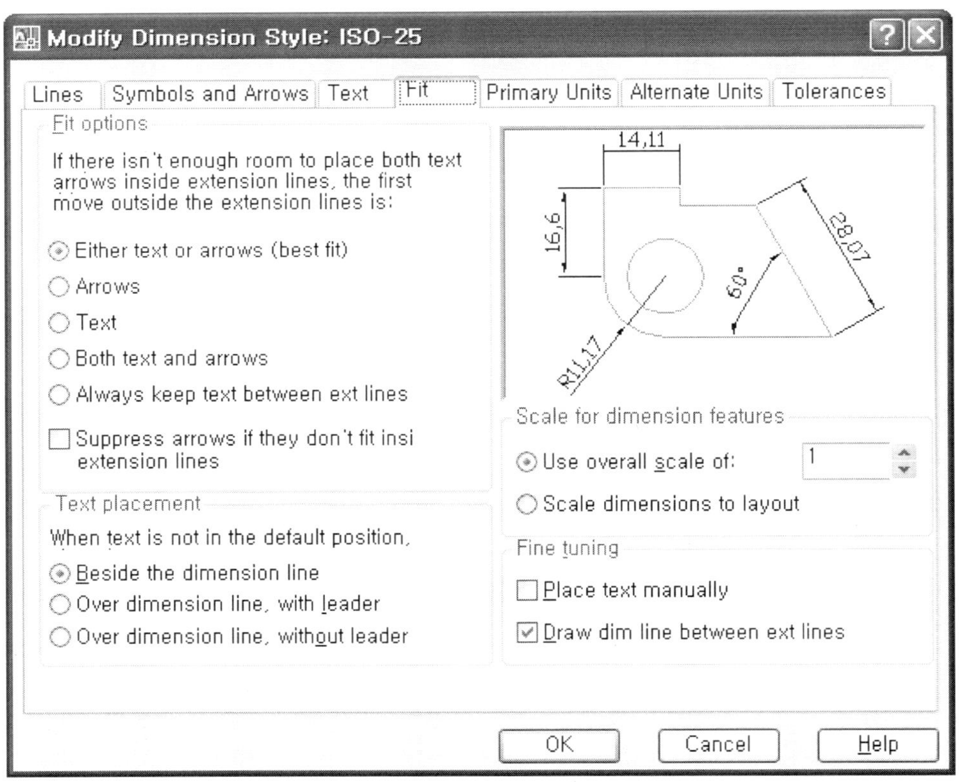
Modify Dimension Style: ISO-25
Lines
Symbols and Arrows
Text
Fit
Primary Units
Alternate Units
Tolerances
Fit options
If there isn't enough room to place both text arrows inside extension lines, the first move outside the extension lines is:
Either text or arrows (best fit)
Arrows
Text
Both text and arrows
Always keep text between ext lines
Suppress arrows if they don't fit insi extension lines
Text placement
When text is not in the default position,
Beside the dimension line
Over dimension line, with leader
Over dimension line, without leader
14,11
16,6
28,07
60°
R11,17
Scale for dimension features
Use overall scale of:
1
Scale dimensions to layout
Fine tuning
Place text manually
Draw dim line between ext lines
OK
Cancel
Help

- Fit options

치수보조선내에 치수 문자와 화살표를 표시할 공간이 부족할 때, 치수 문자와 화살표를 나타낼 옵션을 지정합니다.

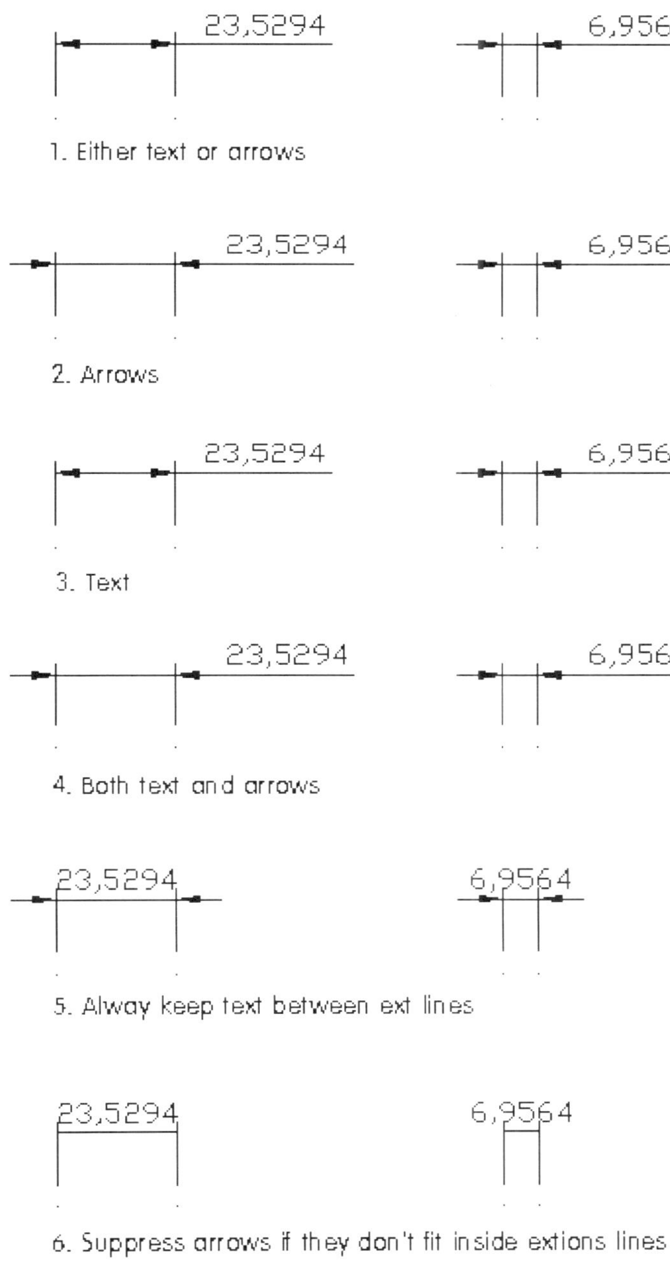

그림1

Either text or arrows (best fit) (그림1-1)

치수선과 치수보조선의 크기를 고려하여 내부적으로 가장 적당한 크기와 위치로 표시합니다.

Arrows (그림1-2)

화살표를 치수보조선 외부에 표시합니다.

Text (그림1-3)

치수 문자를 치수보조선 외부에 표시합니다.

Both text and arrows (그림1-4)

화살표와 치수 문자 모두 치수보조선 외부에 표시합니다.

Alway keep text between ext lines (그림1-5)

화살표와 치수 문자를 항상 치수보조선 내부에 표시합니다.

Suppress arrows if they don't fit inside extions lines (그림1-6)

화살표 공간이 부족할 경우 화살표를 생략합니다.

- Text placement

치수보조선 내부에 치수 문자를 표시할 공간이 부족할 경우의 치수 문자를 표시할 위치를 지정합니다.

Beside the dimension line (그림2-1)

치수 문자를 치수보조선 외부에 표시합니다.

Over dimension line, with leader (그림2-2)

치수 문자를 표시할 지시선을 만들고, 치수 문자를 표시합니다.

Over dimension line, without leader (그림2-3)

지시선 없이 치수선 위에 치수 문자를 표시합니다.

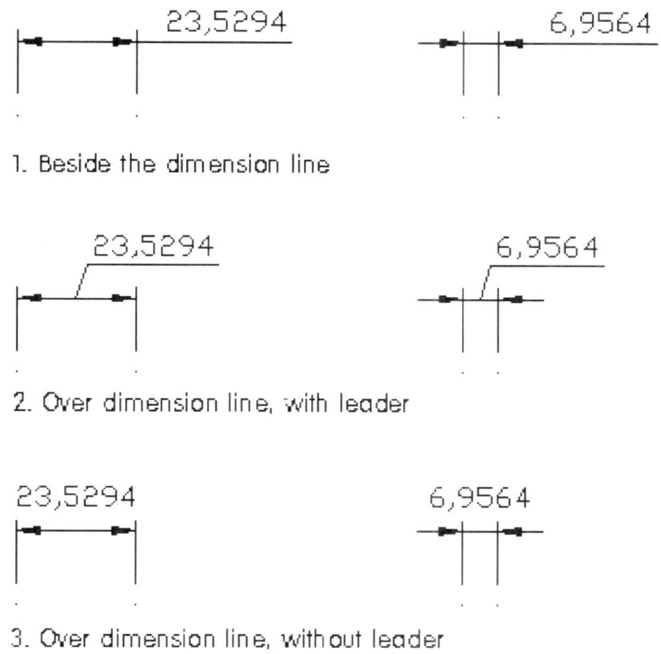

그림2

- Scale for dimension features

Use over scale of (그림3)

치수선, 치수 문자, 화살표등 치수의 크기와 관련된 모든 축척을 동일한 비율로 조정합니다. 따라서 새로운 크기의 도면을 작성하고 치수를 기입하는 경우 ,먼저 Dimension Scale을 적절히 조정해 주면 다른 옵션을 많이 바꾸지 않아도 되므로 효율적입니다.

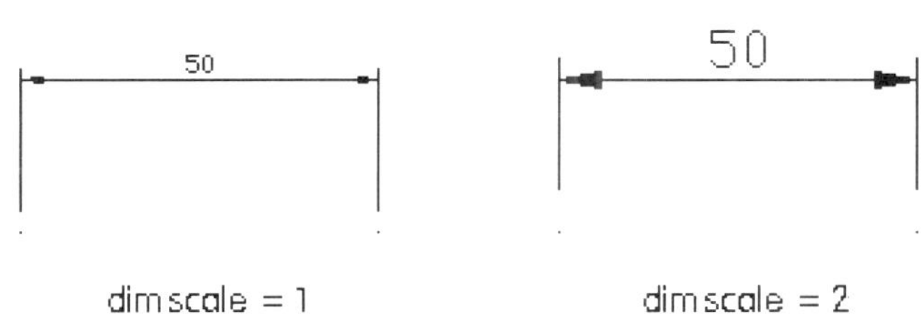

그림3

- Fine tuning

Place text manually

치수 문자의 위치를 마우스로 직접 드레그하여 지정합니다.

Draw dim line between ext lines (그림4)

치수보조선 사이에 치수선을 표시할 것인지의 여부를 결정합니다.

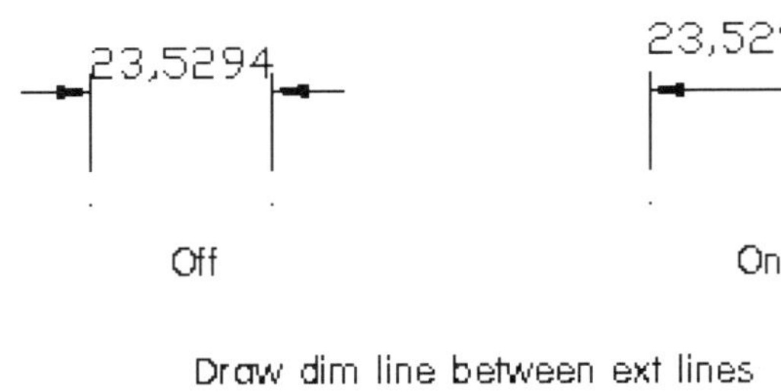

그림4

⑤ Primary Units

치수에 사용되는 단위형식과 소수점 사용방법 등을 지정합니다.

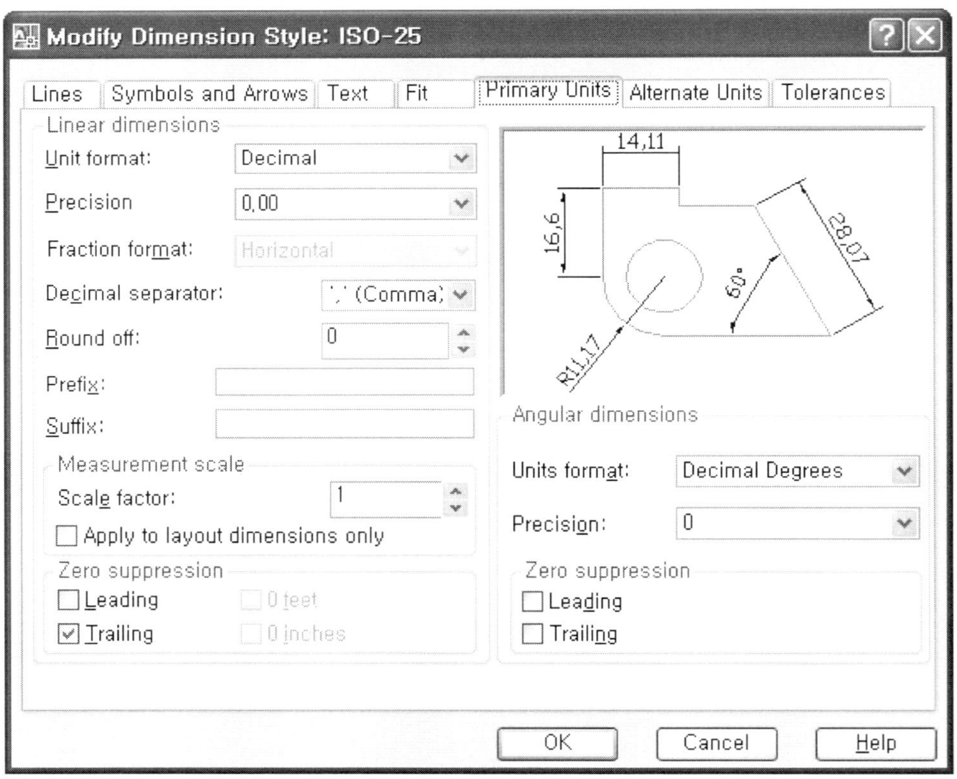

- Linear dimensions

Unit format

선형치수선에 기입되는 치수문자의 단위형식을 지정합니다.

아래와 같이 Scientic, Decimal, Engineering, Architectural, Fractional, Windows Desktop 등 여러 가지 단위 중에서 사용자의 목적에 맞게 단위를 선택합니다.

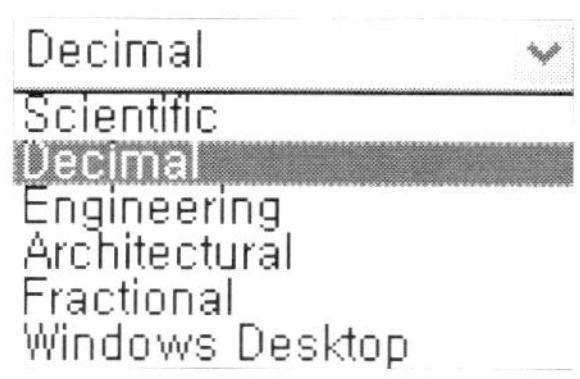

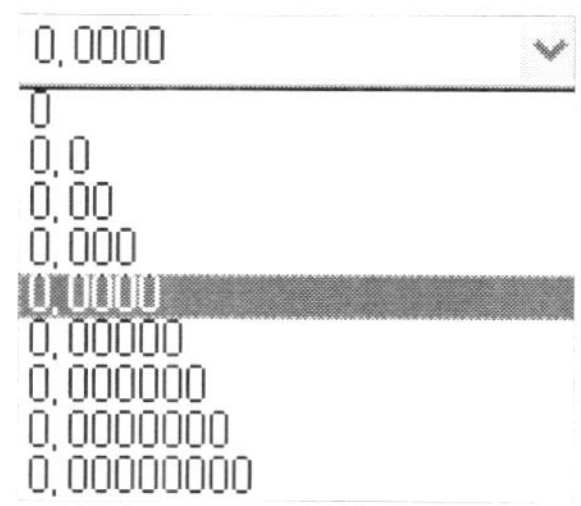

Precision

선형치수선에 기입되는 치수문자의 소수점자리수를 지정합니다. 소수점자리수는 8자리까지 가능합니다.

Fraction format

위의 단위형식에서 Architectural 또는 Fractional을 선택했을 때 활성화되며, 치수문자의 분수 표기형식을 지정합니다.

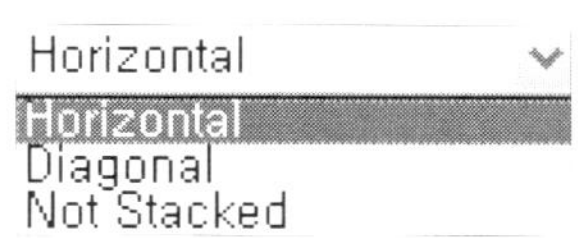

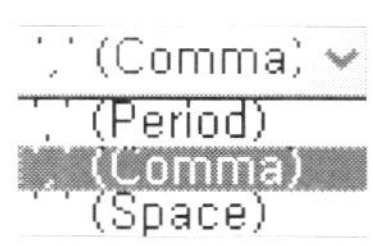

Decimal separator

소수 구분 기호의 형식을 지정합니다.

Round off

소수 몇 째 자리에서 반올림 할 것인지를 지정합니다.

Prefix

치수문자의 앞에 첨가될 머리말을 기입합니다.

Suffix

치수문자의 뒤에 첨가될 꼬리말을 기입합니다.

- Measurement scale

Scale factor

작성한 도면의 일부를 축소 또는 확대 할 경우 해당 부분의 도면 크기는 변하더라도 치수는 동일하게 유지해 주어야 합니다. 이런 경우 Scale factor 기능을 사용하면 편리하지요. (그림1)

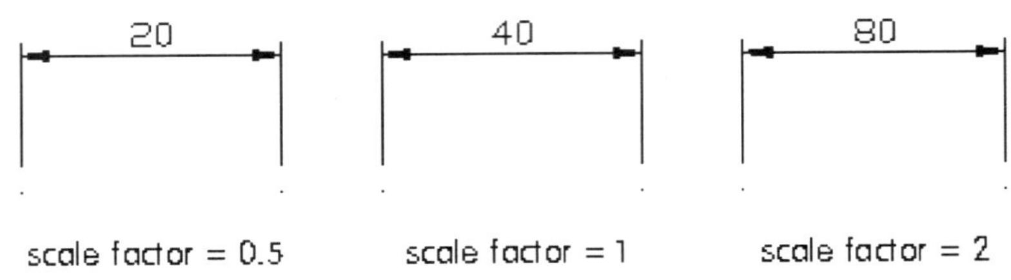

그림1

- Zero suppression

  Leading

    치수문자가 소수이고 소수점 앞에 0이 있을 경우, 0의 표기 여부를 판단합니다. (그림2-1)

  Trailing

    치수문자가 소수이고 소수점 뒤에 0이 있을 경우, 0의 표기 여부를 판단합니다. (그림2-2)

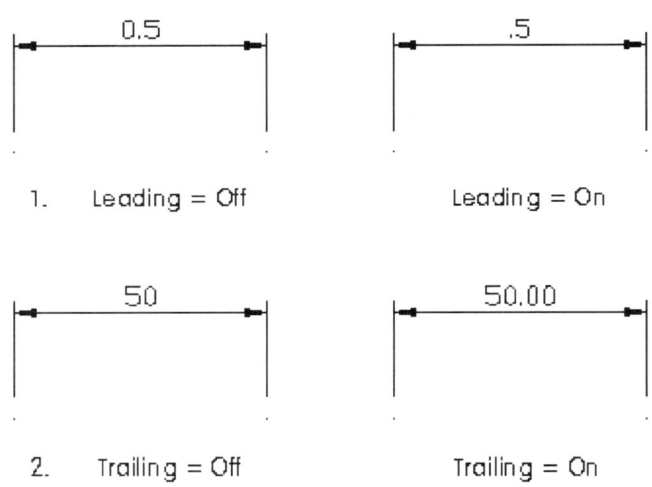

그림2

- Angular dimensions

Units format

각도치수선에 기입되는 치수문자의 단위형식을 지정합니다.

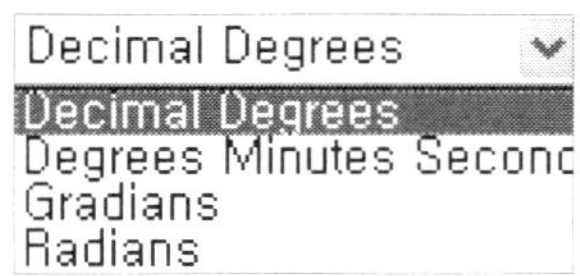

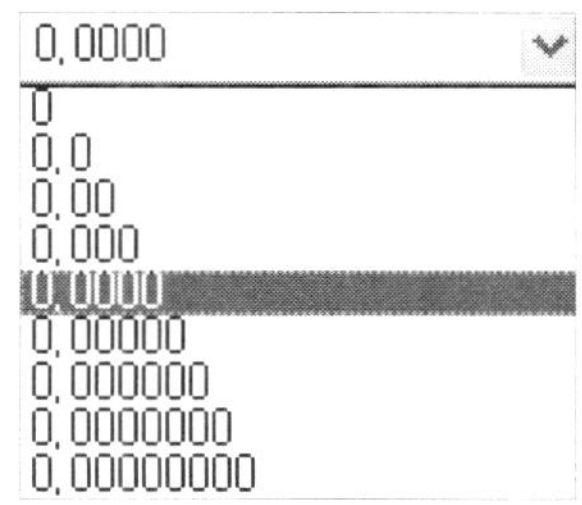

Precision

선형치수선에 기입되는 치수문자의 소수점자리수를 지정합니다. 소수점자리수는 8자리까지 가능합니다.

- Zero suppression

Leading

치수문자가 소수이고 소수점 앞에 0이 있을 경우, 0의 표기 여부를 판단합니다.

Trailing

치수문자가 소수이고 소수점 뒤에 0이 있을 경우, 0의 표기 여부를 판단합니다. (그림3)

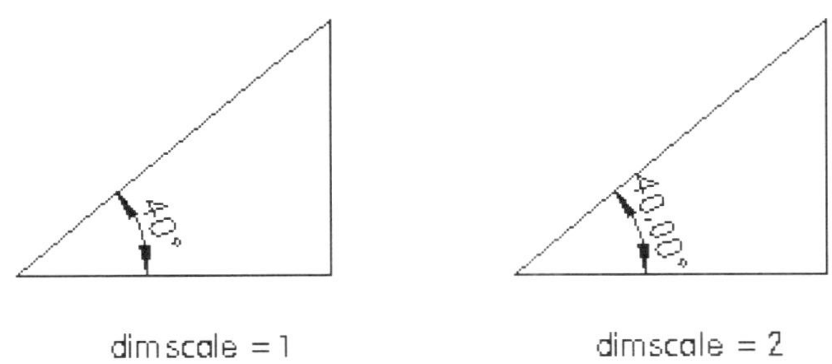

그림3

⑥ Alternate Units

치수선에 치수문자를 기입할 때, 목적에 따라 단위형식을 한 가지 더 선택할 수 있습니다. 대체 단위는 주 단위 치수 우측에 대괄호([ ]) 안에 표기됩니다.

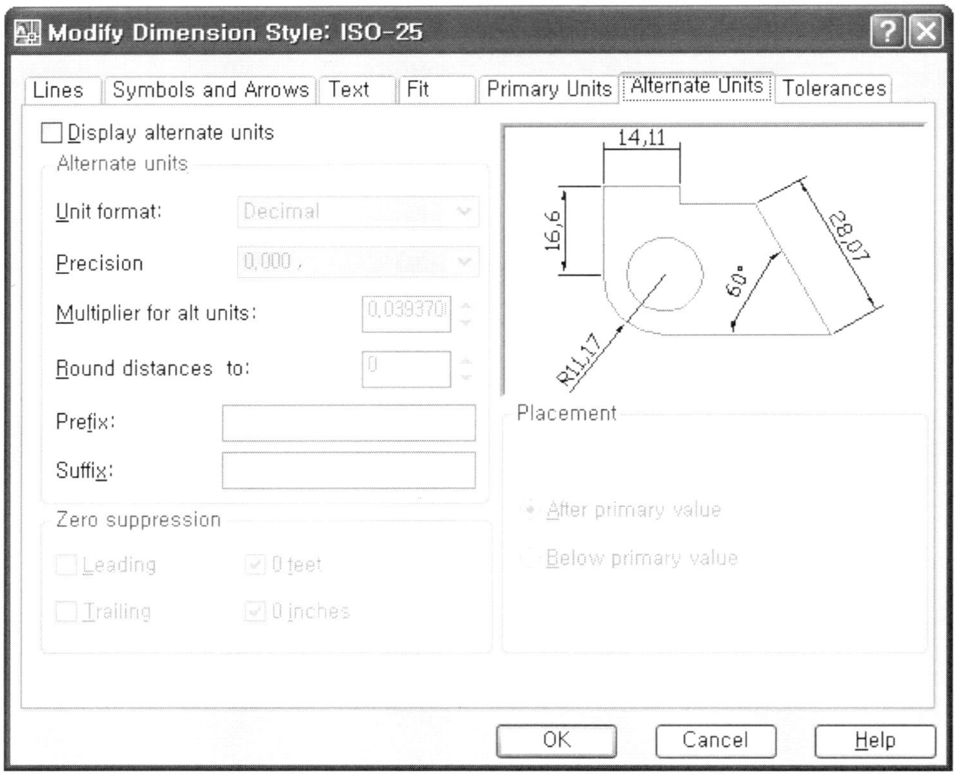

- Display alternate units

Off - 대체 단위 기능이 모두 비활성화 상태가 됩니다.

On - 대체 단위 기능이 활성화되어 원하는 기능을 지정할 수 있습니다.

- Alternate units

Unit fromat

대체 단위의 위치에 표기된다는 점을 제외하면 주 단위에서와 모든 점에서 동일합니다.

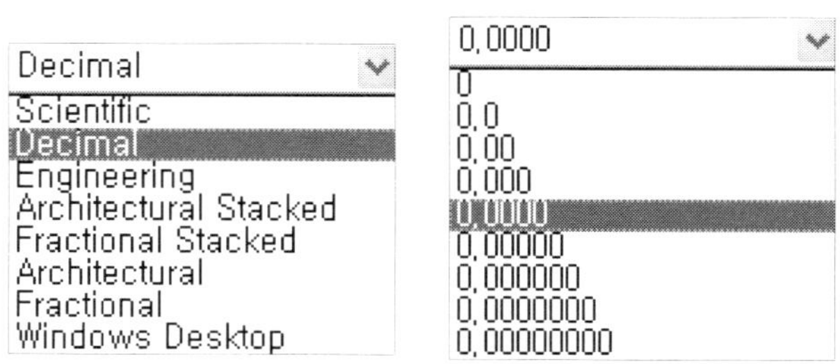

Precision

선형치수선에 기입되는 대체 단위 치수문자의 소수점자리수를 지정합니다. 소수점자리수는 8자리까지 가능합니다.

Multiplier for alt units

대체 단위의 치수는 이 곳의 값을 곱하여 기록됩니다. 따라서 인치를 밀리미터 단위로 변환할 경우에는 25.4를 입력합니다. (그림1)

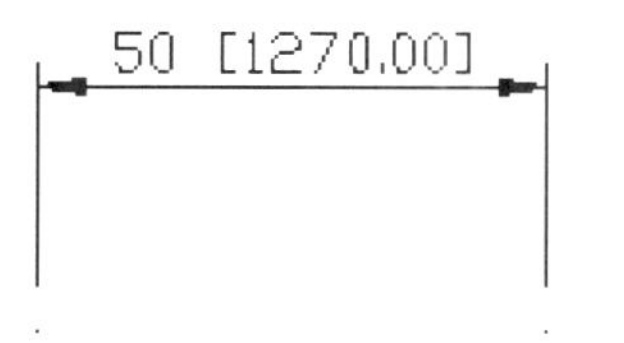

그림1

Round distances to

Prefix

소수 몇 째 자리에서 반올림 할 것인지를 지정합니다.

Prefix

치수문자의 앞에 첨가될 머리말을 기입합니다.

Suffix

치수문자의 뒤에 첨가될 꼬리말을 기입합니다.

- Zero suppression

주 단위 치수문자에서의 조건과 방법이 동일합니다.

Leading

치수문자가 소수이고 소수점 앞에 0이 있을 경우, 0의 표기여부를 판단합니다.

Trailing

치수문자가 소수이고 소수점 뒤에 0이 있을 경우, 0의 표기 여부를 판단합니다.

- Placement

After primary value (그림2)

주 단위 치수문자 우측에 대체 단위 치수문자가 표시됩니다.

Below primary value (그림3)

주 단위 치수문자 아래에 대체 단위 치수문자가 표시됩니다.

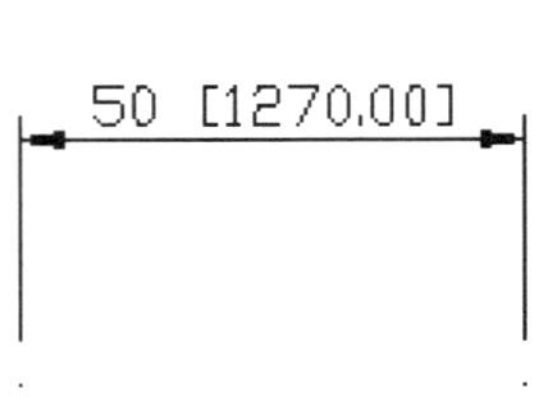

After primary value = On

그림2

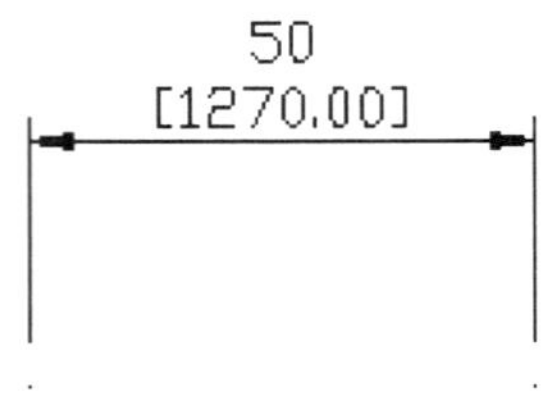

Below primary value = On

그림3

⑦ Tolerances

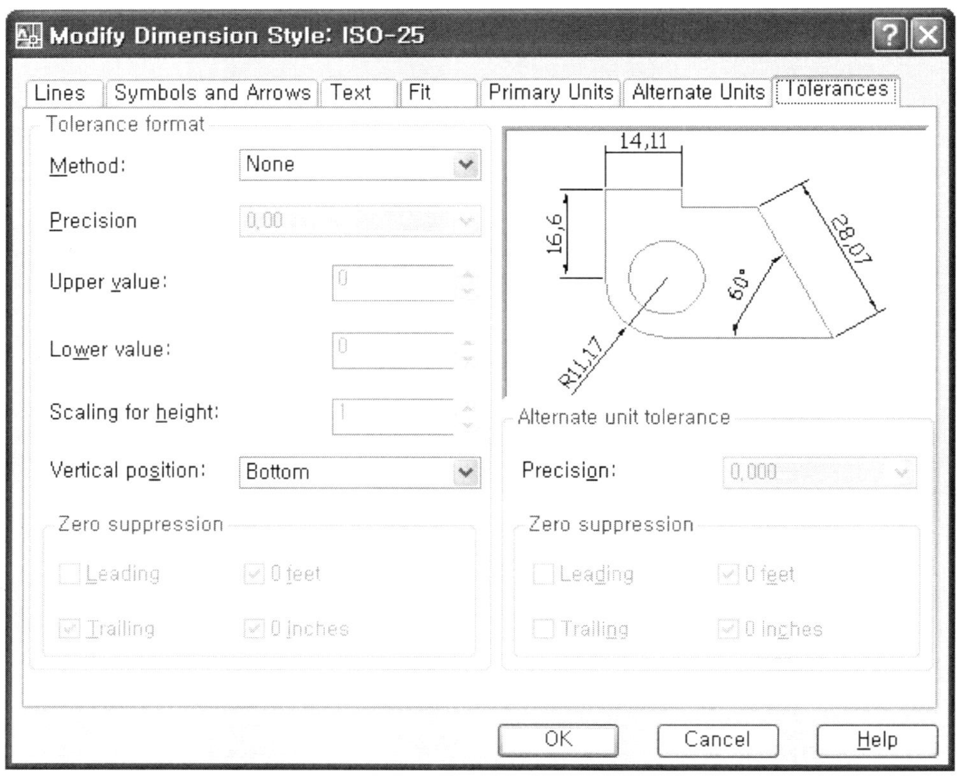

- Tolerance format

Method

공차표기 방법을 선택합니다. (그림1)

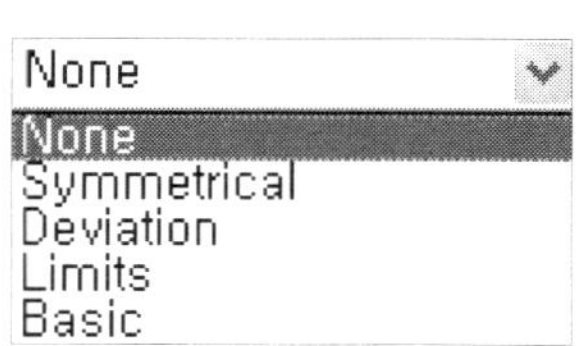

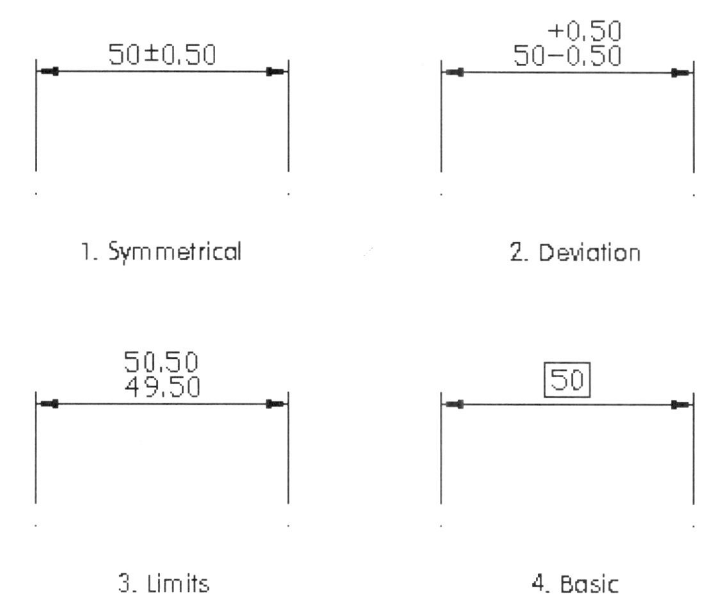

그림1

Precision

공차의 정밀도를 지정합니다.

Upper value

공차의 상한값을 지정합니다.

Lower value

공차의 하한값을 지정합니다.

Scaling for height

공차문자의 크기를 지정합니다. (그림2)

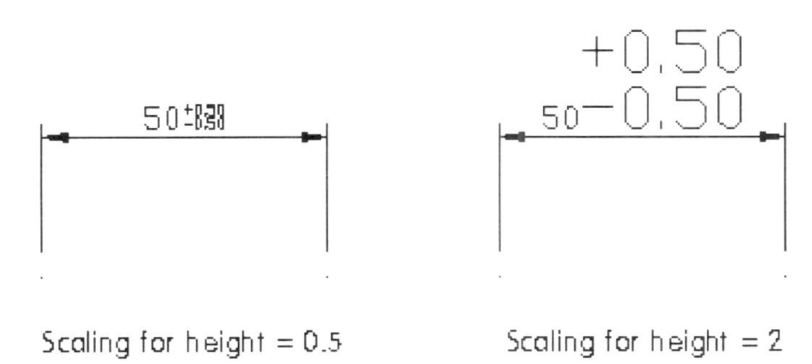

그림2

Vertical position

치수문자와 공차문자의 크기가 다른 경우, 치수문자가 위치할 수직 위치를 지정합니다.

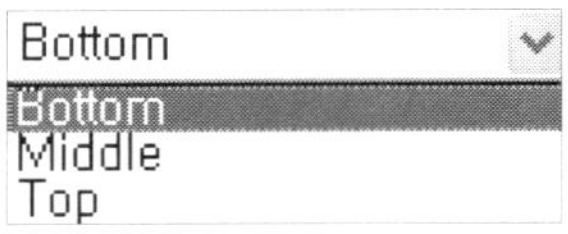

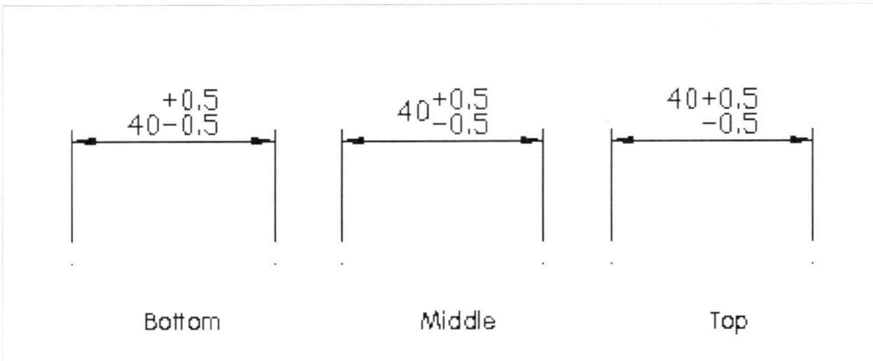

그림3

- Zero suppression

  주 단위 치수문자에서의 조건과 방법이 동일합니다.

  Leading

  공차 치수가 소수이고 소수점 앞에 0이 있을 경우, 0의 표기 여부를 판단합니다.

  Trailing

  공차 치수가 소수이고 소수점 뒤에 0이 있을 경우, 0의 표기 여부를 판단합니다.

- Alternate unit tolerance

  Precision

  공차 치수와 함께 대체 단위를 사용할 경우, 대체 단위에 대한 소수점 자리수를 지정합니다.

- Zero suppression

  대체 단위가 소수인 경우, 소수점 앞뒤에 오는 0의 처리방법으로서 앞에서 언급한 내용과 동일합니다.

  Leading - 소수점 앞의 0에 대한 표기여부를 판단합니다.

  Trailing - 소수점 뒤의 0에 대한 표기여부를 판단합니다.

2.7.3.치수적용

1. Linear

메뉴 - Dimension > Linear

명령 - dimlinear

도구 - 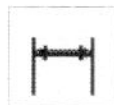

Linear 명령은 치수선을 수직 또는 수평으로만 생성하는 명령입니다.

첫 째점과 둘 째점 그리고 치수선의 위치점 등 세 점으로 구성되며

치수선 명령 중 가장 많이 사용되는 기능이지요.

◈ 따라하기.

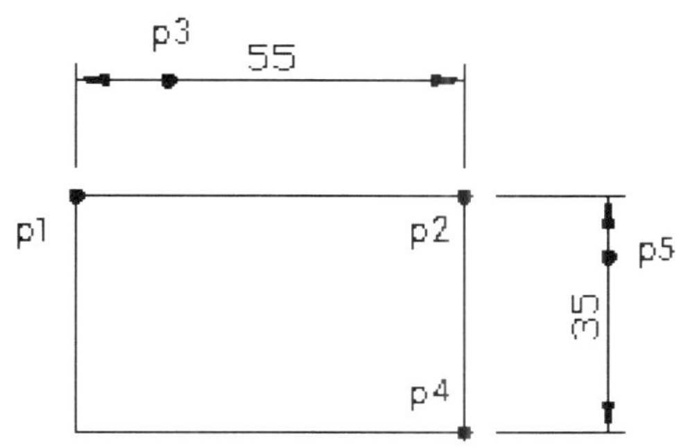

그림1

Command: dimlinear
Specify first extension line origin or <select object>: p1
Specify second extension line origin: p2
Specify dimension line location or
[Mtext/Text/Angle/Horizontal/Vertical/Rotated]: p3
Dimension text = 55

① dimlinear 명령 실행 후, 치수보조선의 좌표 p1과 p2를 클릭하고 치수선 좌표 p3을 클릭하여 치수선을 생성합니다.

② 동일한 방법으로 p2, p4, p5 좌표를 클릭하여 그림1을 완성합니다.

2. Aligned

메뉴 - Dimension > Aligned

명령 - dimaligned

도구 - 

Aligned 명령은 객체의 좌표 p1과 p2에 평행하게 치수선을 생성합니다. 따라서 객체가 수직 또는 수평인 경우는 linear 명령과 결과가 동일하지만 경사진 경우에는 그림2와 그림3에서와 같이 그 차이를 분명히 확인할 수 있지요.

◈ 따라하기.

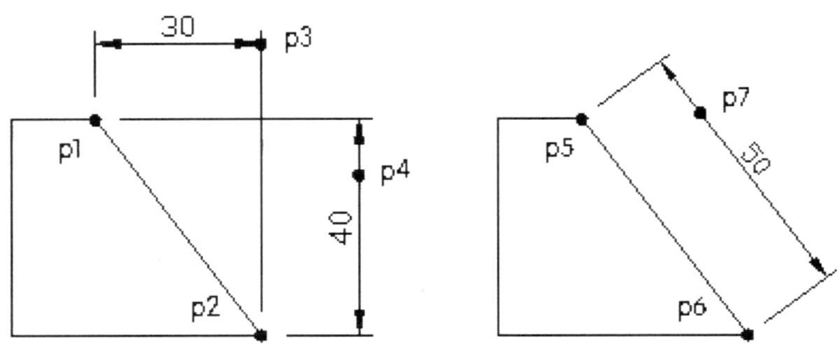

그림2 그림3

Command: dimaligned
Specify first extension line origin or <select object>: p5
Specify second extension line origin: p6
Specify dimension line location or
[Mtext/Text/Angle]: p7
Dimension text = 50

① dimaligned 명령 실행 후, p5, p6, p7을 클릭하여 치수선을 생성하는순서는 dimlinear와 동일합니다. (그림3)

② 그림2는 dimlinear 명령으로 실행한 결과인데, 그림3과의 차이점은 그림2는 치수선이 수직과 수평으로만 생성되지만, 그림3은 클릭한 객체의 좌표점에 평행하게 치수선이 생성된다는 점입니다.

3. Arc Length

메뉴 - Dimension > Arc Length

명령 - dimarc

도구 - 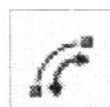

Arc Length 명령은 Arc의 길이를 치수로 나타내 주는 기능입니다. 이 기능은 Arc 또는 Poline Arc에만 적용되며, 선이나 원 등에는 적용되지 않습니다.

◈ 따라하기.

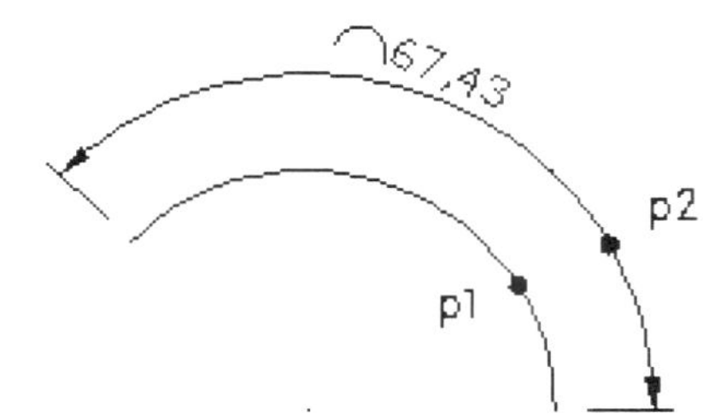

그림4

Command: dimarc
Select arc or polyline arc segment: p1
Specify arc length dimension location, or
[Mtext/Text/Angle/Partial/Leader]: p2
Dimension text = 67.43

① 치수 표시를 원하는 Arc를 찾아 Arc 상에 한 점 p1을 클릭합니다.

② 치수 문자가 표시될 위치 p2를 클릭하여 그림4를 완성합니다.

4. Radius

메뉴 - Dimension > Radius

명령 - dimradius

도구 - 

Radius 명령은 원 또는 호의 반지름에 대한 치수선을 생성합니다. 사용 방법은 원 또는 호를 선택 후, 치수선의 위치를 지정하면 치수선이 생성됩니다. 이때 원 또는 호의 내부에 표시하려면 그림5와 같이 내부의 지점을 클릭하고, 외부에 표시하려면 그림6과 같이 외부의 한 점을 클릭하면 됩니다.

◈ 따라하기.

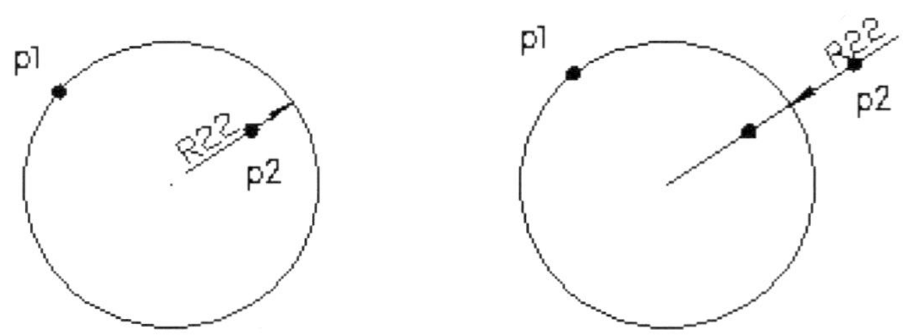

그림5 그림6

Command: dimradius
Select arc or circle: p1
Dimension text = 22
Specify dimension line location or [Mtext/Text/Angle]: p2

① Radius 명령 실행 후, p1을 클릭하여 원하는 원 또는 호를 선택합니다.

② 치수선이 위치할 좌표 p2를 클릭합니다. 이때 내부에 생성하기를 원하면 그림5와 같이, 외부에 생성하기를 원하면 그림6과 같이클릭하면 됩니다.

5. Jogged

메뉴 - Dimension > Jogged

명령 - dimjogged

도구 - 

Jogged 명령은 원 또는 호의 반지름에 대한 치수선을 생성합니다. 반지름에 대한 치수선 생성은 Radius 명령과 동일하지만, Jogged 명령에서는 치수선을 한번 꺾어서 표기하는 점이 다릅니다. 그러나 이 기능은 반지름에 대한 표기만 가능하며, 지름에 대한 표기는 할 수 없습니다.

◈ 따라하기.

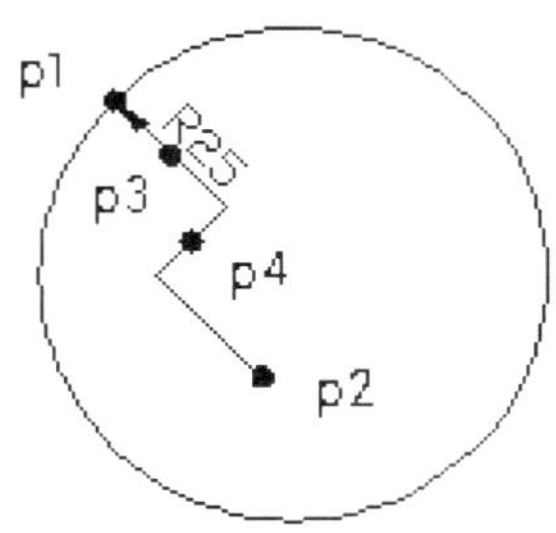

그림7

Command: dimjogged
Select arc or circle: p1
Specify center location override: p2
Dimension text = 25
Specify dimension line location or [Mtext/Text/Angle]: p3
Specify jog location: p4

① 반지름 치수선을 생성할 원(p1)을 클릭합니다.

② 반지름 치수선의 반대쪽 한 점 p2를 클릭합니다.

③ 치수문자가 위치할 지점 p3을 클릭합니다.

④ 꺽은선이 위치할 지점 p4를 클릭하여 그림7을 완성합니다.

6. Diameter

메뉴 - Dimension > Diameter

명령 - dimdiameter

도구 - 

Diameter 명령은 원 또는 호의 지름에 대한 치수선을 생성합니다. 사용 방법은 원 또는 호를 선택 후, 치수선의 위치를 지정하면 치수선이 생성됩니다. 이때 원 또는 호의 내부에 표시하려면 그림8와 같이 내부의 지점을 클릭하고, 외부에 표시하려면 그림9와 같이 외부의 한 점을 클릭하면 됩니다.

◈ 따라하기.

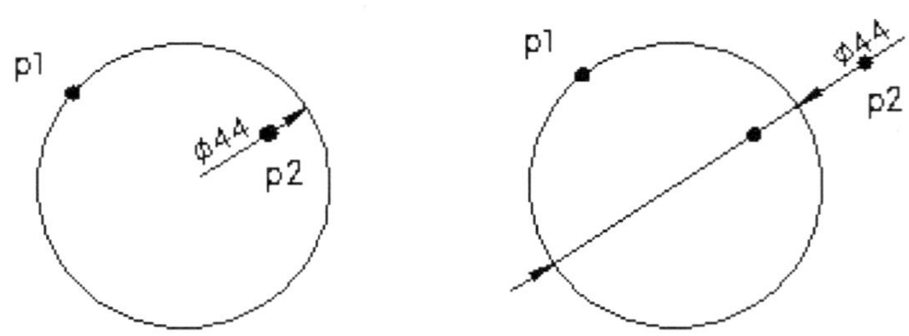

그림8 그림9

Command: dimdiameter
Select arc or circle: p1
Dimension text = 44
Specify dimension line location or [Mtext/Text/Angle]: p2

① Diameter 명령 실행 후, p1을 클릭하여 원하는 원 또는 호를 선택합니다.

② 치수선이 위치할 좌표 p2를 클릭합니다. 이때 내부에 생성하기를 원하면 그림5와 같이, 외부에 생성하기를 원하면 그림6과 같이 클릭하면 됩니다.

7. Angular

메뉴 - Dimension > Angular

명령 - dimangular

도구 - 

두 선분사이의 각도를 치수로 나타냅니다.

◈ 따라하기.

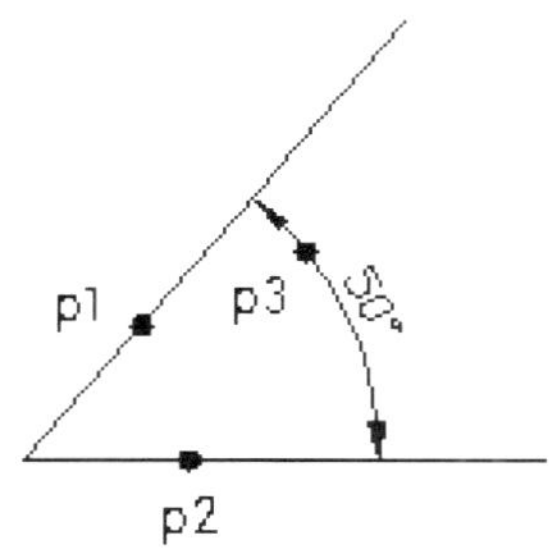

그림10

Command: dimangular
Select arc, circle, line, or <specify vertex>: p1
Select second line: p2
Specify dimension arc line location or [Mtext/Text/Angle]: p3
Dimension text = 50

① 두 선분 중 하나인 p1을 클릭합니다.

② 두 번째 선분 p2를 클릭합니다.

③ 치수문자를 표기할 위치 p3을 클릭합니다.

8. Quick Dimension

명령 - qdim

도구 - 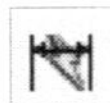

일반적으로 치수는 중심선이나 객체의 끝부분 등을 하나씩 클릭하여 기입합니다. 만약 지정할 객체가 많다면 일일이 지정하는게 불편하게 느껴질 수도 있지요. 이때 유용한 방법이 객체의 약속된 범위를 지정하여 한 번에 기입하는 Quick Dimension 방법입니다.

◈ 따라하기.

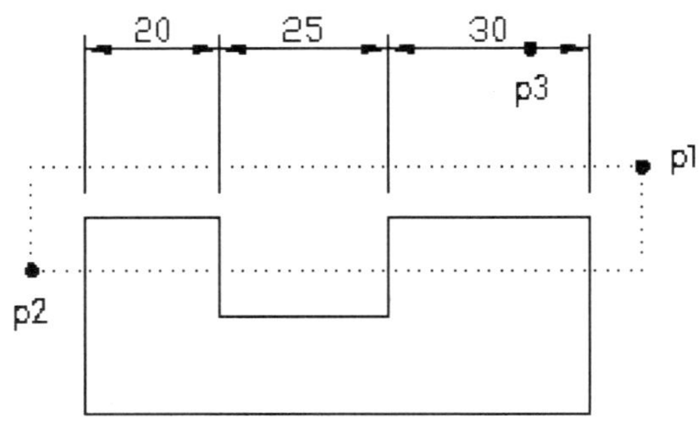

그림11

Command: _qdim
Associative dimension priority = Endpoint
Select geometry to dimension: p1
Specify opposite corner: p2 2 found
Select geometry to dimension: Enter
Specify dimension line position, or
[Continuous/Staggered/Baseline/Ordinate/Radius/Diameter/datumPoint/Edit/seTtings] <Continuous>: p3

① 객체선택 지정을 위한 영역의 한 지점 p1을 클릭합니다.

② 객체선택의 반대편 지점인 p2를 클릭합니다.

③ 치수문자가 위치할 지점 p3을 클릭하여 그림11을 완성합니다.

9. Baseline

메뉴 - Dimension > Baseline

명령 - dimbaseline

도구 - 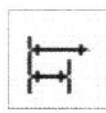

치수를 여러 행에 걸쳐 기입할 경우, 각 치수선간 수직 거리를 일정하게 유지시켜 줍니다. Baseline 기능을 사용하면 각 치수선간 거리를 일정하게 함으로써 도면을 보다 효율적이고 빠르게 작성할 수 있습니다.

◈ 따라하기.

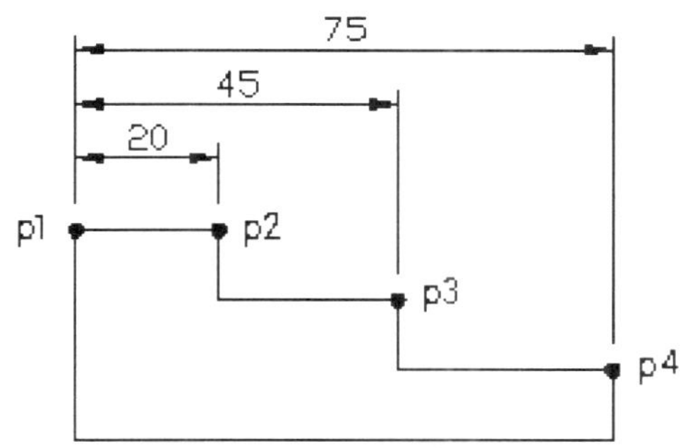

그림12

```
Command: dimbaseline
Specify a second extension line origin or [Undo/Select] <Select>: p3
Dimension text = 45
Specify a second extension line origin or [Undo/Select] <Select>: p4
Dimension text = 75.5
Specify a second extension line origin or [Undo/Select] <Select>:
Select base dimension:
```

① Linear Dimenion으로 p1, p2 점을 클릭하여 치수선을 나타냅니다.

② Baseline 명령 실행 후, 연속해서 p3과 p4를 클릭하여 그림12를 완성합니다.

10. Continue

메뉴 - Dimension > Continue

명령 - dimcontinue

도구 -

입력된 치수에 연속해서 동일한 높이로 치수선을 표시하는 명령입니다. 기준이 되는 치수보조선의 높이에 맞추어 반대편 한 점만 클릭하면 되므로 개별적으로 선택하는 것보다 정확하고 빠르게 작업할 수 있습니다.

◈ 따라하기.

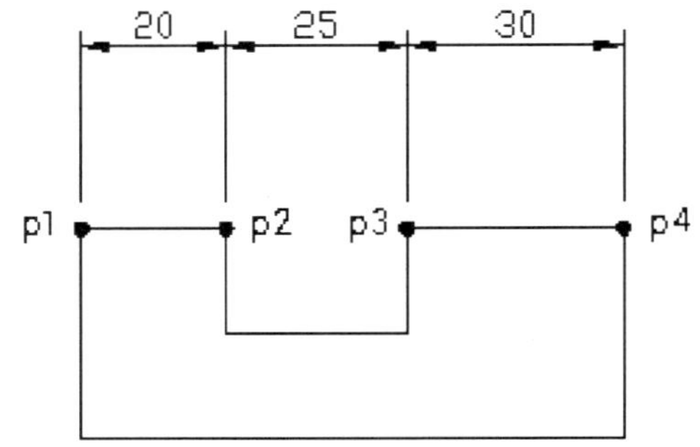

그림13

Command: _dimcontinue
Specify a second extension line origin or [Undo/Select] <Select>: p3
Dimension text = 25
Specify a second extension line origin or [Undo/Select] <Select>: p4
Dimension text = 30
Specify a second extension line origin or [Undo/Select] <Select>: Enter
Select continued dimension: Enter

① Linear Dimenion으로 p1, p2 점을 클릭하여 치수선을 나타냅니다.

② Continue 명령 실행 후, 연속해서 p3과 p4를 클릭하여 그림13을 완성합니다.

11. Leader

메뉴 - Dimension > Leader

명령 - qleader

도구 - 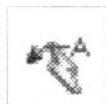

도면의 특정 부분에 대한 설명을 기입하거나, 원 또는 호에 필요한 내용을 나타낼 수 있습니다. 특히 건축도면의 경우 마감 재료 등을 기입할 때 많이 사용합니다.

◆ 따라하기.

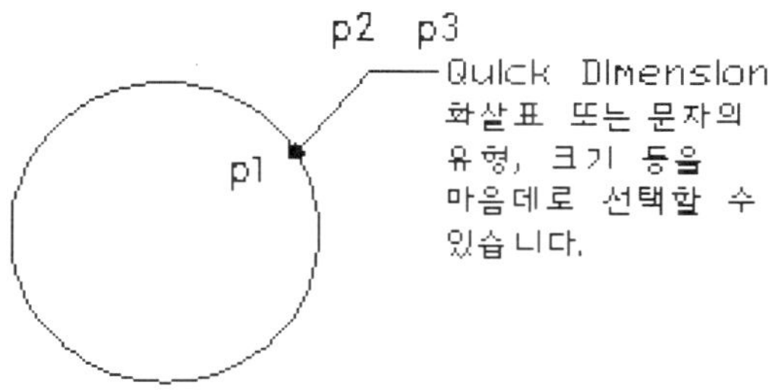

그림14

Command: _qleader
Specify first leader point, or [Settings] <Settings>: p1
Specify next point: p2
Specify next point: p3
Specify text width <0>: Enter
Enter first line of annotation text <Mtext>: Quick Dimension
Enter next line of annotation text: 화살표 또는 문자의
⋮

① 설명이 필요한 부분 p1을 클릭을 한 후, 설명을 기입할 장소를 p2와 p3 점을 이용하여 지정합니다.

② 필요한 내용을 입력합니다. 이때 Enter 키를 이용하여 계속해서 내용을 입력하여 그림14를 완성합니다.

2.8 도면 출력하기

2.8.1 출력 대화상자 이해하기

메뉴 - File > Plot

명령 - Plot, Print

도구 - 

작성한 도면을 출력하려면 프린터 종류, 종이 크기, 인쇄 영역, 여백, 스케일 등 몇 가지 인쇄 방법을 지정해 주어야 합니다. 먼저 인쇄 명령을 실행하면 아래의 대화상자가 나타나지요.

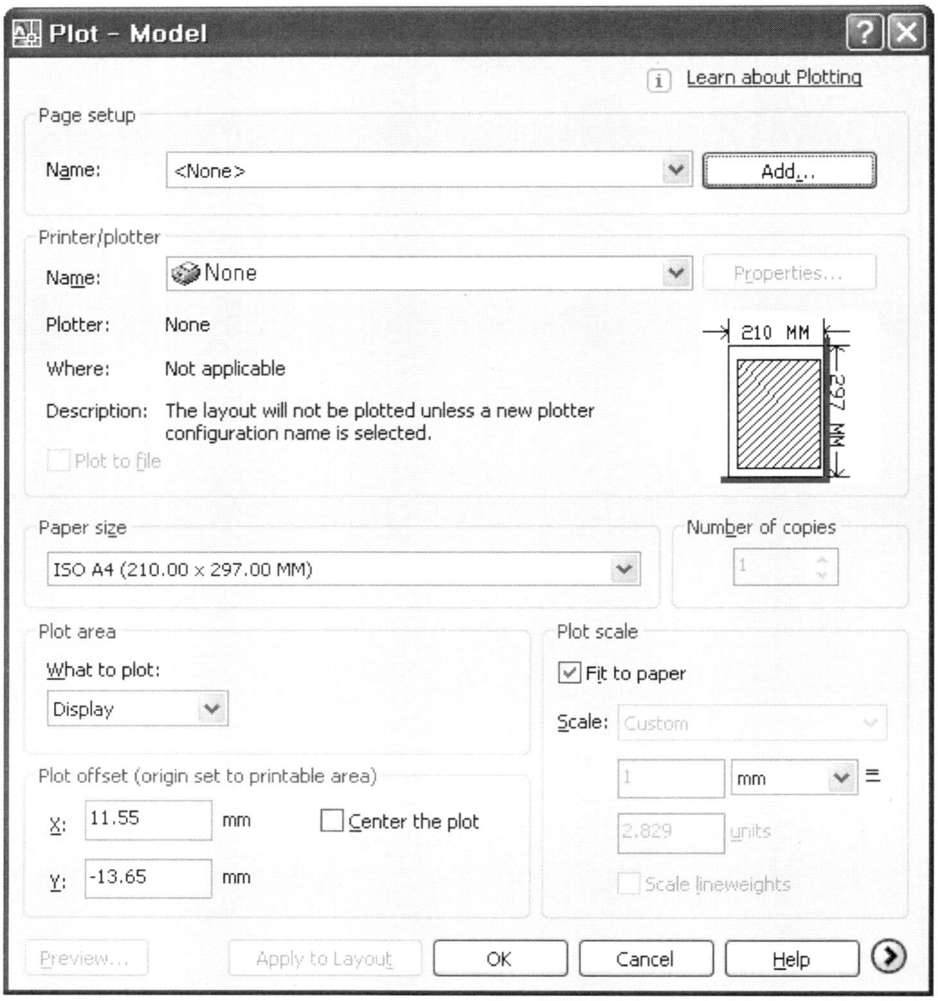

- Page setup

  동일한 조건의 인쇄를 할 때, 매번 인쇄 조건을 새로 지정하는 게 번거로울 때가 있습니다. 이럴 때 인쇄의 조건들을 미리 저장한 다음 필요할 때 해당 조건의 이름을 불러서 사용하면 편리하지요.

Name - 필요한 인쇄 환경을 저장한 후, 목록에서 선택하여 사용합니다.

<None> - 아무 인쇄 조건도 지정되지 않은 상태입니다.

<Previous plot> - 바로 직전에 인쇄한 환경을 그대로 불러옵니다. 이 환경은 저장하지 않아도 자동으로 저장됩니다.

Import... - 다른 도면에 저장된 인쇄 환경을 불러옵니다.

① Import 목록을 클릭하여 Select Page From File 대화상자가 나타나면 인쇄 환경이 저장된 파일을 선택합니다.

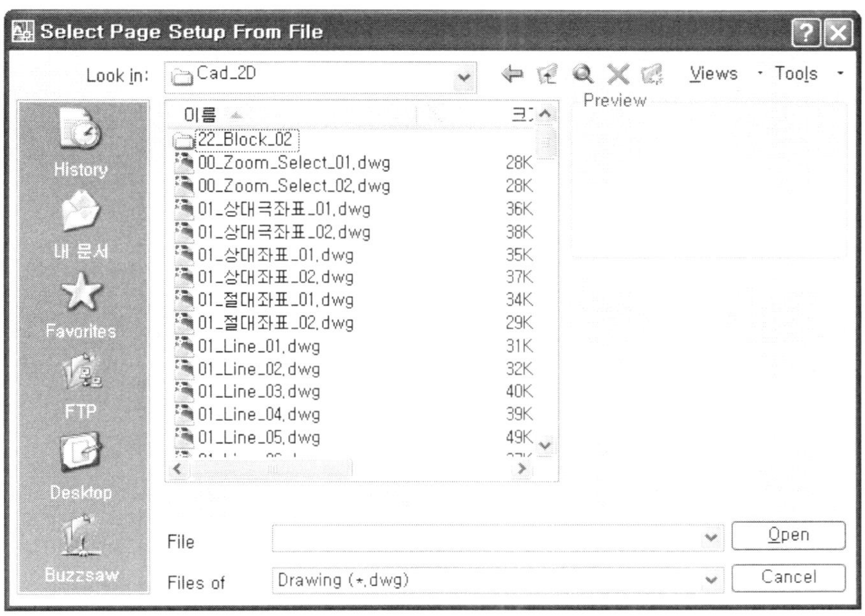

② 인쇄 환경이 저장된 파일을 선택하면 Import Page Setups 대화상자가 나타나며 선택된 파일 속에 저장되어 있는 목록들이 보이지요. 이렇게 저장된 환경을 불러서 사용하면 매번 환경을 따로 지정하는 불편함을 덜 수가 있지요.

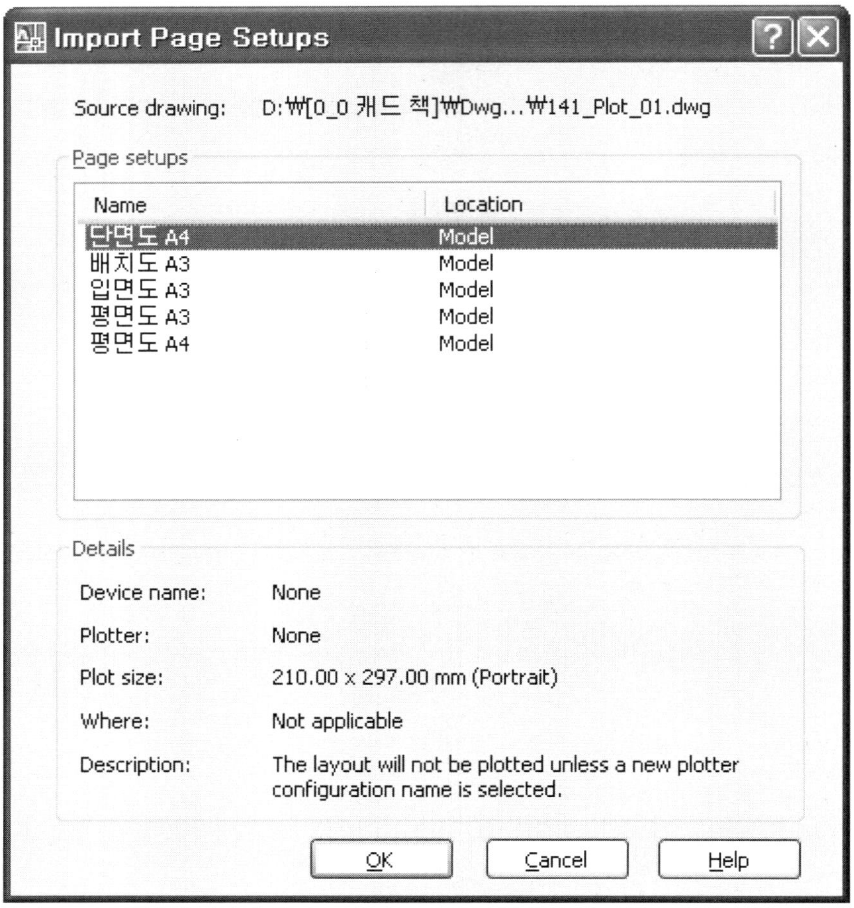

Add 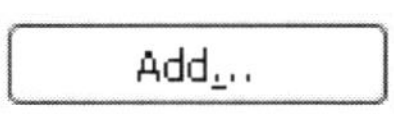

현재 설정한 인쇄 환경을 목록에 추가하려면 Add 버튼을 클릭 합니다. Name 목록에서 추가된 목록들을 확인할 수 있습니다.

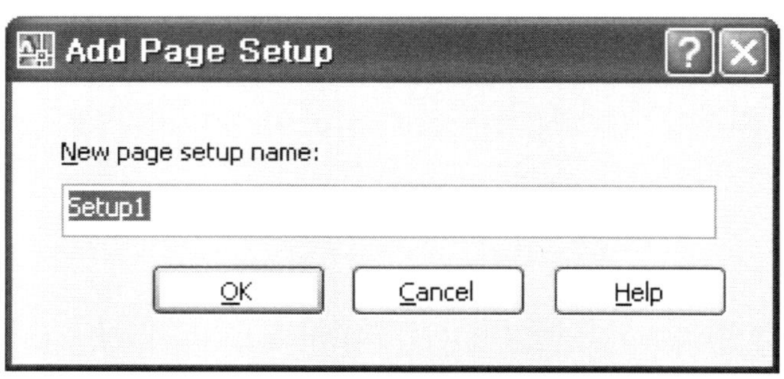

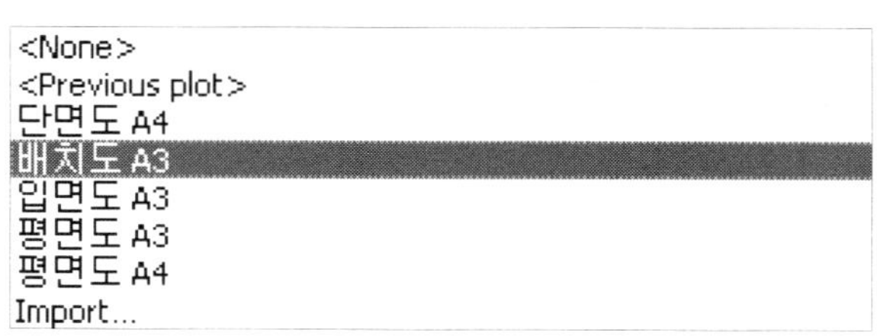

- Printer/plotter

  Name 목록에서 인쇄할 출력기를 선택합니다.

  Name - 캐드에서 출력은 프린터로의 출력뿐만 아니라 파일로도 출력할 수 있으며 파일도 여러 가지 형태가 있습니다. 따라서 Name 목록에서 원하는 출력기를 선택합니다.

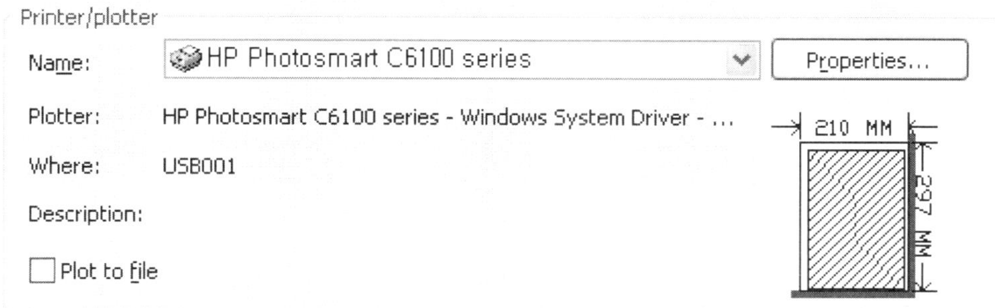

plot to file - 이 옵션을 On하면 출력을 파일 형태로 할 수 있습니다.

아래의 이미지는 현재 설정된 인쇄용지 크기가 표시되고, 빗금친 부분은 인쇄용지 내에서 도면이 인쇄될 위치를 미리 나타내 주고 있습니다.

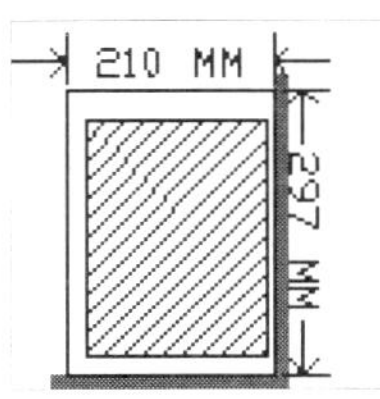

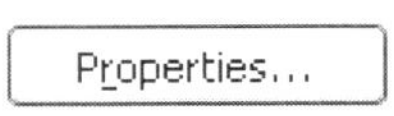

- 버튼을 클릭하여 아래의 특성 대화상자가 나타나면 선택된 출력기에 대한 용지 크기, 여백 등 특성을 지정할 수 있습니다.

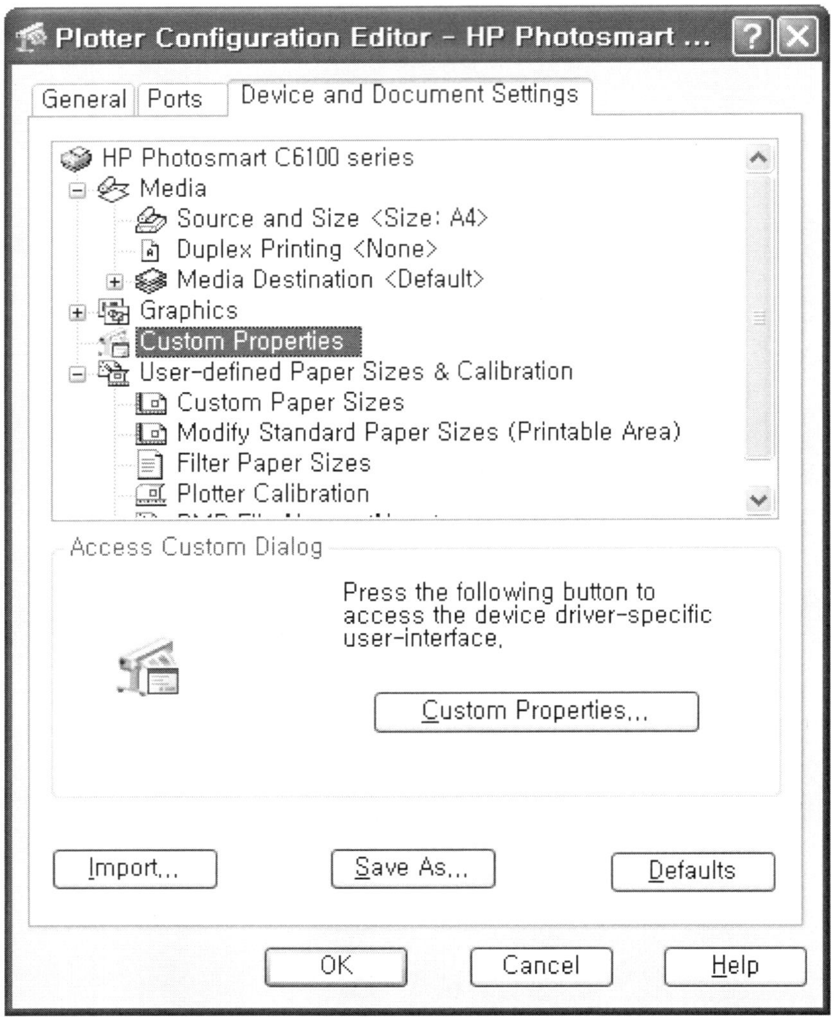

- Page size

출력할 인쇄용지의 크기를 목록에서 선택하고, Number of copies 항목에서는 인쇄 매수를 지정합니다.

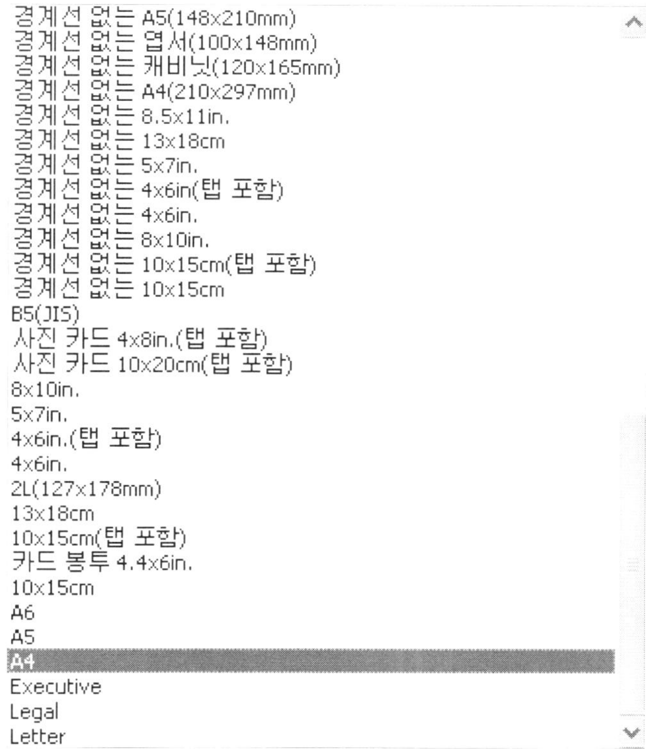

- Plot area

  도면에서 출력할 영역을 지정합니다.

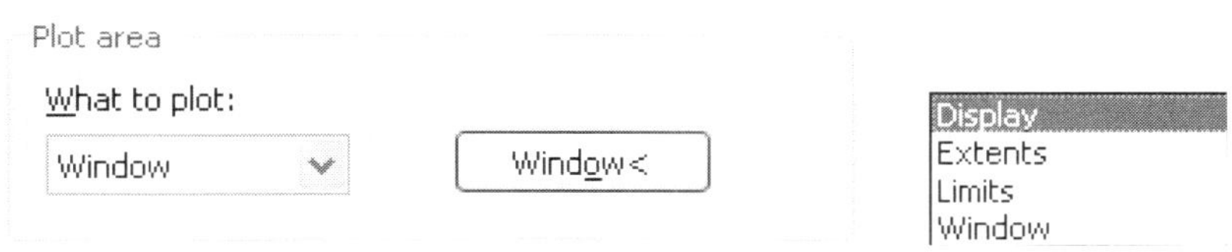

Display - 화면에 보이는 부분을 그대로 출력합니다.

Extexts - 현재 작업 중인 도면을 인쇄용지에 최대 크기로 인쇄합니다.

Limits - 현재 설정된 용지 크기 만큼만 출력합니다.

현재 설정된 용지 크기는 캐드의 Limits 명령으로 설정 및 확인이 가능합니다.

Window - 도면에서 필요한 부분을 Window로 지정하여 선택적으로 인쇄할 수 있습니다.

- Plot offset (origin set to printable area)

인쇄할 때 용지에 들어갈 도면의 위치를 지정합니다.

X는 도면의 X축 방향 위치를 나타내고, Y는 Y축 방향의 위치를 나타냅니다. 일반적으로 Center the plot를 On하면, 도면이 용지의 중앙으로 자동 정렬되므로 많이 이용되지요.

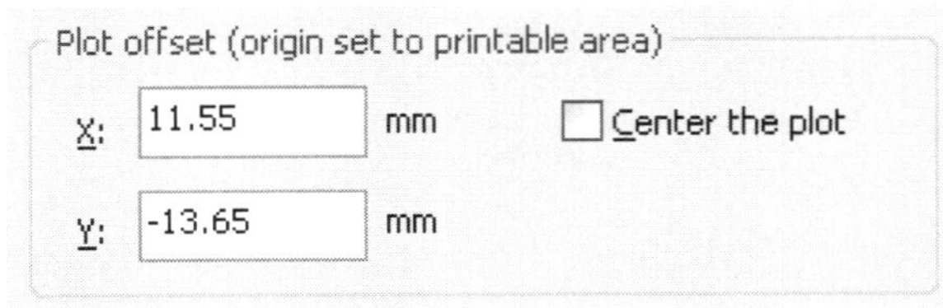

- Plot Scale

인쇄될 도면의 축척을 지정합니다. 일반적으로 손으로 1:300 도면을 그린다면 삼각스케일을 이용하여 1:300 축척에 맞는 크기로 도면을 그리게 됩니다. 하지만 캐드에서는 일단 모든 도면을 1:1 기준으로 그린 후, 출력할 때 이곳에서 원하는 축척으로 바꿔주기만 하면 되므로 훨씬 편리하지요.

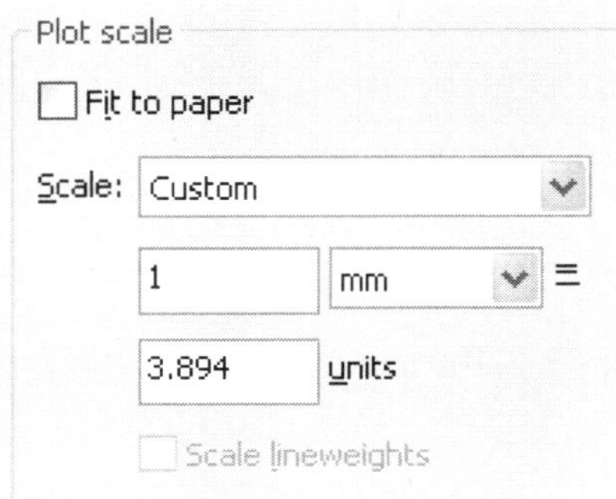

Fit to paper

Non Scale 출력이라고도 하며, 용어 그대로 축척에 관계치 않고 Plot area에서 설정한 방법대로 용지 크기에 맞게 인쇄하는 옵션입니다. 용지 크기에 구애받지 않고 출력할 수 있는 장점이 있는 반면 정확한 크기를 알 수 없는 단점을 함께 가지고 있지요.

Scale

Scale 버튼을 클릭하면 아래와 같이 캐드에 내장된 축척 목록이 나타납니다. 이 목록 역시 캐드 프로그램에 내장된 축척 목록으로서 등록되어 있지 않은 축척은 직접 입력 해주어야 합니다.

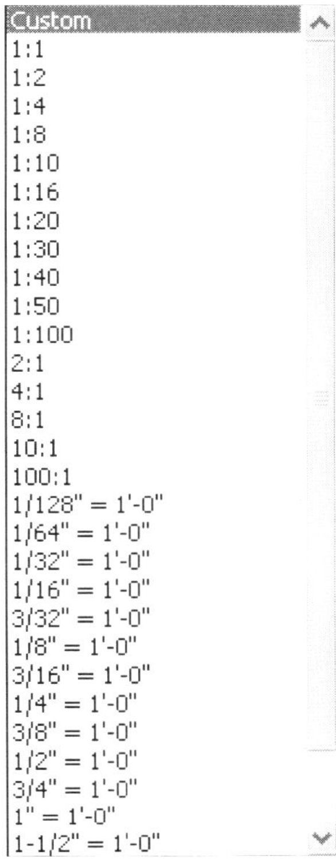

직접 입력은 Scale 버튼 바로 아래에 있는 항목에서 입력하게 되는데 만약 1:200의 축척으로 출력한다면 아래와 같이 입력합니다.

- Plot style table (pen assignments)

선이나 문자 등 출력되는 모든 객체들의 색상, 두께, 선 유형 등을 지정합니다.

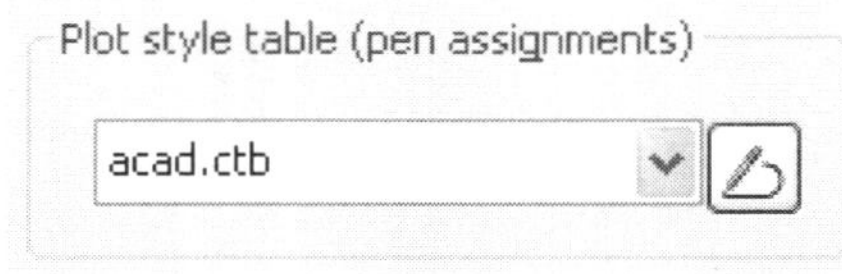

목록 버튼을 클릭하면 아래와 같이 플롯 유형 목록이 나타납니다. 각 목록은 목적에 따라 선의 특성을 다르게 지정하여 저장한 것으로 작업의 내용에 맞는 유형을 선택하여 사용하게 되지요.

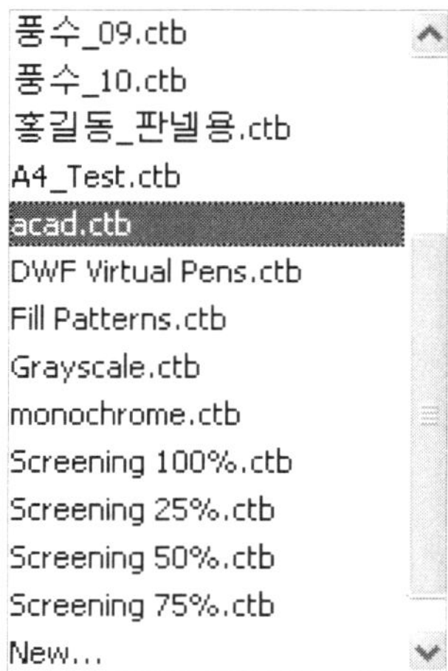

- 만약 특정 목록의 색상, 두께, 선 유형, 선 끝 유형 등 특성을 바꾸려면 Edit 버튼을 클릭하여 아래와 같은 Plot Style Table Editor 대화상자가 나타날 때 다시 설정합니다.

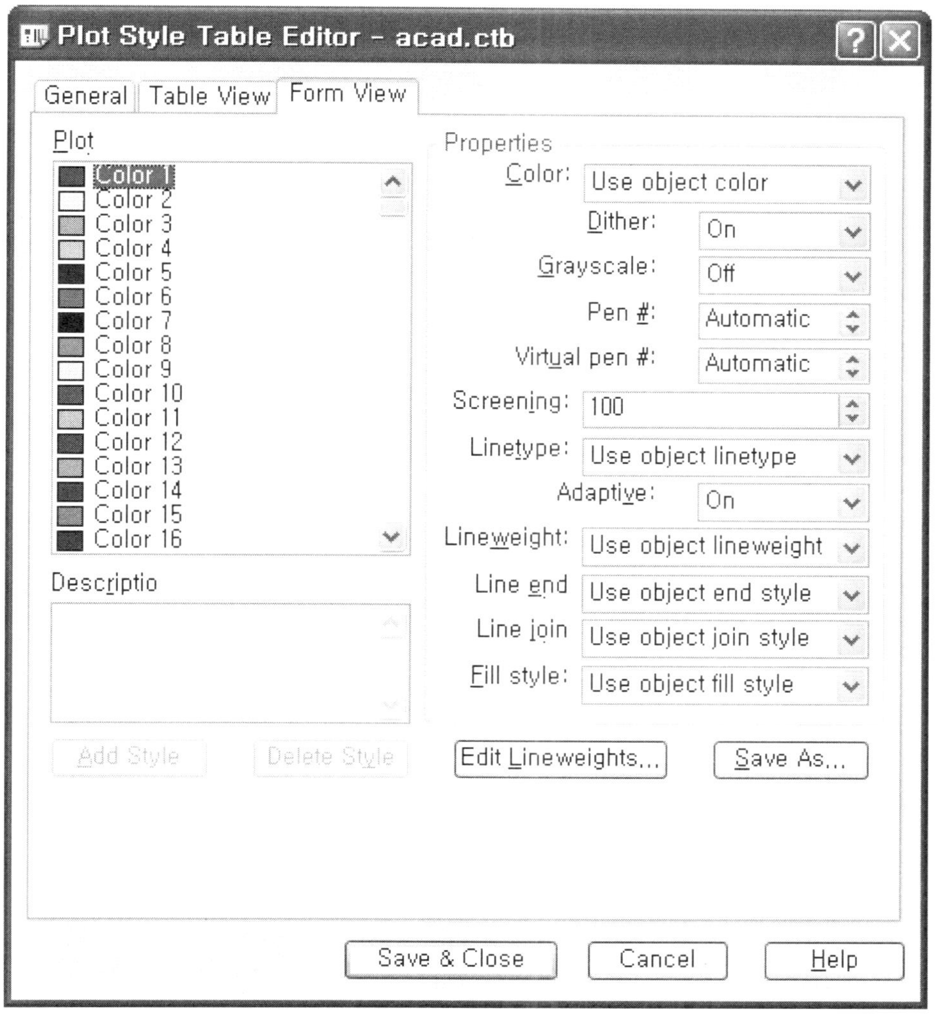

- Shaded viewport options

출력할 때 선의 상태와 출력 해상도에 대한 설정을 합니다. 따라서 일반적으로 3차원 모델링 작업 데이터에 적용합니다.

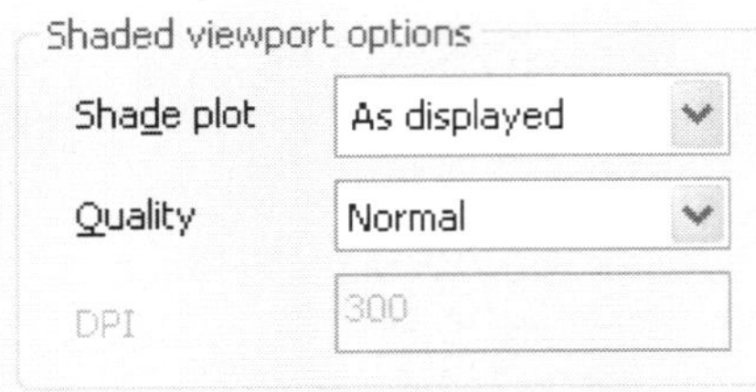

Shade plot

출력할 3차원 객체의 선과 면 그리고 질감에 대한 내용을 목록에서 선택합니다. 아래의 옵션들은 모두 화면에 보이는 거와는 상관이 없으며 출력되는 결과를 나타냅니다.

As displayed - 화면에 보이는 그대로 출력합니다.

Wireframe - 작업한 모든 데이터의 면을 무시하고 선의 형태로 출력합니다.

Hidden - 캐드에서 Hide 명령을 한 거와 동일한 모습으로 출력합니다.

3D Hidden - 캐드에서 3D Hidden visual style을 적용한 상태로 출력합니다.

3D Wireframe - 캐드에서 3D Wireframe visual style을 적용한 상태로 출력합니다.

Conceptual - 캐드에서 Conceptual visual style 을 적용한 상태로 출력합니다.

Realistic - 캐드에서 Realistic visual style 을 적용한 상태로 출력합니다.

Rendered - 캐드에서 Rendere 를 적용한 상태로 출력합니다.

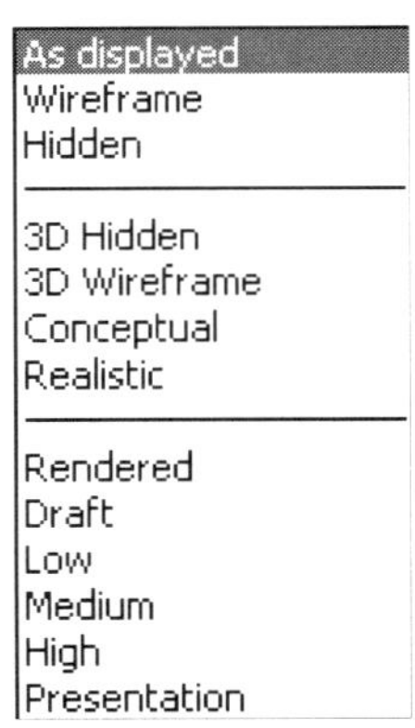

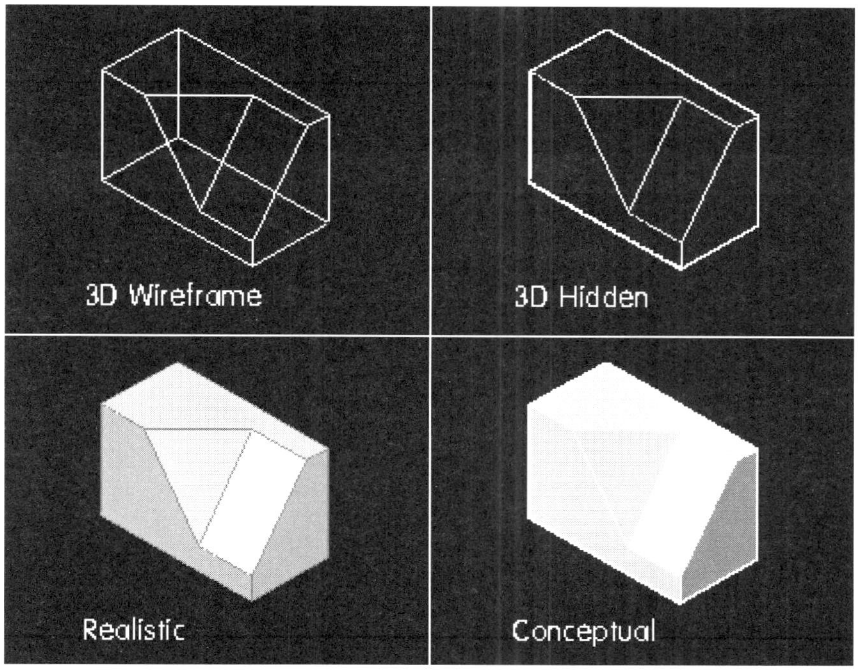

Quality - 음영처리 및 렌더링된 도면의 출력 해상도를 선택합니다.

Draft - Wireframe 상태로 출력합니다.

Preview - 출력 해상도를 150dpi로 설정합니다.

Normal - 출력 해상도를 300dpi로 설정합니다.

Presentation - 출력 해상도를 600dpi로 설정합니다.

Maxium - 출력 해상도를 최대로 설정합니다.

Custom - 출력 해상도를 사용자가 지정합니다.

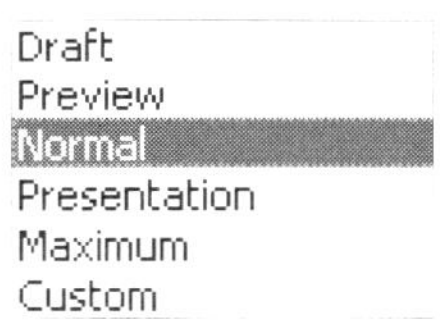

- Drwing orientation

출력되는 도면의 방향 즉 가로 또는 세로의 위치를 정합니다.

Portrait - 도면이 종이의 세로방향 기준으로 출력됩니다.

Landscape - 도면이 종이의 가로방향 기준으로 출력됩니다.

Plot upside-down - 도면이 현재 방향에서 180도 회전된 모습으로 출력됩니다.

2.8.2 플로터 장치 설정하기

도면을 완성하였으면 목적에 따라 이를 여러 가지 형태로 출력할 수 있습니다. 가장 많이 사용되는 형태가 앞에서 살펴본 출력 대화상자를 설정한 후, 종이에 인쇄하는 방법이지요. 아마도 그 다음으로 많이 사용되는 방법이 다른 응용프로그램에서 사용할 수 있는 형태로 변환하는 방법입니다.

사용자는 이렇듯 출력의 형태가 다르면 그에 맞게 출력 장치를 설정해 주어야 합니다. 여기에선 현상설계 등의 이미지 작업에 많이 응용되는 캐드 도면을 포토샵에서 불러 사용할 수 있는 데이터로 변환하는 방법에 대해 알아 보기로 합니다.

캐드 도면 데이터는 일반적으로 벡터 데이터로 분류되는데 이는 내부적으로 각 객체의 좌표와 크기, 레이어, 색상 등 모든 정보를 데이터로 저장하여 언제든 그 속성을 변경하여 도면을 제어할 수 있습니다. 따라서 파일 크기가 작고 이미지를 축소/확대하여도 이미지에 전혀 손상이 없지요.

반면에 포토샵 데이터는 비트맵 이미지 데이터로 분류되는데 이는 내부적으로 이미지 모든 데이터의 색상정보를 담고 있어 데이터 양이 크며. 수정이 불가능하고 이미지 크기에 변화를 주면 이미지에 손상을 가져옵니다.

이렇듯 캐드와 포토샵의 데이터가 내부적으로 이질적 속성을 가지고 있으므로 캐드도면을 포토샵에서 사용하려면 내부적으로 데이터 속성을 바꾸어 출력해 주어야 합니다.

이때 출력 파일의 확장자가 *.eps이므로 통상 EPS(Encapsulated PostScript)파일이라고 하지요. 그럼 EPS파일을 생성하는 첫 단계로 플로터 장치를 아래와 같은 방법으로 설정합니다.

① File > Flotter Manager를 클릭하면 아래와 같은 Plotters 대화상자가 나타납니다. 여기엔 이미 생성된 출력장치 목록이 있으며 추가를 원하면 Add-A-Plotter Wizard를 선택합니다.

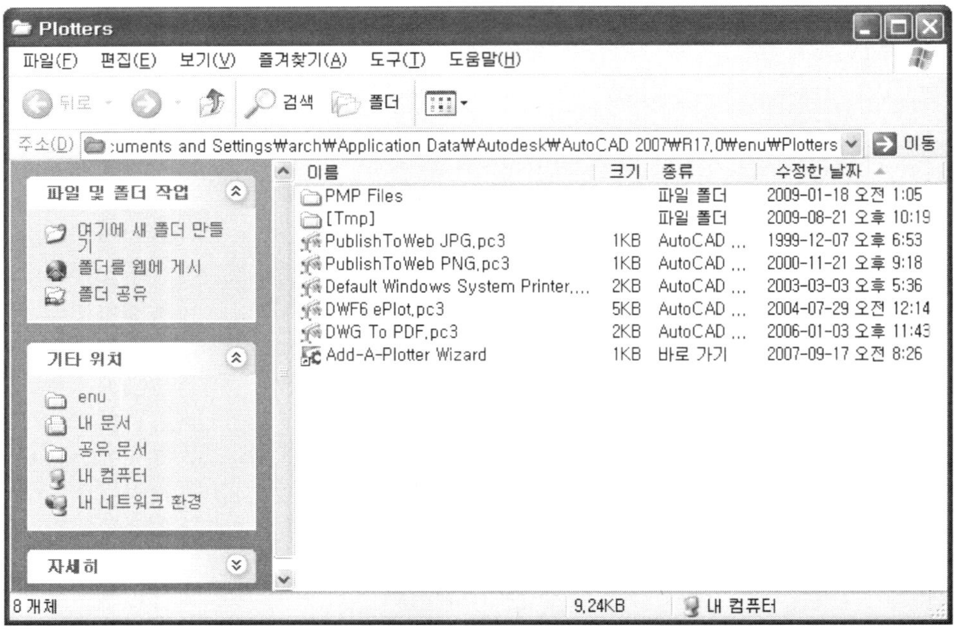

② 원하는 출력장치를 구성하기 위해 Add-A-Plotter Wizard 파일을 더블클릭하여, Introduction Page가 나타나면 "다음>" 버튼을 클릭합니다.

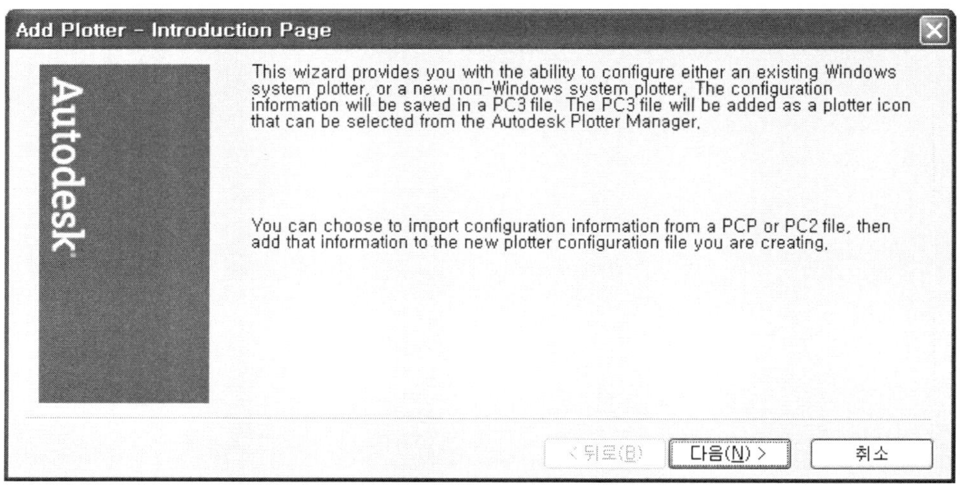

③ Begin 대화상자에서 "My Computer" 가 선택된 걸 확인 후, "다음>" 버튼을 클릭합니다.

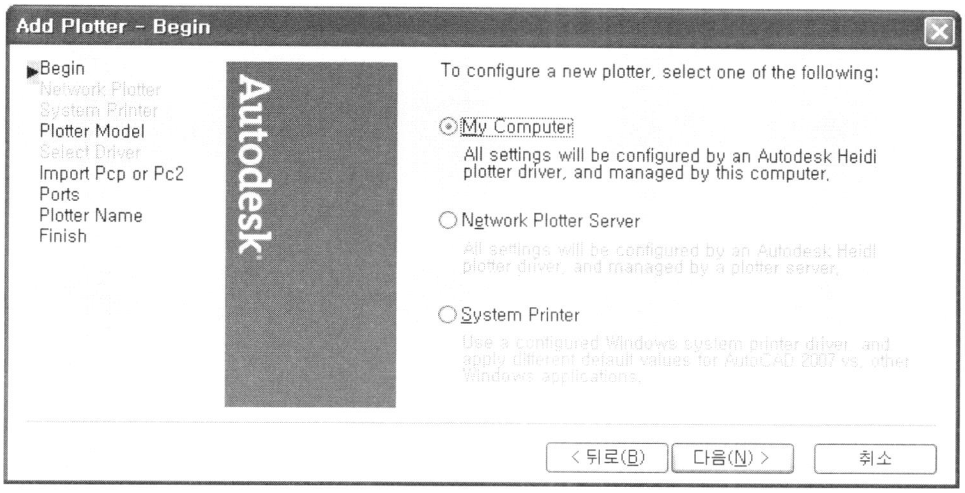

④ Plotter Model 대화상자에서 "PostScript Level 1 Plus"를 선택하고 "다음>" 버튼을 클릭합니다.

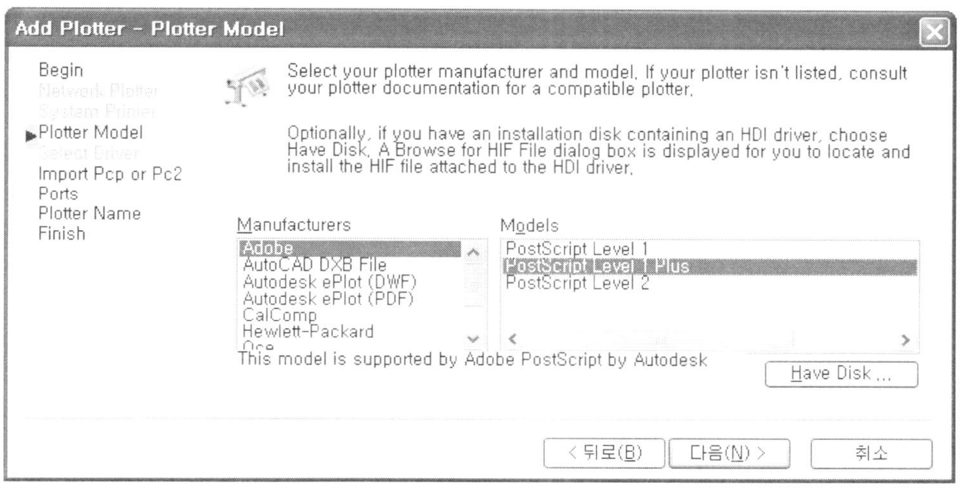

⑤ Import Pcp or Pc2 대화상자에서 "다음>" 을 클릭합니다.

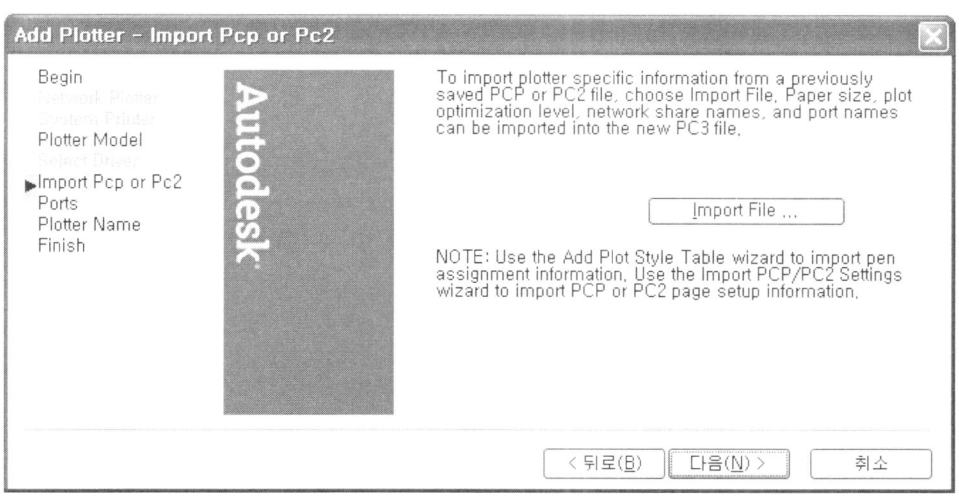

⑥ Ports 대화상자에서 "Plot to a port"가 선태된 걸 확인 후, "다음>" 버튼을 클릭합니다.

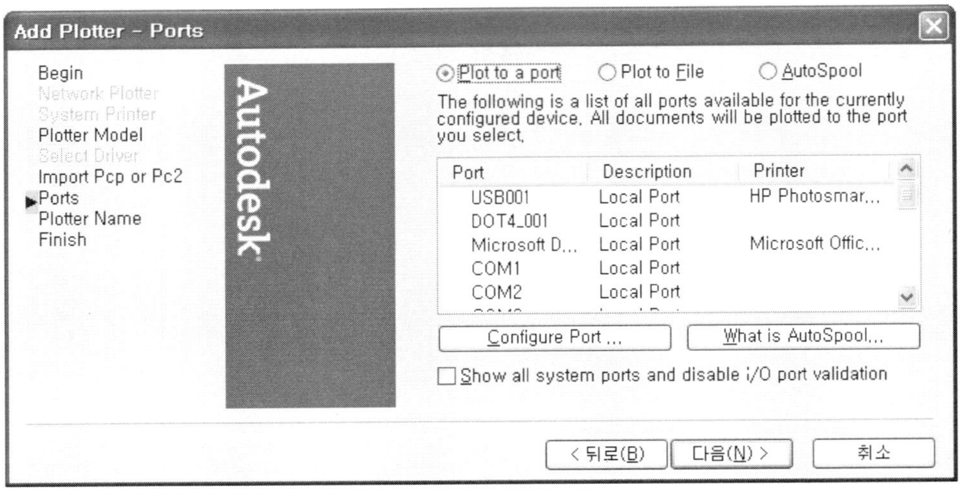

⑦ Plotter Name 대화상자에서 아래의 "송파구 잠실동 주택 계획안 - A3"와 같이 작업을 쉽게 식별할 수 있는 이름을 입력하고, "다음>" 버튼을 클릭합니다.

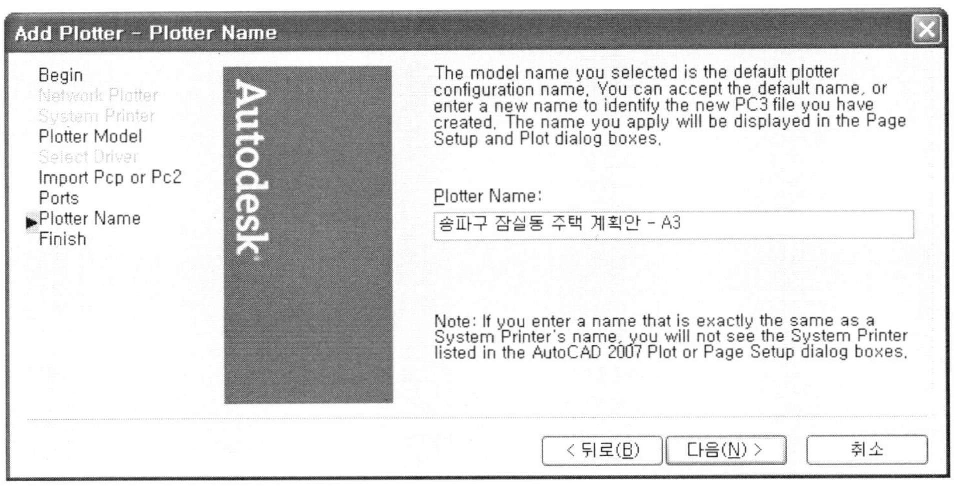

⑧ Finish 대화상자에서 "마침" 버튼을 클릭하면, Plotters 폴더에 "송파구 잠실동 주택 계획안 - A3.pc3" 파일이 생성됩니다.

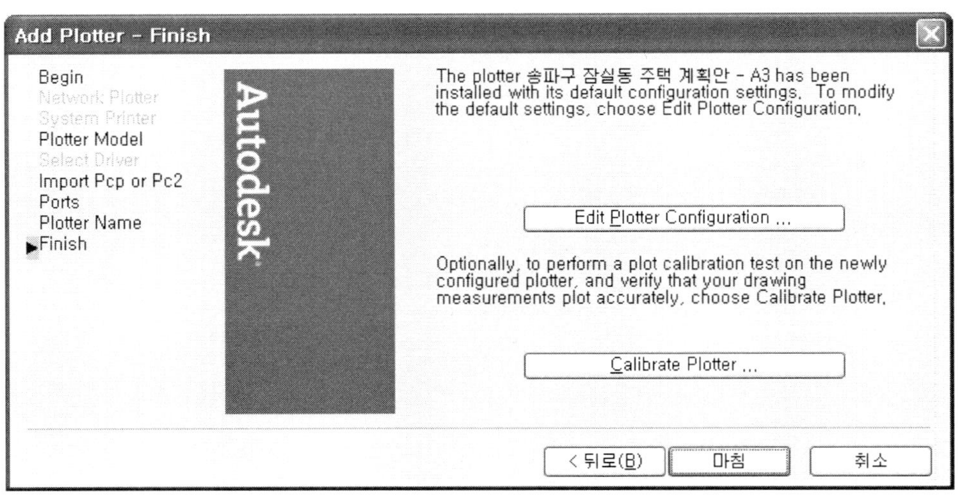

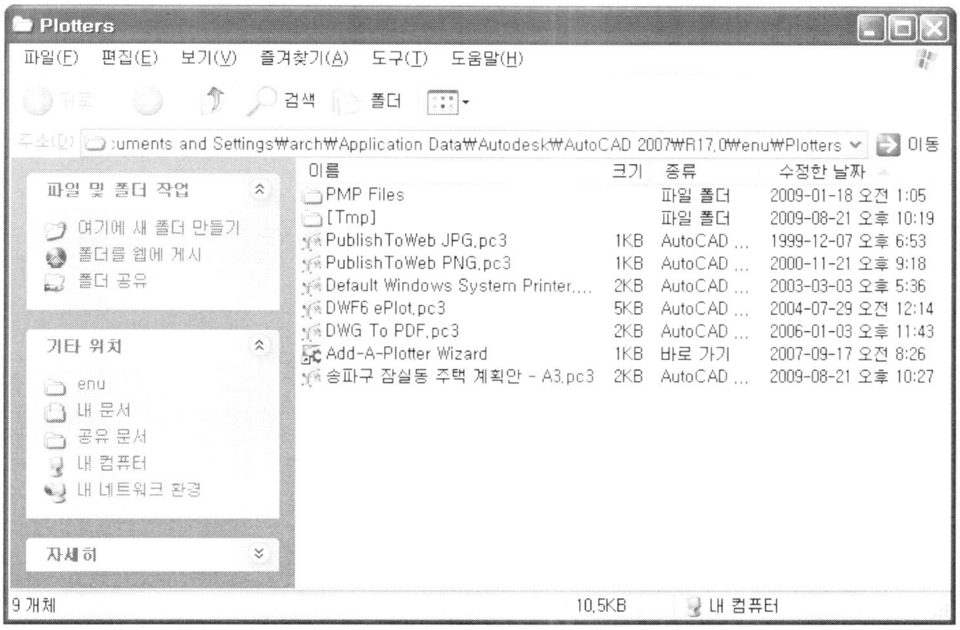

⑨ 새로 생성된 "송파구 잠실동 주택 계획안 - A3.pc3" 파일엔 해상도와 종이 크기에 대한 기본값만이 들어갑니다. 이 값을 교정하기위해 더블클릭하면 "Plotter Configuration Editor" 대화상자가 나타납니다.

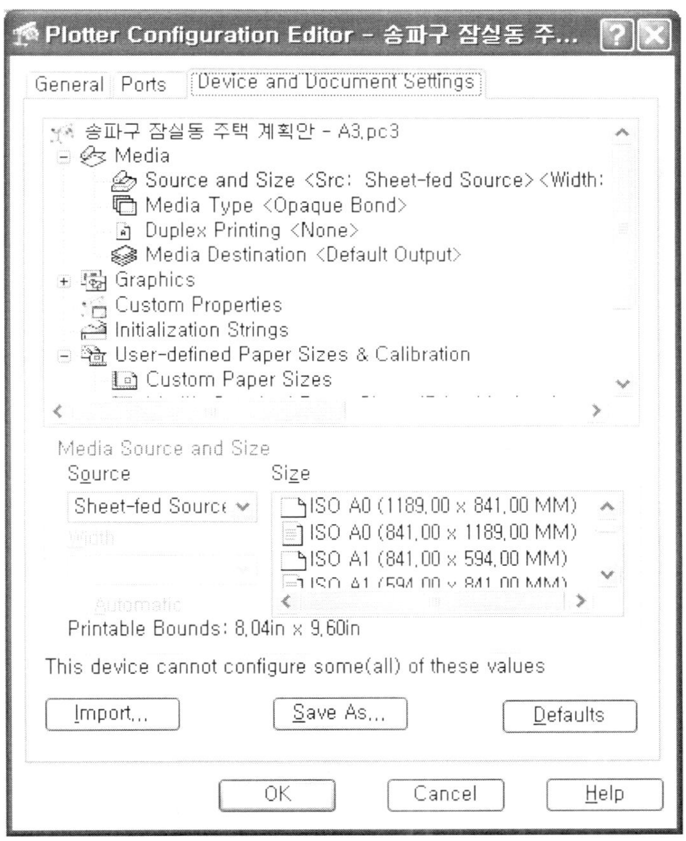

⑩ Graphics > Vector Graphics에서 해상도를 1270으로 설정합니다.

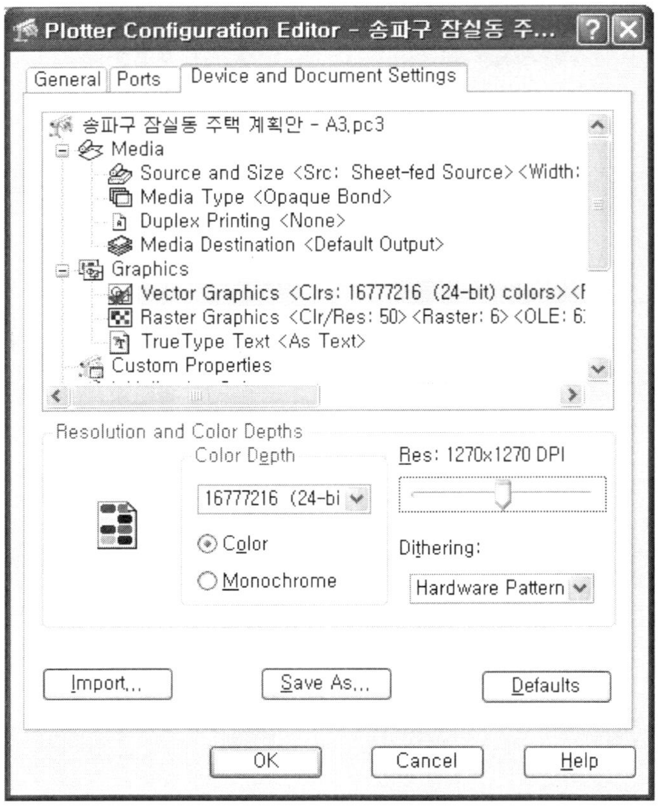

⑪ User-defined Paper Sizes & Calibration > Custom Paper Sizes를 선택하고,용지의 크기와 여백을 설정하기 위해 Add 버튼을 클릭합니다.

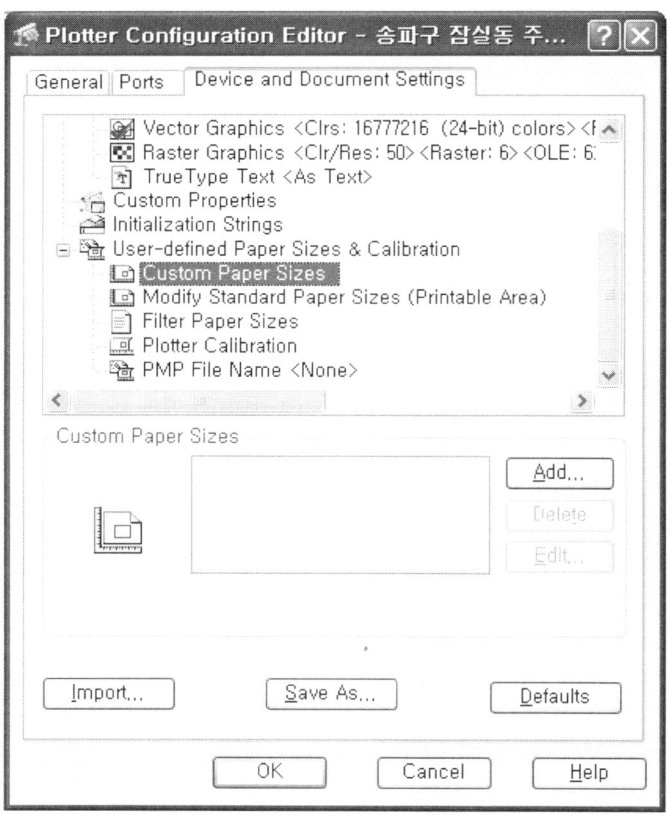

⑫ Begin 대화상자에서 "Start from scratch" 선택된 걸 확인 후, "다음>" 버튼을 클릭합니다.

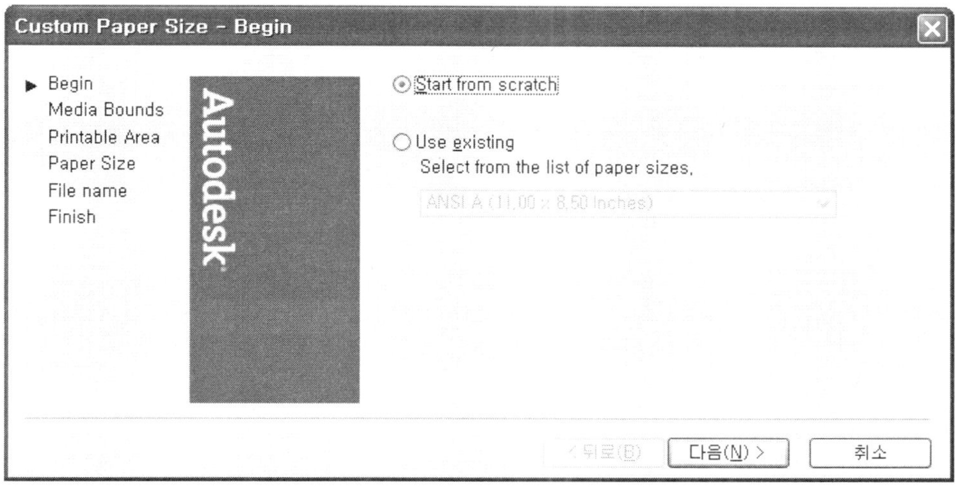

⑬ Media Bounds 대화상자에서 먼저 단위를 Millimeters로 바꾸고, 원하는 종이 크기를 입력 (여기선 420x297)한 후, "다음>" 버튼을 클릭합니다.

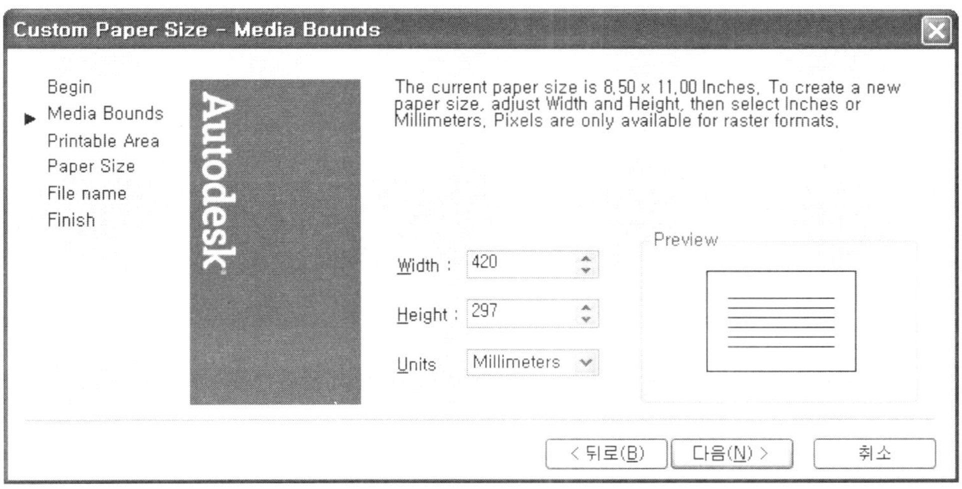

⑭ Printable Area 대화상자에서 설정된 용지크기를 모두 사용하기 위해 Top, Bottom, Left, Right 4방향 모두의 여백을 0으로 설정하고, "다음>" 버튼을 클릭합니다.

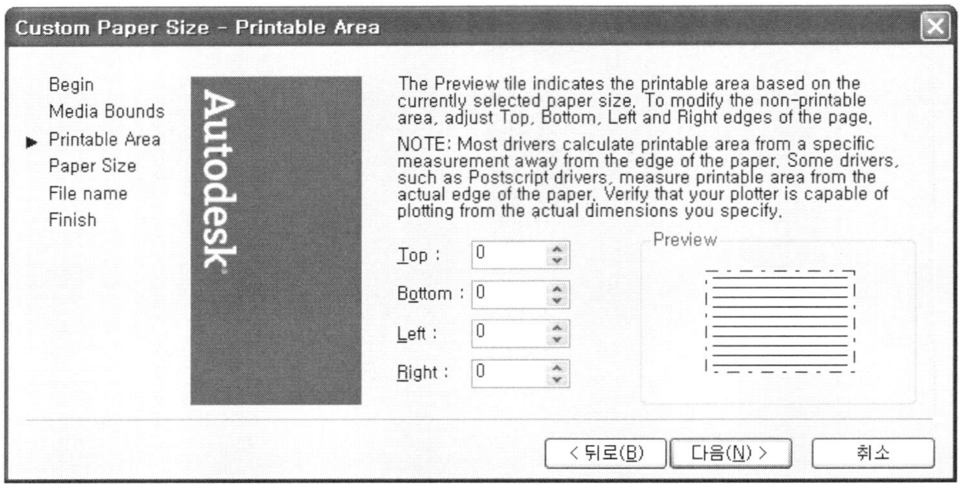

⑮ Paper Size Name 대화상자에서 인쇄할 때 다른 용지와 구분을 편하게 하기 위해 용지크기 이름을 입력하고, "다음>" 버튼을 클릭합니다.

⑯ File name 대화상자에서 "다음>" 버튼을 클릭합니다.

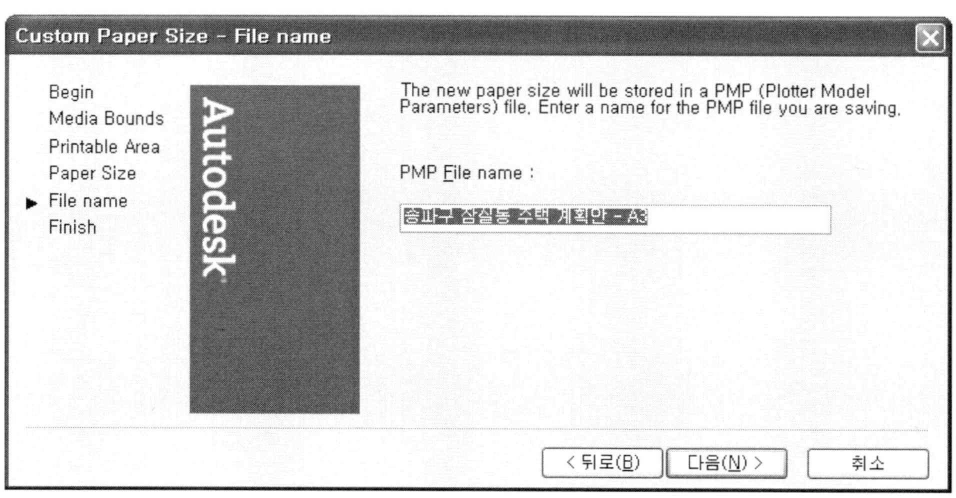

⑰ Finish 대화상자에서 출력에 사용되는 용지의 형태를 확인하고 "마침" 버튼을 클릭합니다.

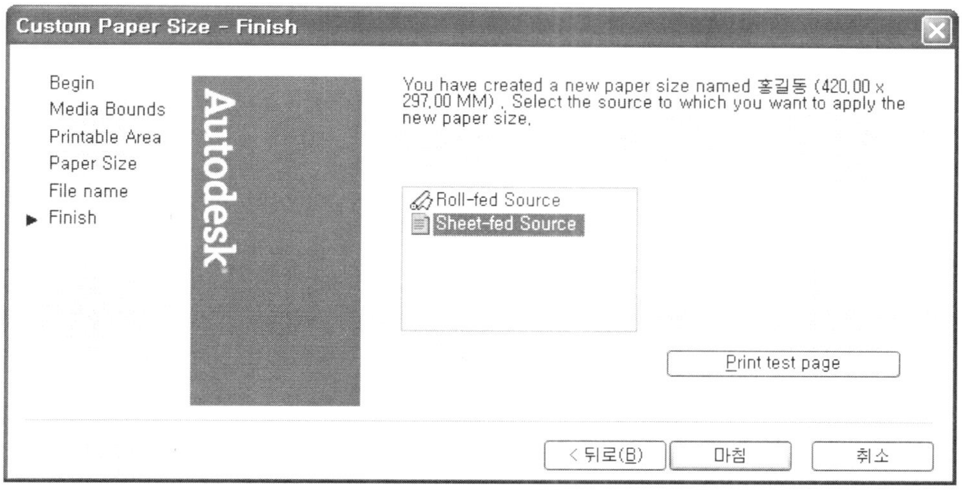

⑱ 이상과 같은 작업이 완료되면 Plotter Configuration Editor 대화상자의 Custor Paper Sizes에 새로 설정된 용지가 등록된 걸 확인할 수 있습니다. 확인 후 "OK" 버튼을 클릭하여 출력장치 설정에 대한 모든 작업을 마칩니다.

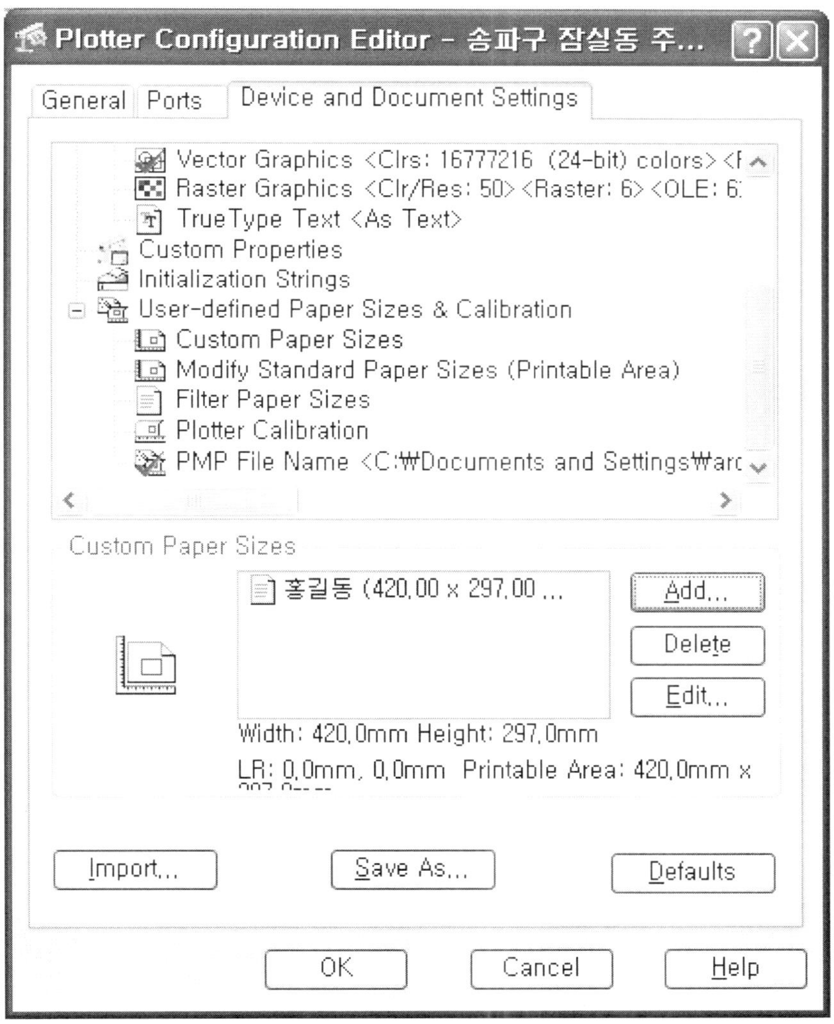

2.8.3 플로터 스타일 정의하기

플로터 스타일을 정의한다는 말은 여러 가지 관점에서 말할 수 있지만, 인쇄할 선의 색상, 두께 및 선의 끝부분 처리 등에 관한 내용을 설정하는 거라고 쉽게 풀어서 말할 수 있습니다. 따라서 플롯 장치에 대한 정의를 한 후에는 반드시 플롯 스타일에 대한 정의를 해 주어야 합니다.

① File > Flot Style Manager를 클릭하면 아래와 같은 Plot Styles 대화상자가 나타납니다. 여기엔 이미 설정된 플롯 스타일의 목록이 있으며, 추가를 원하면 Add-A-Plot Style Table Wizard를 선택합니다.

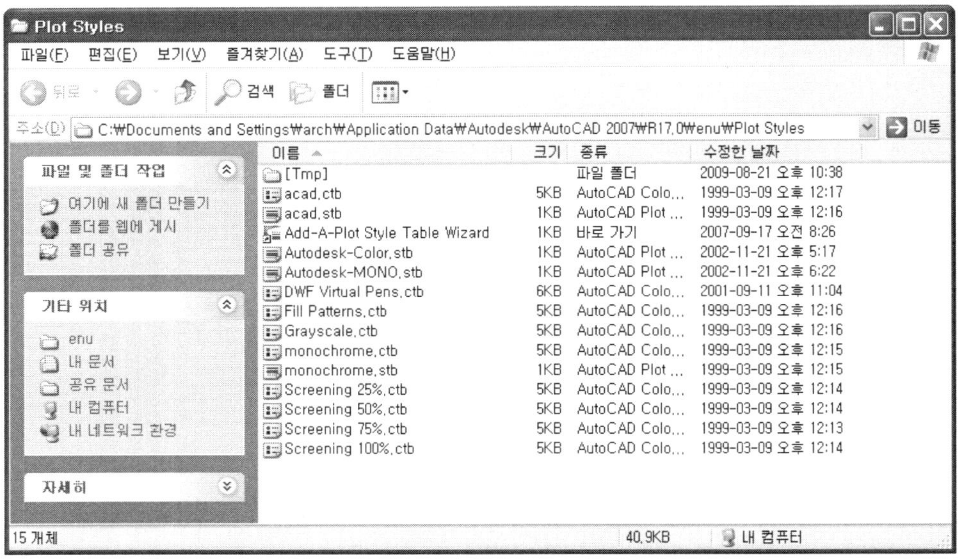

② Add Plot Style Table 대화상자에서 "다음>" 을 클릭합니다.

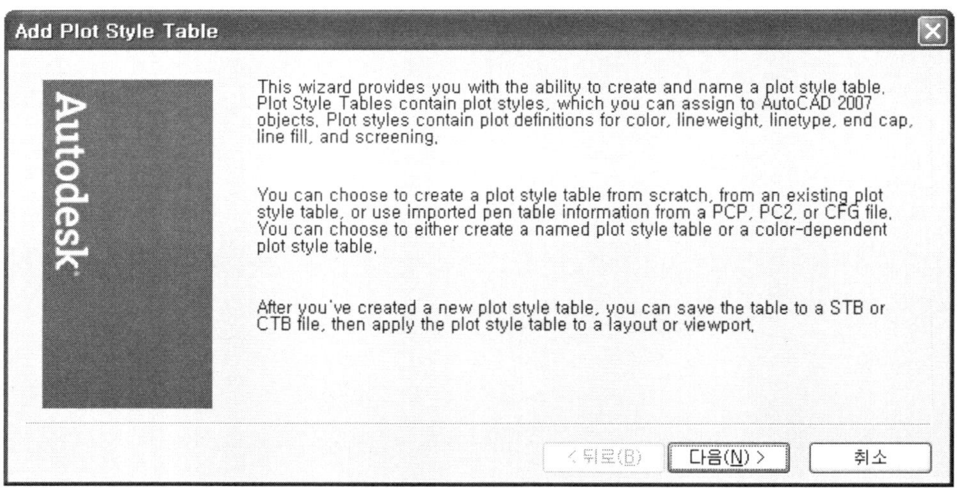

③ Add Plot Style Table - Begin 대화상자에서 "Start from scratch" 옵션 선택 후, "다음>" 버튼을 클릭합니다.

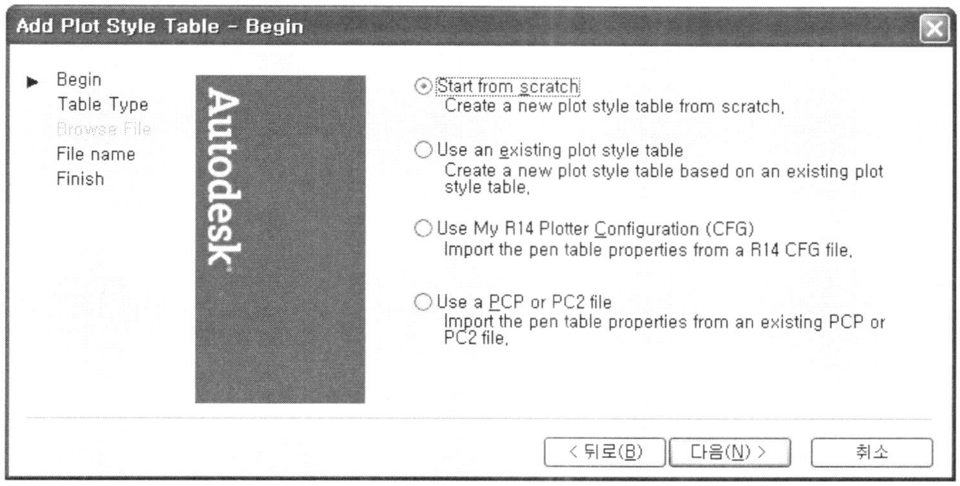

④ Add Plot Style Table - Pick Plot Style Table 대화상자에서 Color-Dependent Plot Style Table 옵션을 선택하고, "다음>" 버튼을 클릭합니다.

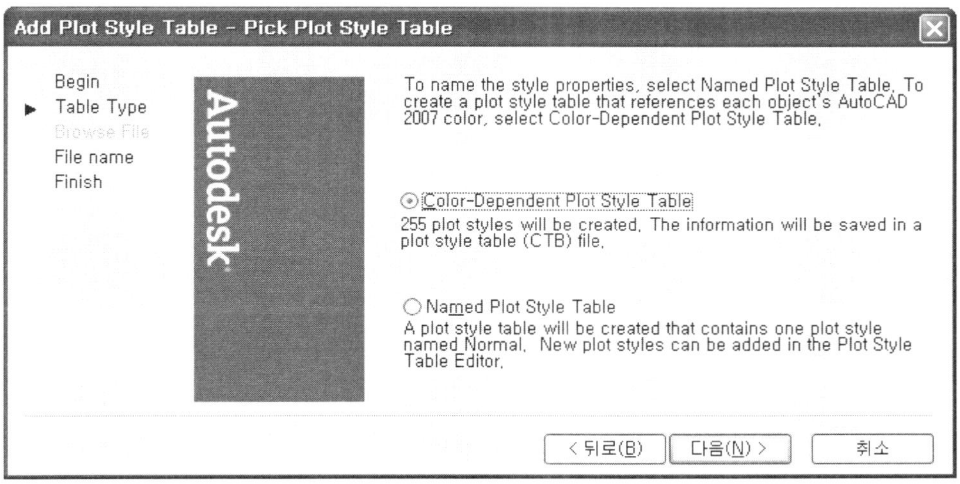

⑤ Add Plot Style Table - File name 대화상자에서 파일 이름을 입력하고, "다음>" 버튼을 클릭합니다.

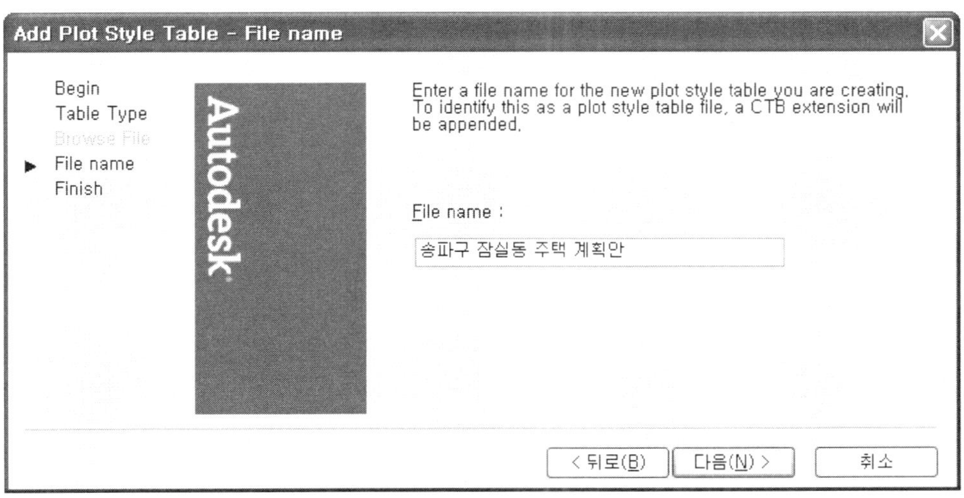

⑥ Add Plot Style Table - Finish 대화상자에서 "마침" 버튼을 클릭하여 일단 특정 목적을 위한 플롯 스타일을 하나 생성합니다. 이때 "마침" 버튼을 클릭하지 않고 곧장 "Plot Style Table Editor" 버튼을 클릭하여 세부옵션을 설정할 수도 있습니다.

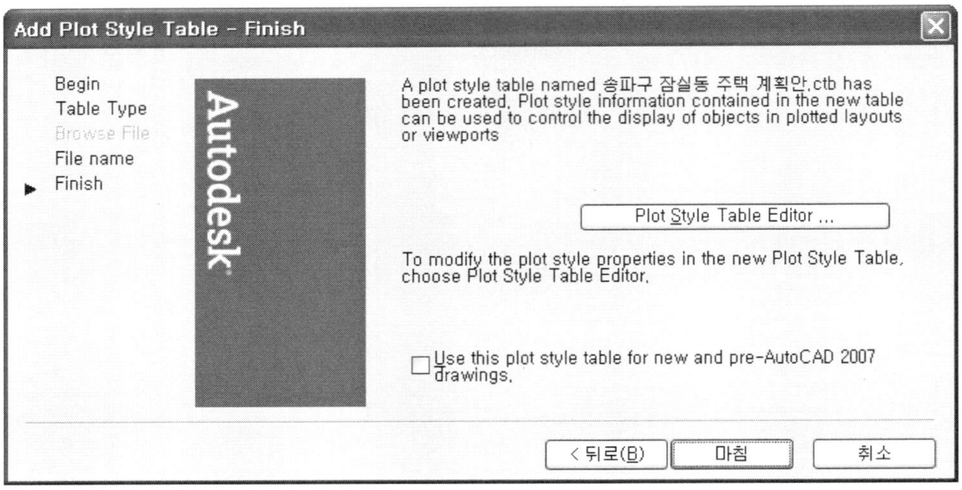

⑦ 06번에서 "마침" 을 클릭하면, Plot Styles 대화상자에 아래와 같이 플롯 스타일이 생성된걸 확인할 수 있습니다. (송파구 잠실동 주택 계획안.ctb)

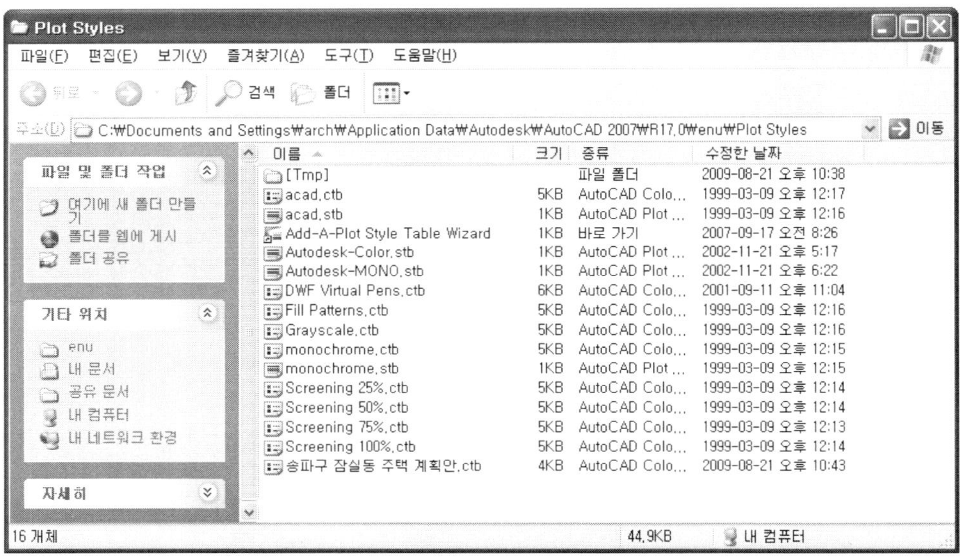

⑧ 하지만 지금 생성된 플롯 스타일 파일엔 아직 아무런 속성이 부여 되지 않은 상태이므로, 사용자의 작업 목적과 의도에 맞게 옵션들을 설정해 주어야 합니다. 따라서 방금 생성한 "송파구 잠실동 주택 계획안.ctb" 파일을 더블 클릭하면 Plot Style Table Editor 대화상자가 나타납니다. 이때 좌측에서 세 번째 폴더인 "Form View" 를 선택합니다

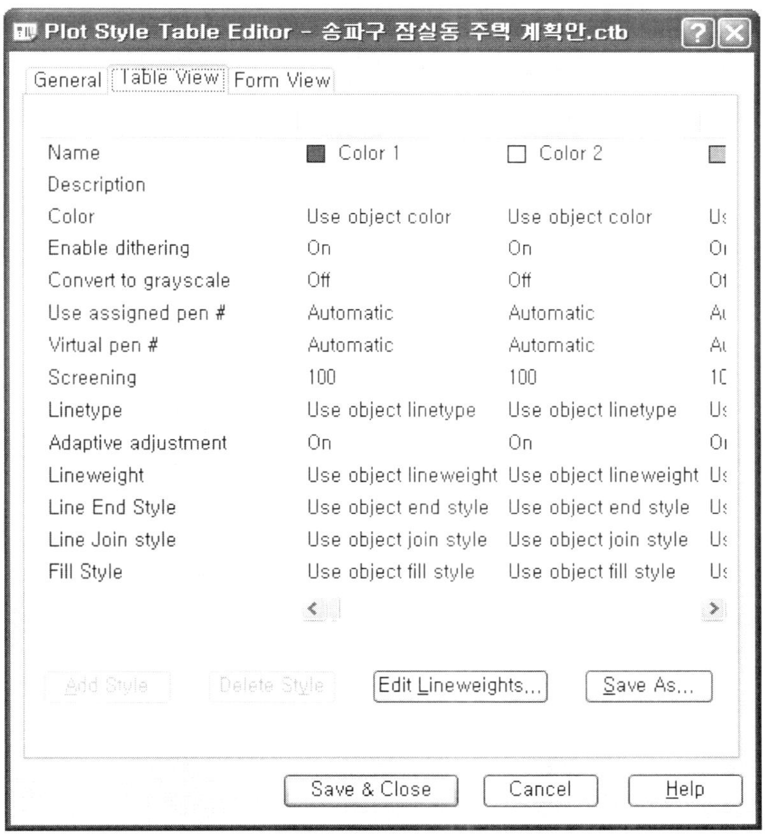

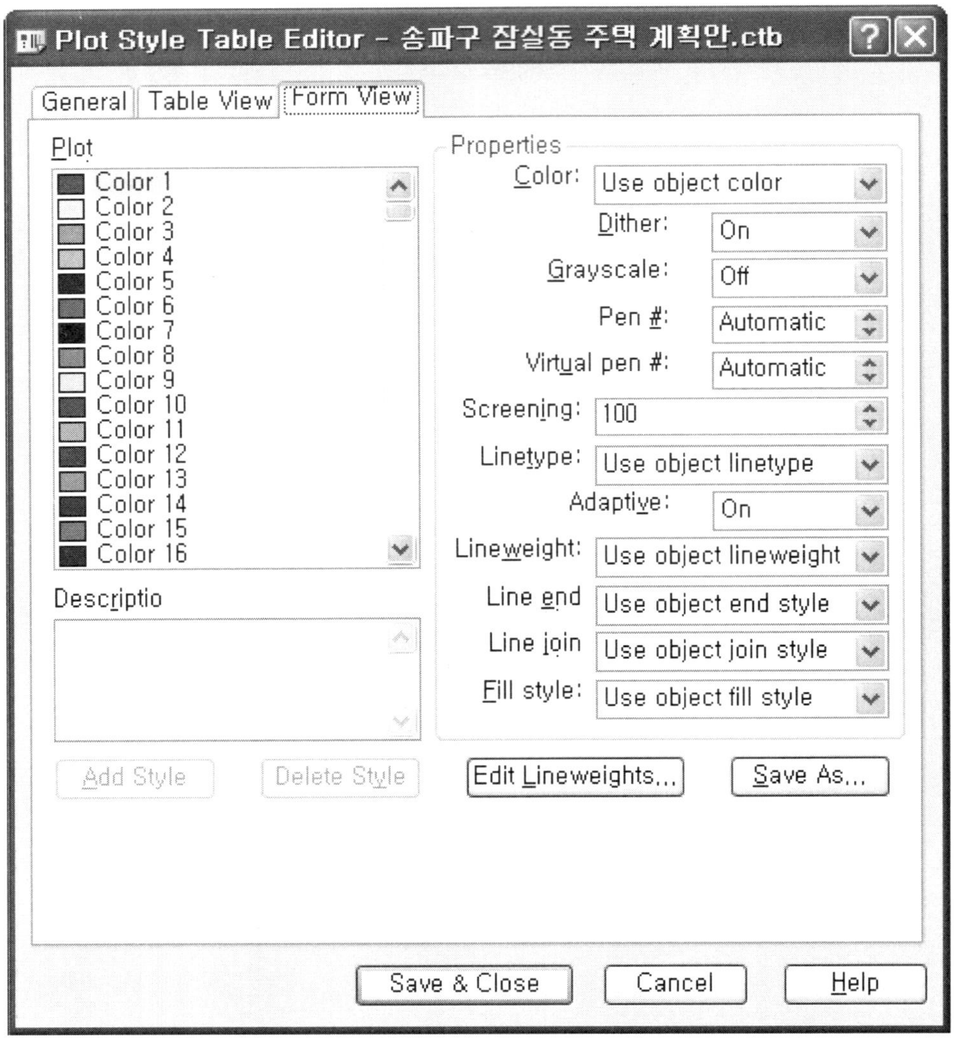
Plot Style Table Editor - 송파구 잠실동 주택 계획안.ctb
General
Table View
Form View
Plot
Color 1
Color 2
Color 3
Color 4
Color 5
Color 6
Color 7
Color 8
Color 9
Color 10
Color 11
Color 12
Color 13
Color 14
Color 15
Color 16
Descriptio
Add Style
Delete Style
Properties
Color:
Use object color
Dither:
On
Grayscale:
Off
Pen #:
Automatic
Virtual pen #:
Automatic
Screening:
100
Linetype:
Use object linetype
Adaptive:
On
Lineweight:
Use object lineweight
Line end
Use object end style
Line join
Use object join style
Fill style:
Use object fill style
Edit Lineweights...
Save As...
Save & Close
Cancel
Help

⑨ 모든 옵션은 좌측 Plot Color 번호에 맞추어 설정합니다. 일반적으로 종이에 출력을 하든, 포토샵이나 일러스트에서 사용하기 위해 EPS파일로 변환을 하든 꼭 필요한 몇가지 옵션은 정확히 지정해 주어야 합니다. 이때 꼭 필요한 항목은 Color, Lineweight, Line end, Line join 등 4가지 이지요.

먼저 모든 옵션을 일률적으로 지정하기 위해 Plot Color의 1번을 클릭하고 Shift 키를 누른 상태에서 Color 255번을 클릭합니다.

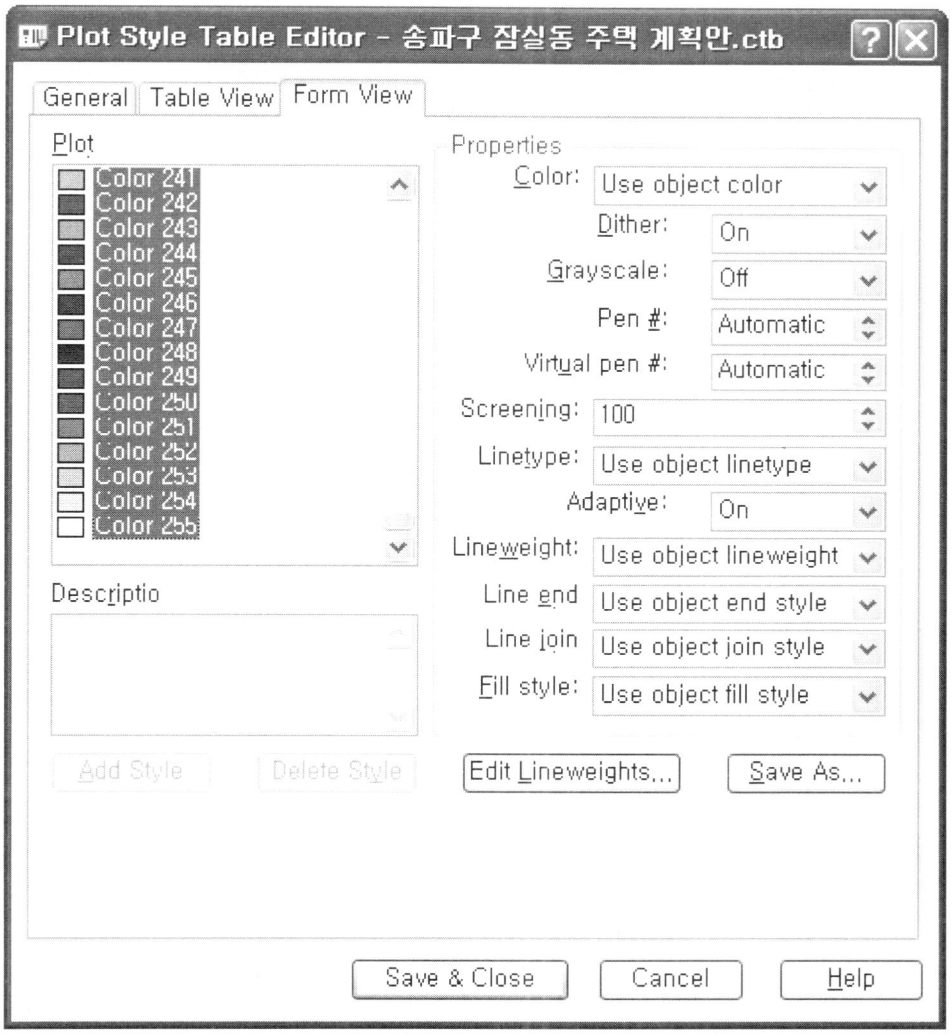

⑩ Properties > Color의 Black을 선택하여 전체를 검정색으로 설정합니다. 물론 이는 일반적인 작업방법을 나타내며 각각 고유의 Color을 그대로 유지하고자 하면 이 과정을 생략하면 됩니다.

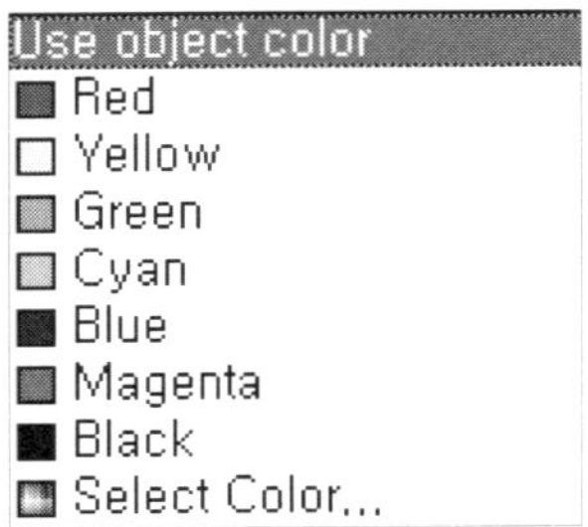

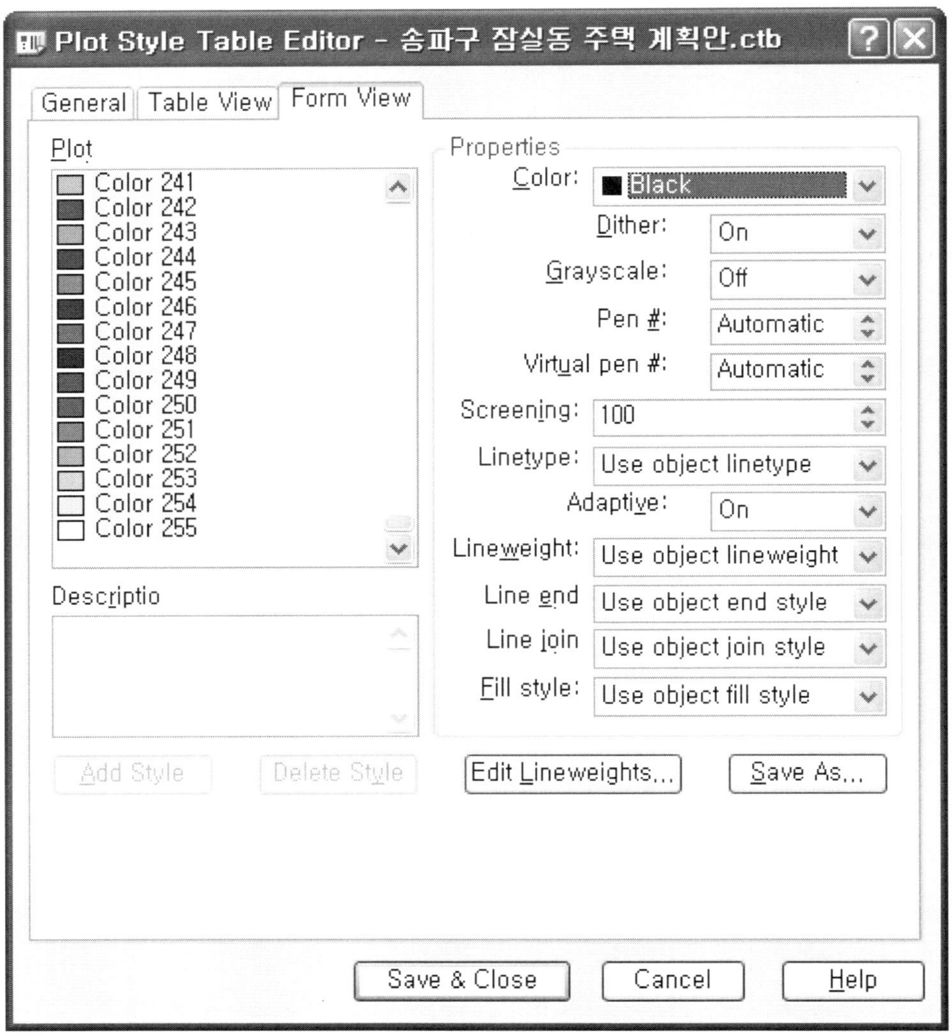

⑪ Plot Color가 모두 선택된 상태에서 Line end 옵션을 "Square"로 설정합니다. 선 굵기가 얇은 경우에는 크게 차이가 나지 않지만 선 굵기가 두꺼워 질수록 그 차이를 크게 느낄 수 있습니다.

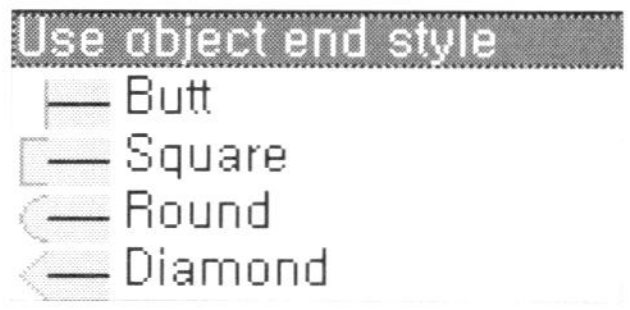

⑫ Plot Color가 모두 선택된 상태에서 Line join 옵션을 "Miter"로 설정합니다. 이 역시 "Miter"를 설정하지 않은 경우엔 선이 꺽이는 부분에서 어색한 현상을 보게 되지요.

⑬ 마지막으로 "Line weight" 옵션을 설정하게 되는데, 이 옵션만은 각 칼라 마다 특성에 맞는 두께를 설정해 줍니다. 즉 건축 도면의 경우 벽체 등 강조가 필요한 선은 두껍게, 계단이나 가구 등 도면에 비교적 두드러지지 않아야 할 요소들은 얇은 선으로 선택합니다.

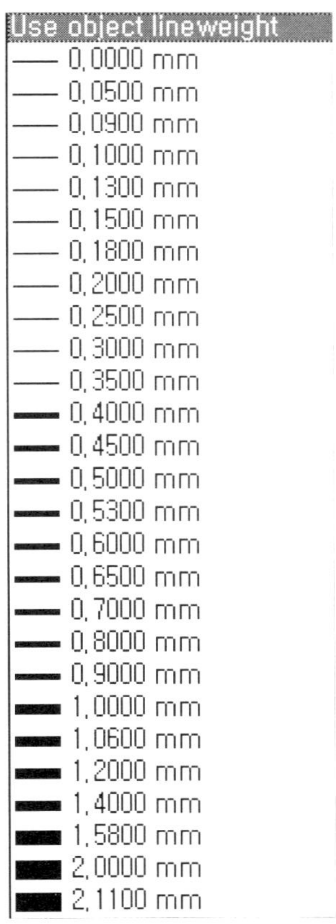

⑭ 이상 4가지 옵션을 모두 마치면 아래와 같은 대화상자가 됩니다.

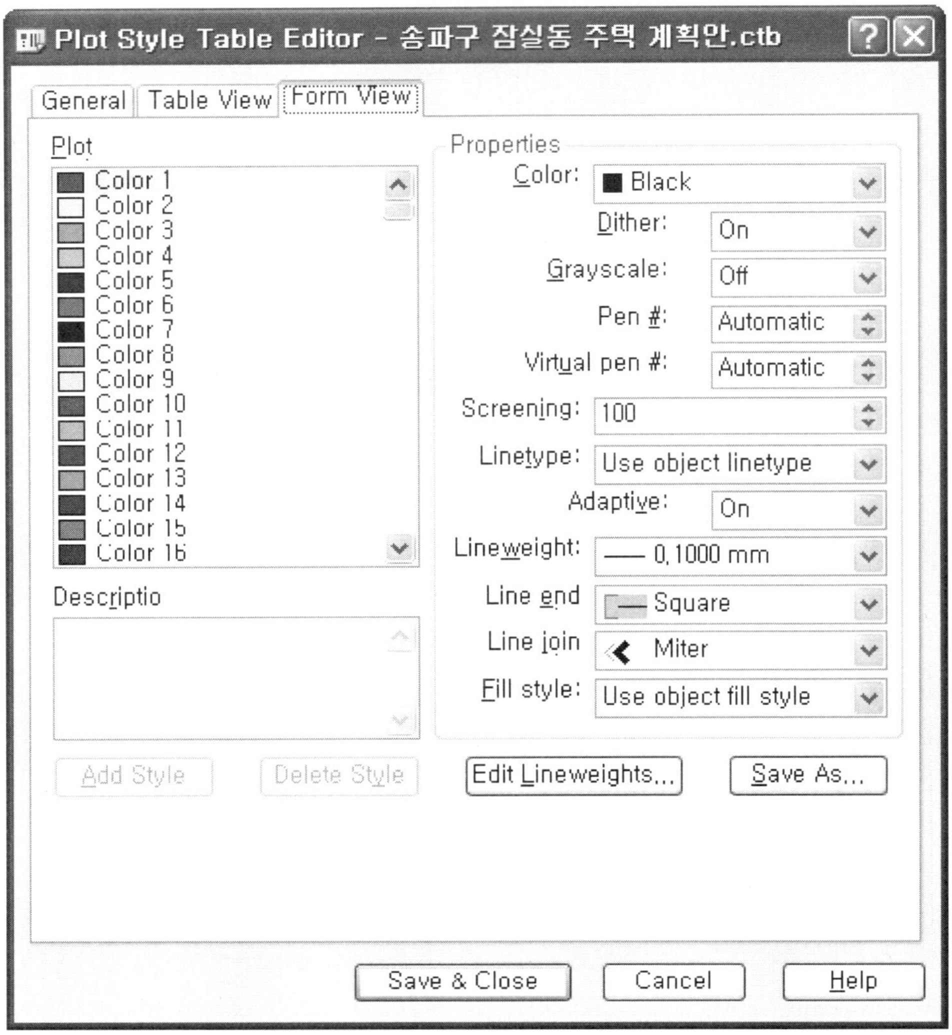

⑮ 이상으로 모든 설정이 끝났으며, 지금까지 작성한 내용을 Plot 대화상자에서 하나씩 설정해 주면 됩니다. 즉 지금까지의 내용으로 Printer/plotter, Paper size, Plot style table을 설정할 수 있습니다. 만약 EPS 파일을 생성하려면 Printer/plotter 항목에서 Plot to file 옵션을 "On" 해 줍니다.

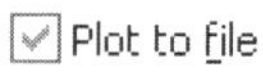

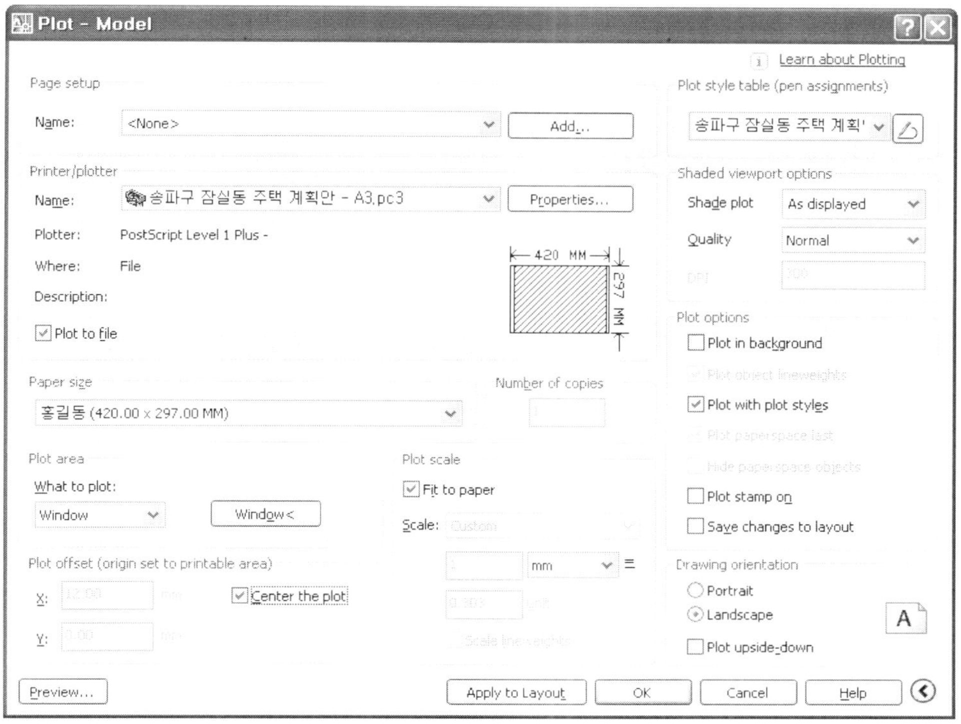

⑯ OK를 클릭하여 Browse for Plot File에서 원하는 장소에 EPS 파일을 생성합니다.

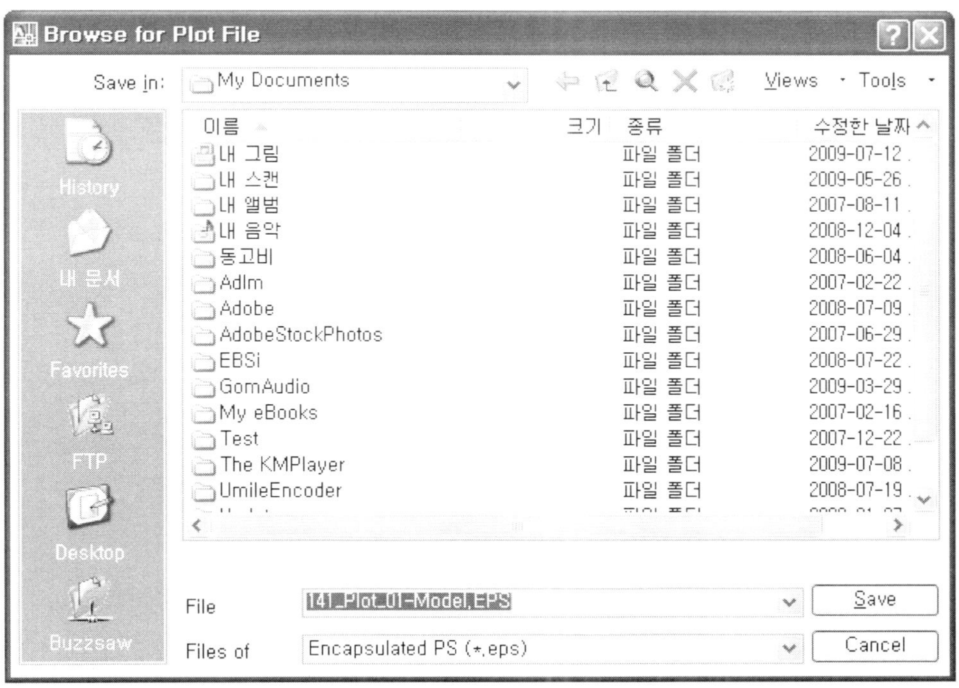

2.9 포토샵에서 EPS 파일 불러들이기

일단 플로터 장치의 설정과 플롯 스타일 지정이 끝나면 포토샵에서 오픈하는 방법은 의외로 간단합니다.

① 캐드에서 출력할 도면을 오픈한 후, plot 명령을 실행합니다.

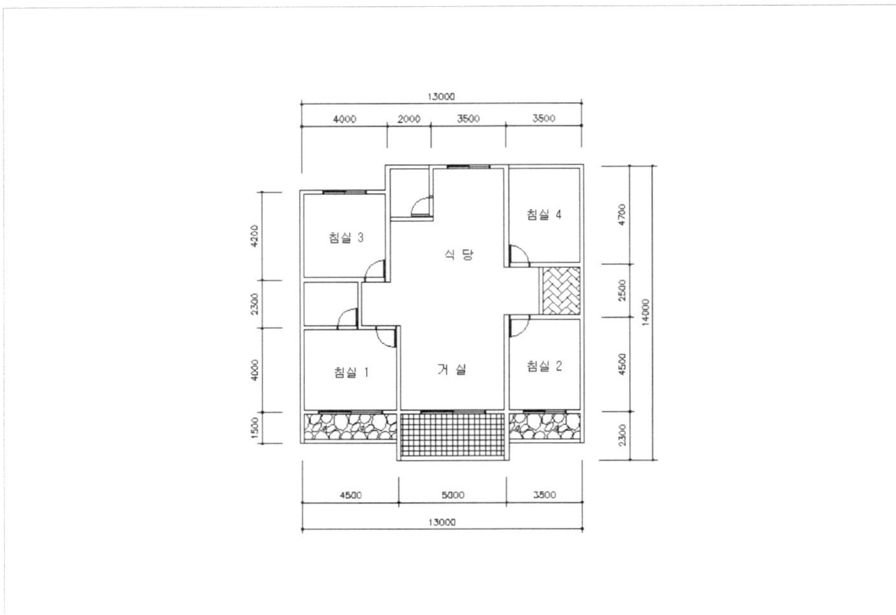

② Plot 메뉴에서 다음의 몇 가지를 확인한 후, OK 버튼을 클릭합니다.

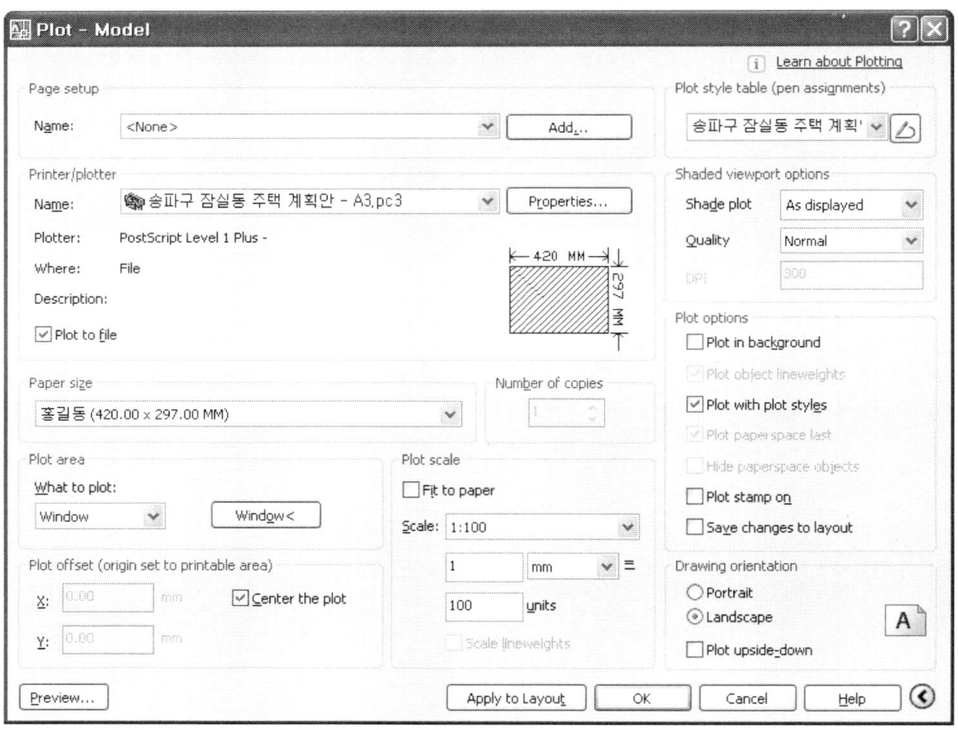

- 사용할 플로터 장치를 확인합니다.

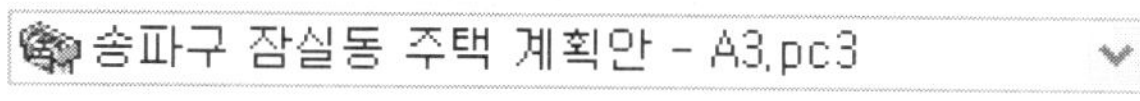

- EPS 파일을 생성하려면 이 옵션을 "ON" 해 주어야 합니다.

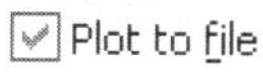

- 출력할 파일 크기를 지정합니다.

- "Window" 버튼을 클릭한 후, 도면에서 출력할 범위를 지정합니다.

- 출력할 범위를 도면의 중앙에 오도록 맞추어 줍니다.

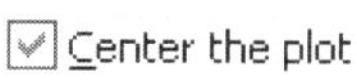

- 출력할 도면의 스케일을 지정합니다.

⑦ 출력에 필요한 플롯 스타일을 지정합니다.

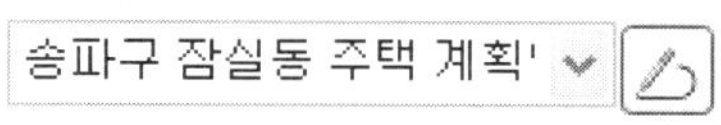

③ Browse for Plot File 메뉴에서 파일 이름을 입력합니다. OK 버튼을 클릭하면 지정된 폴더에 EPS 파일이 생성됩니다.

④ 이젠 포토샵 프로그램을 실행시킨 후, 방금 생성한 EPS 파일을 오픈합니다.

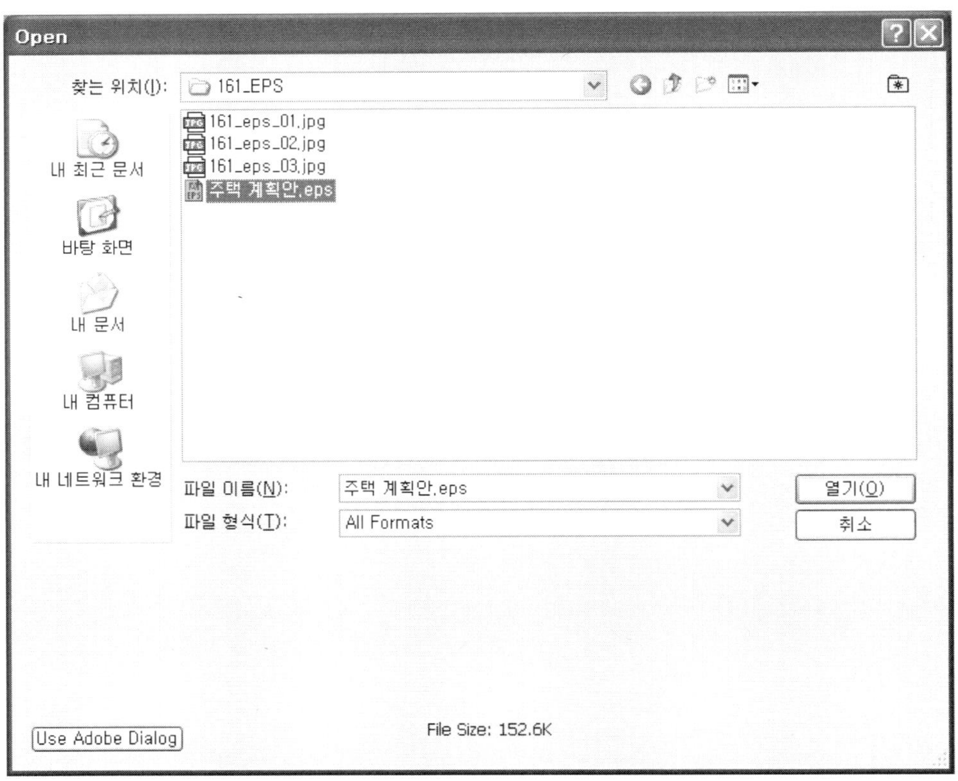

⑤ Rasterize Generic EPS Format 메뉴에서 Image Size와 Resolution을 지정합니다.

Image Size : EPS 파일을 생성할 때 지정한 이미지 크기가 나타납니다.

Resolution : 처음엔 72 값이 나타나는데, 판넬이나 보고서 작성의 경우, 일반적으로 150 정도의 값을 입력합니다.

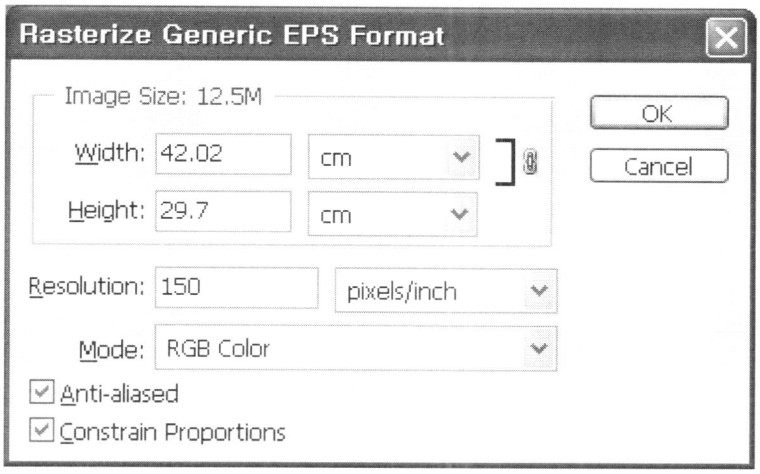

⑥ EPS 파일이 정상적으로 포토샵에 오픈되었습니다.

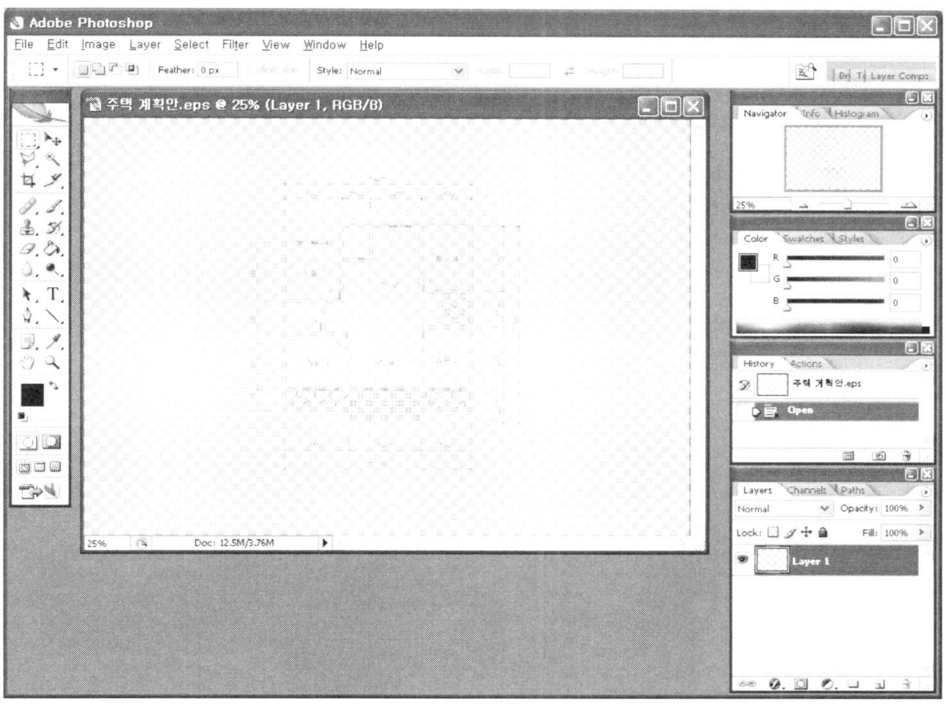

⑦ 흰색 레이어를 바탕에 생성한 후, 원하는 포토샵작업을 실행합니다.

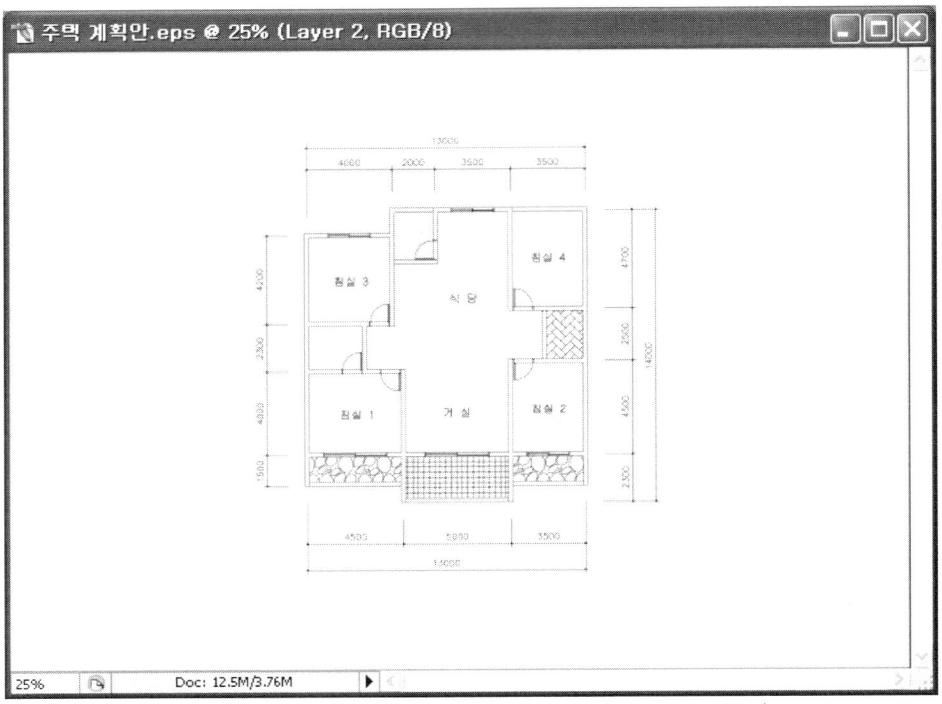

2.10 유용한 기능들

AutoCAD 버전이 업그레이드 되면서 사용에 편리한 기능들이 계속해서 추가되고 있습니다. 여기에는 최근에 추가되었으면서 알고 있으면 사용에 편리한 기능들을 소개합니다.

2.10.1 CommandLine(CLI) / CommandLineHide (명령창 보이기 / 감추기)

메뉴 - Tools > Command Line

명령 - CommandLine (cli, Ctrl+9)

현재 대부분의 그래픽 프로그램은 명령창이 따로 없이 메뉴 또는 아이콘에서 명령을 선택하거나 단축키를 이용하여 명령을 실행합니다. AutoCAD는 출발부터 명령창을 따로 두어 사용자가 명령이 진행되는 과정을 눈으로 보면서 작업을 하였지요. 그런데 AutoCAD 2006부터 이 기능을 선택적으로 할 수 있도록 하였습니다.

"Ctrl+9" 를 누르면 토글기능으로 바로 실행되므로 쉽게 사용할 수 있습니다.

① "Ctrl+9" 를 누르면 아래와 같은 대화상자가 나타납니다.

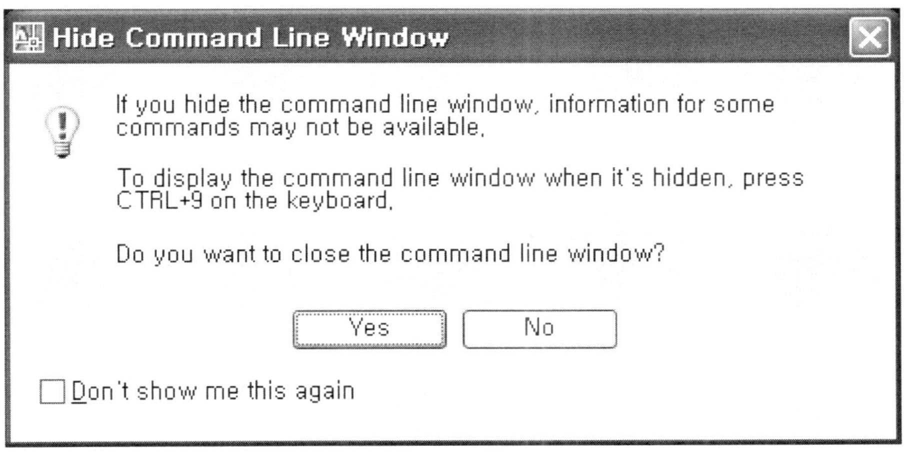

② "Yes" 버튼을 누르면 아래와 같은 명령창이 사라집니다.

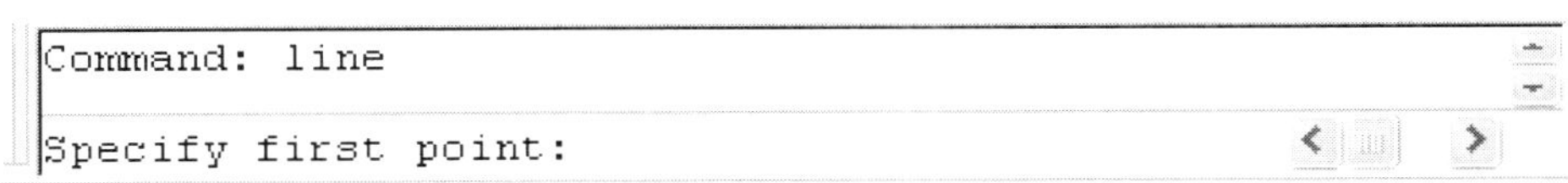

③ 아래와 같이 명령창이 사라진 뒤, 사용자는 다른 그래픽 프로그램처럼 메뉴, 아이콘, 명령의 직접입력 중 하나를 선택하여 작업을 진행하면 됩니다.

2.10.2 "상태표시줄" 기능키로 활용하기

작업창 하단의 화면표시줄은 마우스로 클릭하여 On/Off 기능으로 사용이 가능합니다. 그러나 마우스를 사용할 경우 정확이 해당 버튼을 클릭해야하는 부담이 있지요. 그래서 기능키를 알아두면 비교적 편리하게 이 기능을 활용할 수 있습니다.

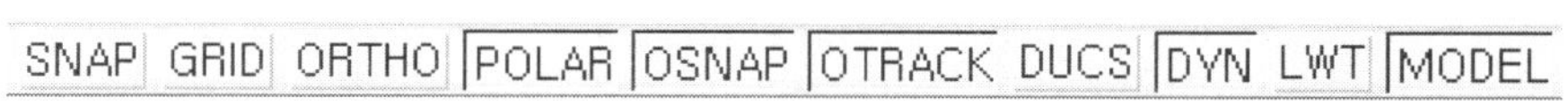

① F9 - SNAP (Snap Mode)

② F7 - GRID (Grid Display)

③ F8 - ORTHO (Ortho Mode)

④ F10 - POLAR (Polar Tracking)

⑤ F3 - OSNAP (Object Snap)

⑥ F11 - OTRACK (Object Snap Tracking)

⑦ F6 - DUCS (Allow/Disallow Dynamic UCS)

⑧ F12 - DYN (Dynamic Input)

2.10.3 Dynamic Input (동적 입력, F12)

메뉴 - Tools > Drafting Settings

명령 - dsettings (ds, se)

앞에서 "Ctrl+F9" 로 명령창을 없애는 기능을 알아보았습니다. 그런데 명령창만 없어지고 사용자가 입력하는 명령에 대한 정보가 화면상으로 나타나지 않는다면 정상적인 작업을 할 수 없겠지요. 이때 화면 하단 상태표시줄의 "DYN" 버튼 또는 F2키로 On 하여 이러한 상황에서 효과적인 환경을 설정하여 사용할 수 있습니다.

즉 Dynamic Input 기능이 On 되어 있으면 화면의 마우스 커서 우측 하단에 명령창에 기술되는 모든 내용들이 나타납니다. 이 내용들은 마우스를 움직이면 역시 따라서 움직이므로 별도의 명령창 없이도 편리하게 사용할 수 있지요.

① Drafting Settings 대화상자

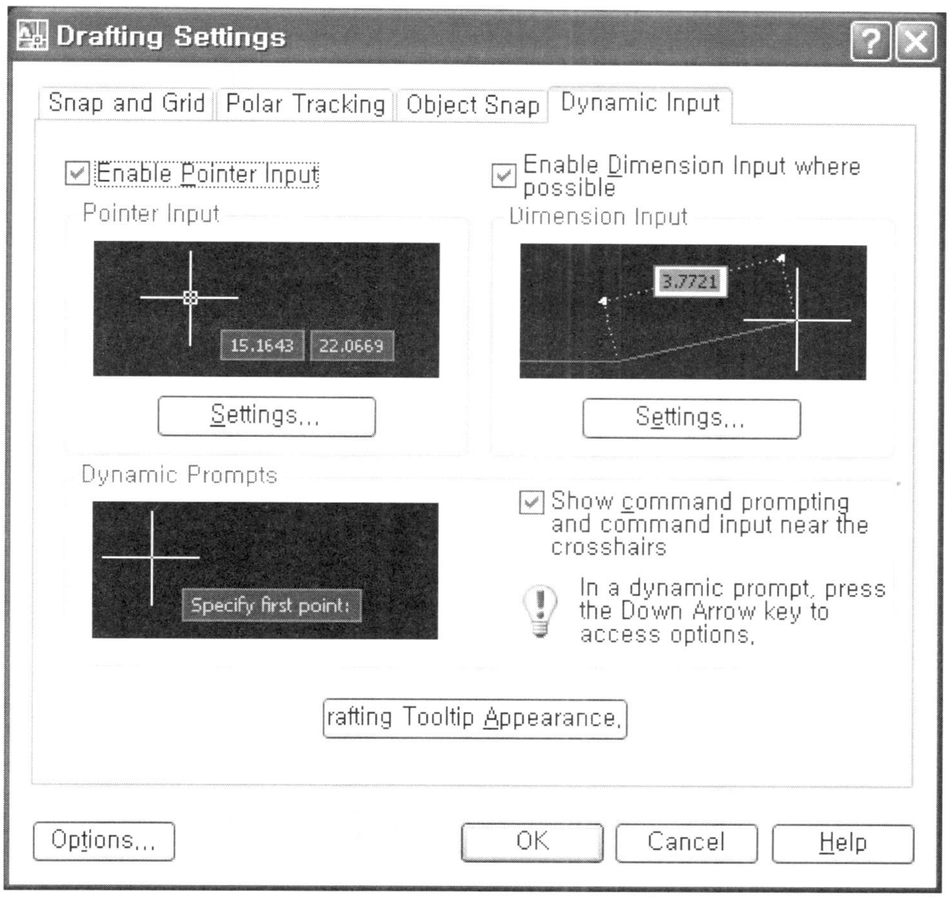

② Pointer Input

- Enable Pointer Input

좌표계 설정과 명령어의 화면출력 여부를 결정합니다.

On - 명령어와 초기 좌표를 화면에 표시합니다.

Off - 명령어와 초기 좌표를 화면에 표시하지 않습니다.

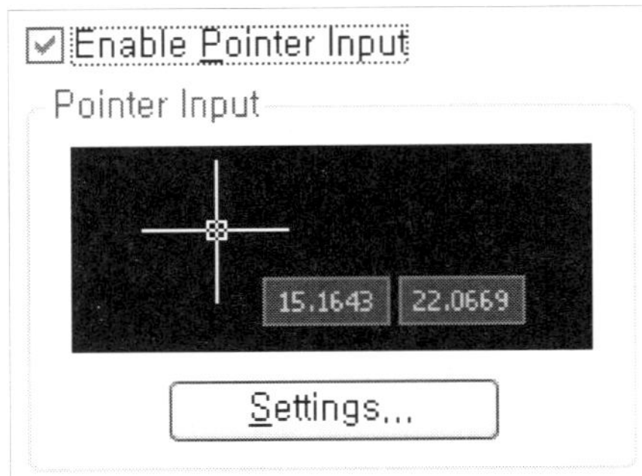

③ Pointer Input > Pointer Input Settings

- 좌표계 설정과 명령어의 화면출력 내용에 대한 환경을 설정합니다.

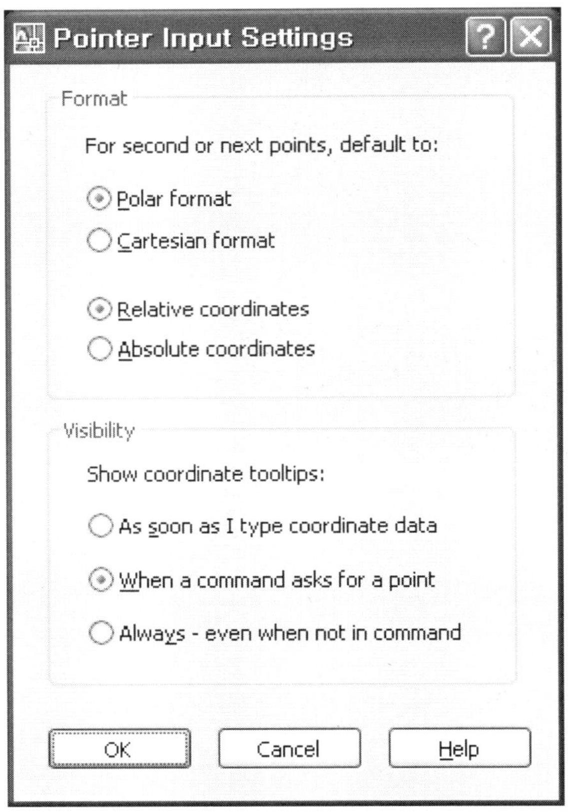

- Format

  Polar format

    두 번째 또는 다음 점의 기본값 내용을 원형형식으로 지정합니다.

    (거리<각도 형식)

  Cartesian format

    두 번째 또는 다음 점의 기본값 내용을 데카르트 형식으로 지정합니다. (x,y 형식)

  Relative coordinates

    상대좌표계를 이용하여 좌표값을 입력합니다.

  Absolute coordinates

    절대좌표계를 이용하여 좌표값을 입력합니다.

- Visibility

  As soon as I type coordinate data

    좌표값을 입력하면 바로 해당 툴팁이 나타납니다.

  When a command asks for a point

    좌표값을 입력하지 않았어도 좌표값 입력이 필요한 경우 툴팁이 나타납니다.

  Always - even when not in command

    현재 어떠한 상태이든 좌표값 툴팁이 나타납니다.

④ Dimension Input

- Enable Dimension Input where possible

입력 또는 수정시 데이터 항목의 표시 여부를 결정합니다.

On - 데이터 항목을 표시합니다.

Off - 데이터 항목을 표시하지 않습니다.

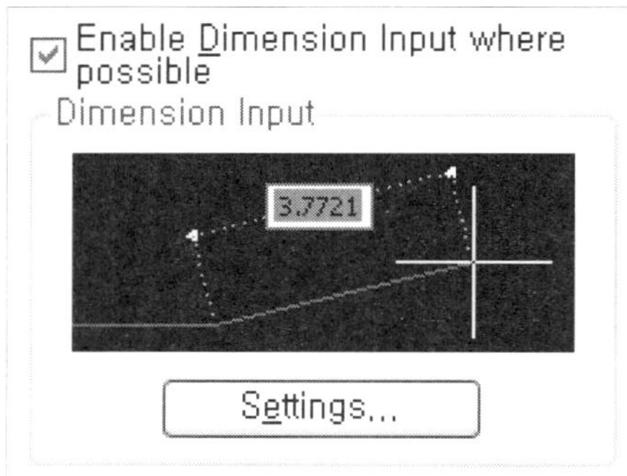

⑤ Dimension Input > Dimension Input Settings

- 데이터의 입력 또는 수정시에 표시할 항목들을 설정합니다.

모든 항목 들은 Tab 키를 이용하여 이동할 수 있습니다.

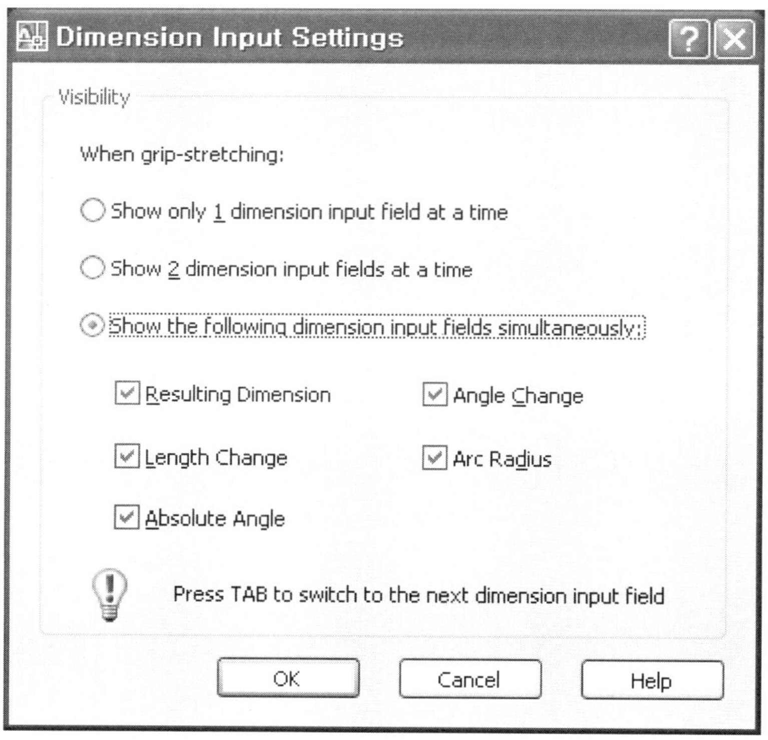

- Visibility

Show only 1 dimension input field at a time

데이터의 입력 또는 수정시에 거리 하나의 항목만 표시해 줍니다

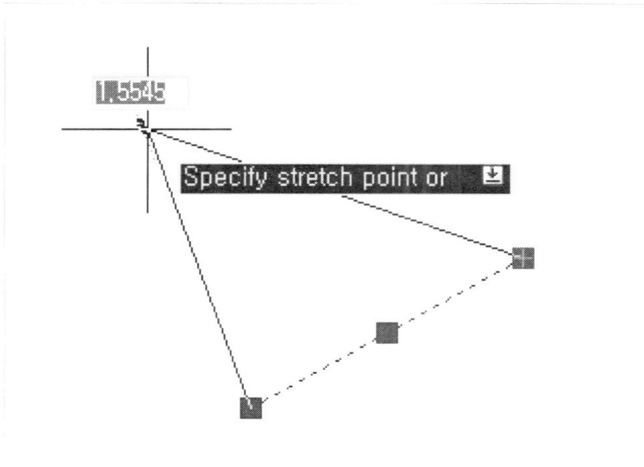

Show 2 dimension input field at a time

데이터의 입력 또는 수정시에 거리와 각도, 2개의 항목을 표시해 줍니다.

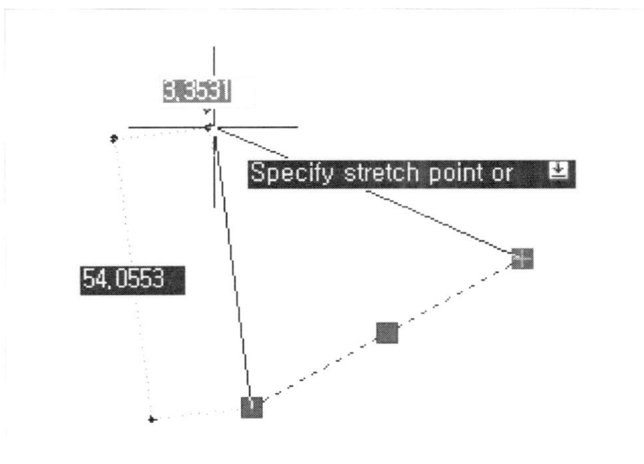

Show the following dimension input fields simultaneouly

데이터의 입력시에는 거리와 각도등 2개의 항목을 표시하고, 수정시에는 아래 다섯 개의 항목중에서 선택적으로 표시합니다.

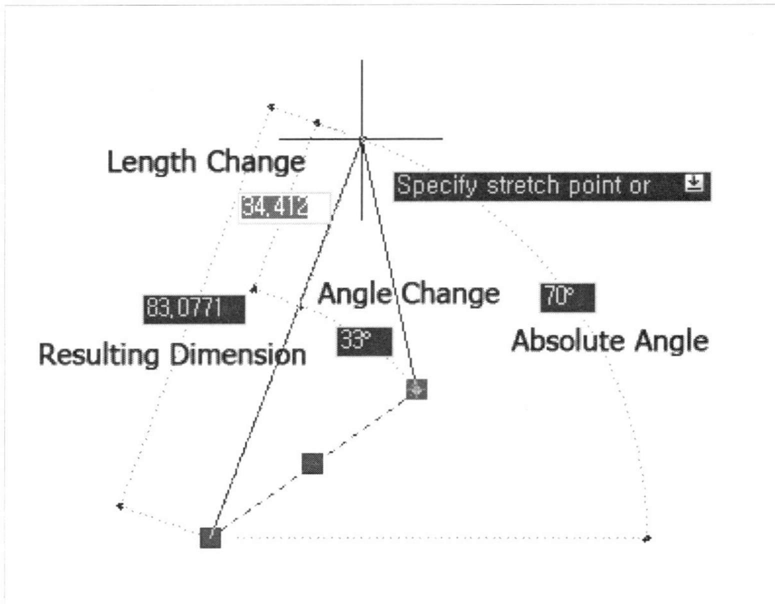

⑥ Dynamic Prompts

- Show command prompting and command input near the crosshairs

명령창에 표시되는 모든 내용들을 마우스 커서 우측 하단에 표시할 것인지 여부를 결정합니다.

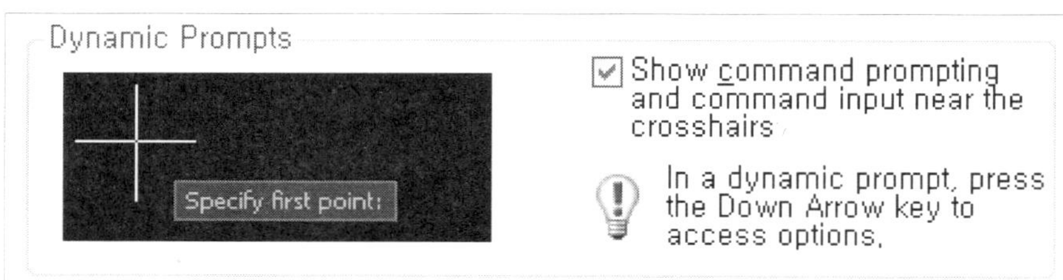

2.10.4 Group (객체 그룹, G)

명령 - group (g)

일반적으로 팀 작업을 하거나 또는 개인적으로 여러 도면에서 하나의 동일한 객체를 반복하여 사용할 경우, 객체를 블록명령으로 파일 형태로 저장한 후, 필요할 때마다 불러서 사용하면 편리하지요.

그러나 한 도면에서 책상과 의자와 기타 소품들을 일시적으로 사용하거나 포함된 객체를 부분적으로 추가/삭제하는 등, 융통성 있는 작업을 하는데는 Group 명령을 사용하면 편리합니다.

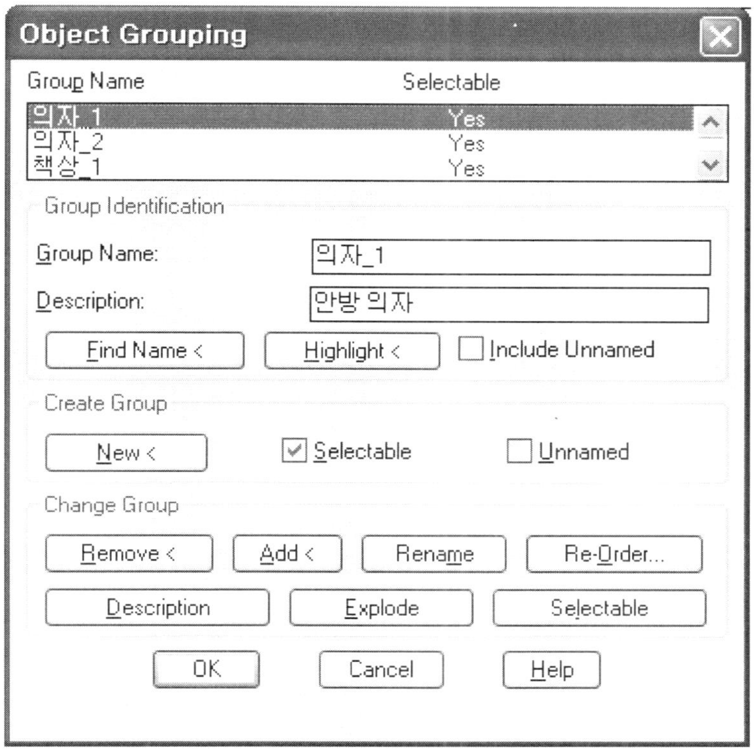

- Group Name

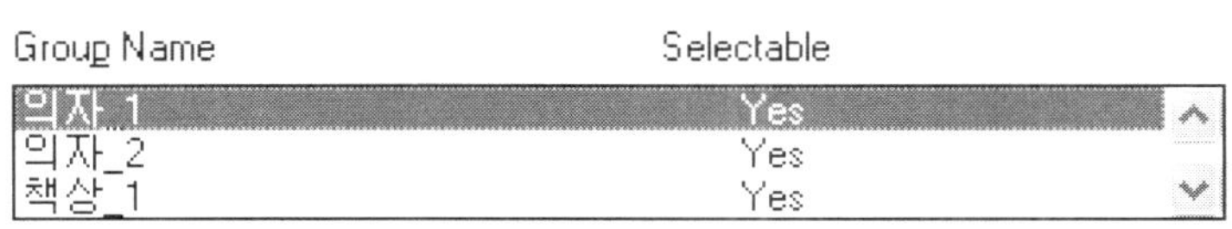

정의된 그룹의 목록을 보여줍니다.

Selectable

그룹 객체를 하나의 객체로 인식할지 그룹이 아닌 개별적 객체로 인식할지를 보여줍니다.

Yes - 그룹 전체를 하나의 객체로 인식합니다.

No - 그룹의 객체를 각각 별개의 객체로 인식합니다.

- Group Identification

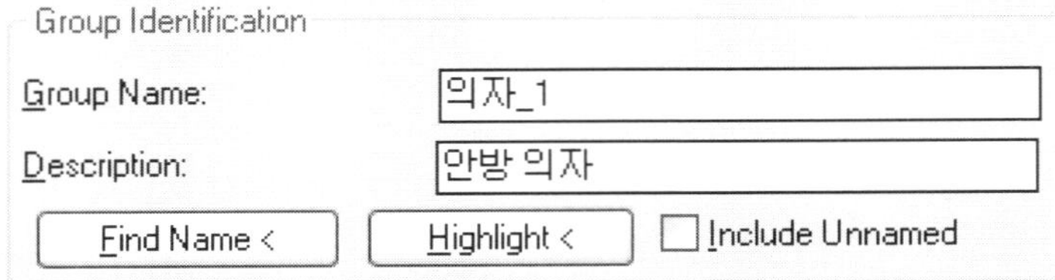

Group Name 창에서 선택한 그룹의 이름과 설명을 보여줍니다.

Group Name - 선택된 그룹의 이름을 보여줍니다.

Description - 선택된 그룹의 설명을 보여줍니다.

Fine Name

Fine Name 버튼을 누른 후, 그룹 객체를 클릭하면, 클릭된 객체가 속한 그룹이름 목록을 보여줍니다

Highlight

Group Name에서 선택한 그룹을 화면상에서 Hightlight 상태로 보여줍니다.

Include Unname

그룹 객체를 복사하면 캐드 내부적으로 자동 이름이 설정되는데 Include Unname 옵션이 On 되어 있으면, Group Name 창에 자동 설정된 이름만 보여줍니다.

- Create Group

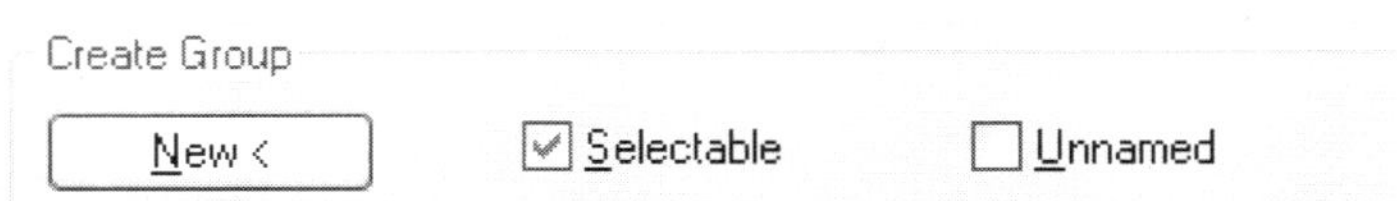

생성할 그룹의 특성을 지정합니다.

New 버튼

버튼을 클릭한 후, 그룹에 포함시킬 객체를 선택합니다.

Selectable

선택한 객체를 그룹으로 만듭니다.

Unnamed

선택한 객체를 unnamed 그룹으로 만듭니다.

생성되는 그룹이름은 *An의 형태를 하게 되는데, 앞의 *A는 자동 생성되는 부분이고 뒤의 n은 일련번호를 나타냅니다.

- Change Group

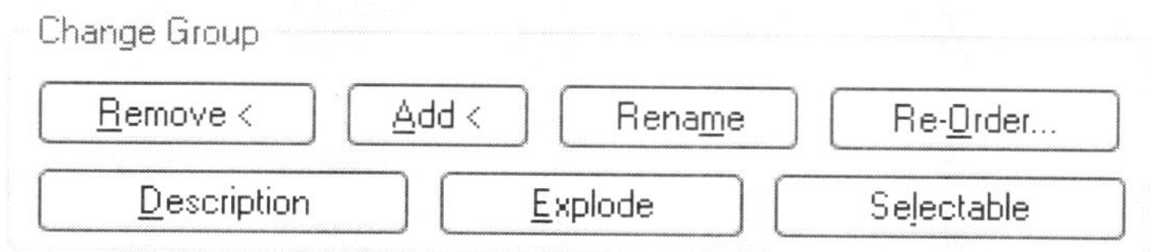

존재하는 그룹의 속성을 필요에 따라 바꾸어 줍니다.

Remove

그룹내에서 필요 없는 객체를 선택하여 제외시킵니다.

Add

추가할 객체를 선택하여 그룹에 포함시킵니다.

Rename

그룹의 이름을 변경합니다.

Re-Order

선택한 그룹 안에서 객체의 번호 순서를 변경합니다.

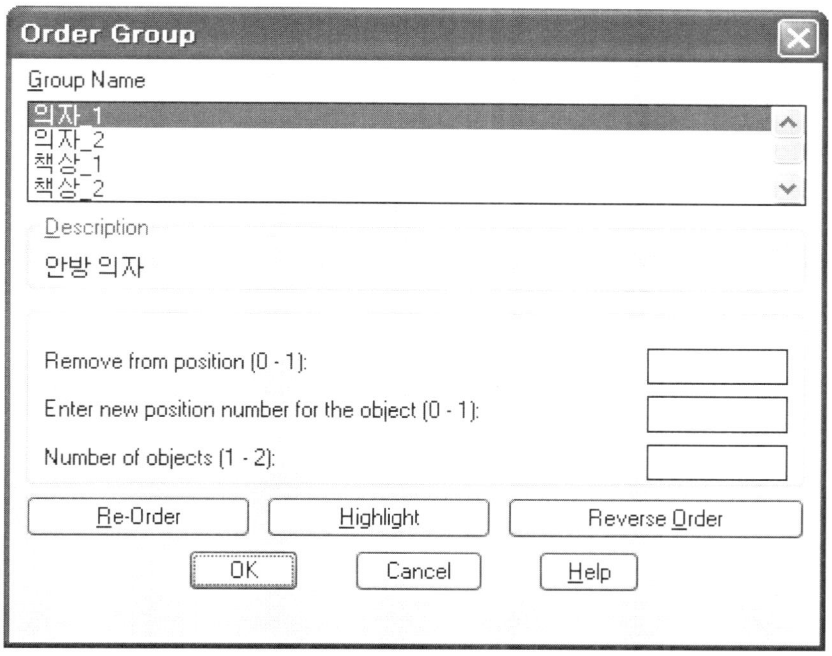

Description

선택한 그룹의 설명 내용을 변경합니다.

Explode

선택한 그룹을 해제, 즉 취소합니다.

Selectable

선택한 그룹의 선택 상태를 변경합니다.

버튼을 클릭할 때마다 Yes와 No가 바뀌는데 Yes면 그룹 전체가 선택되고, No이면 그룹내에 객체가 개별적으로 선택됩니다.

2.10.5. Table (표 작성하기, TB)

메뉴 - Draw > Table

명령 - Table (tb)

지금까지 테이블을 작성하려면 선(Line)으로 표를 만들고, 문자(Text)로 내부를 채워 완성했지요. 이때 문자의 위치와 크기 등을 맞추는데 많은 번거로움이 있었는데, AutoCAD 2004부터 단순히 테이블 작성 기능이 추가되었고, AutoCAD 2006부터는 MS-Excel의 함수 기능이 추가되어 훨씬 간편하게 표 작성 기능을 사용할 수 있게 되었습니다.

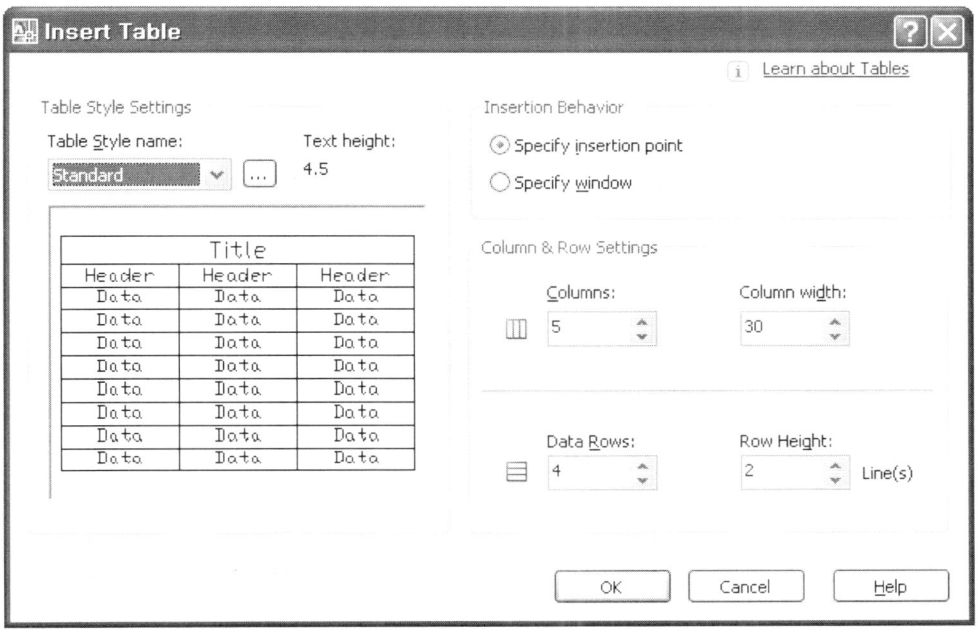

① Table Style Settings

Table Style name 버튼을 클릭하면 이미 만들어 놓은 테이블 유형 리스트가 나타납니다. 여기서 원하는 유형을 선택하여 사용하게 됩니다.

Table Style dialog 버튼을 클릭하면 아래와 같은 Table Style 대화 상자가 나타납니다. 여기서 원하는 테이블 유형을 만들거나 편집할 수 있습니다.

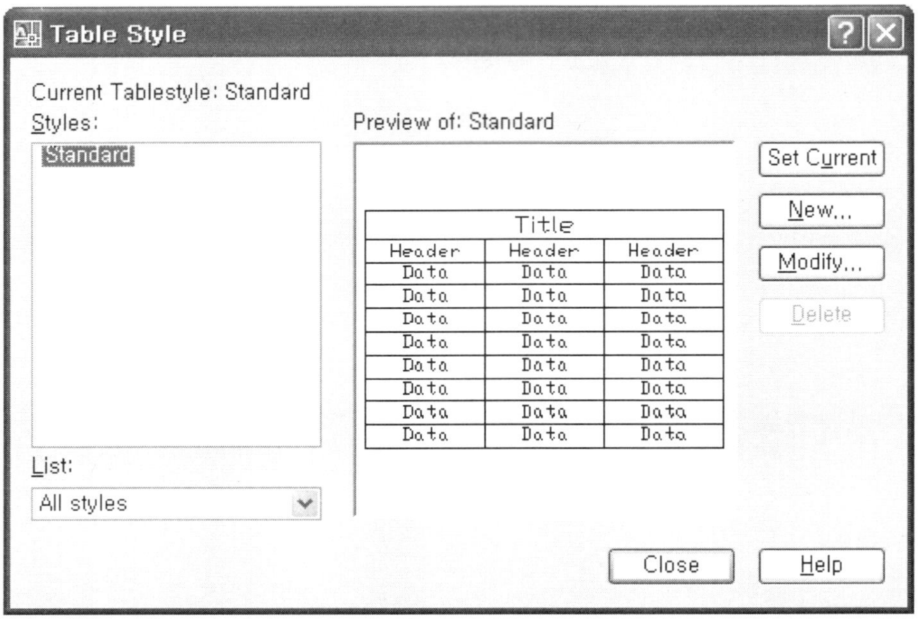

- Set Current

  Styles 메뉴에서 작업을 원하는 테이블 유형을 선택한 후,Set Current 버튼을 클릭하면 현재 작업가능 테이블 유형으로 설정됩니다.

- New

  New 버튼을 클릭하면 Create New Table Style 대화상자가 나타나는데, 여기서 원하는 형태의 테이블 유형을 생성할 수 있습니다.

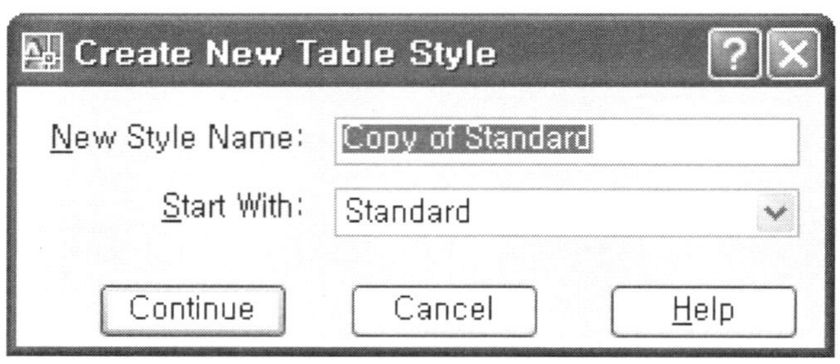

- Modify

  New 또는 Modify 버튼을 클릭하면 아래와 같은 테이블 유형 편집 대화상자가 나타나는데, Data, Column Heads, Title의 세 가지 형태로 테이블의 유형을 설정할 수 있습니다.

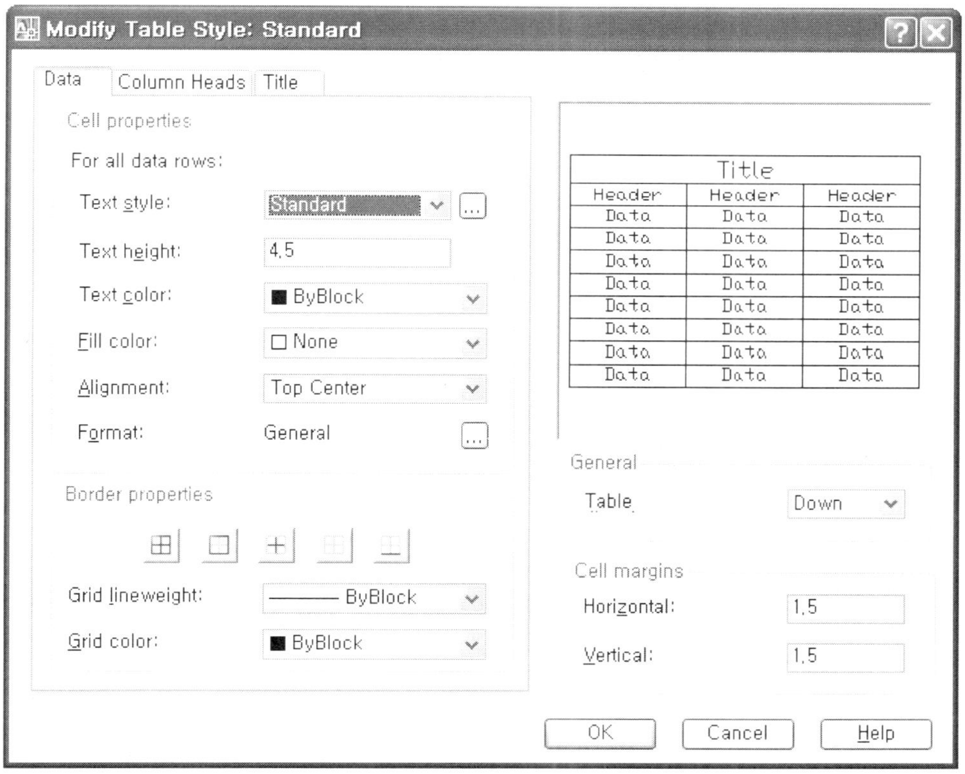

- Data, Column Heads, Title

세 영역에 대한 Tab을 클릭하여 각각의 영역에 대한 조건을 설정할 수 있습니다.

Title		
Header	Header	Header
Data	Data	Data
Data	Data	Data
Data	Data	Data
Data	Data	Data
Data	Data	Data
Data	Data	Data
Data	Data	Data
Data	Data	Data

② Insertion Behavior

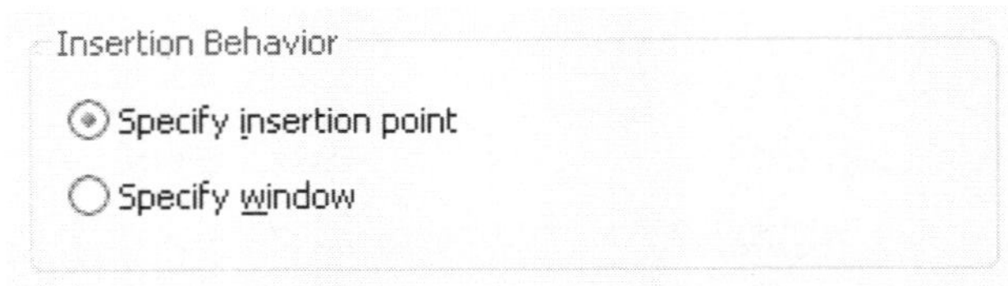

- Specify insertion point

  마우스로 클릭한 지점을 표의 좌측 상단으로 하여Column & Row Settings에서 설정한 열과 행의 개수와 크기로 표를 만들어 줍니다.

- Specify window

  마우스로 클릭한 두 지점 내부에 Column & Row Settings에서 설정한 열과 행의 개수 만큼 표를 만들어 줍니다. 이때 각 셀의 가로와 세로의 크기는 두 지점 사이를 개수로 나눈 크기만큼 자동 계산되어 그려집니다.

③ Column & Row Settings

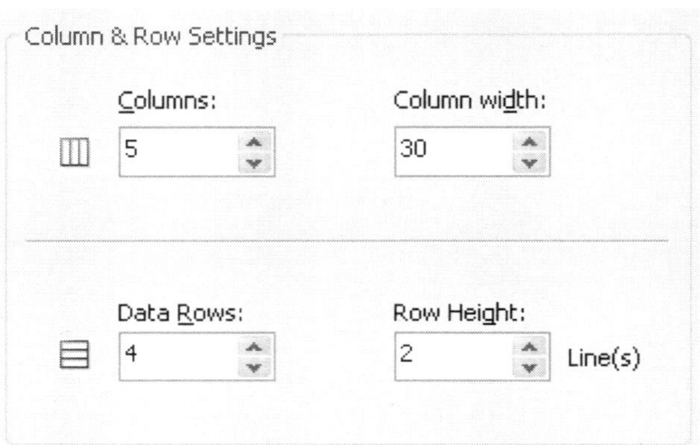

- Columns

  셀의 열 개수를 설정합니다.

- Column width

  셀의 가로 길이를 설정합니다.

- Data Rows

  셀의 행 개수를 설정합니다.

- Row Height

  셀의 세로 길이를 설정합니다.

④ 테이블 작성하기

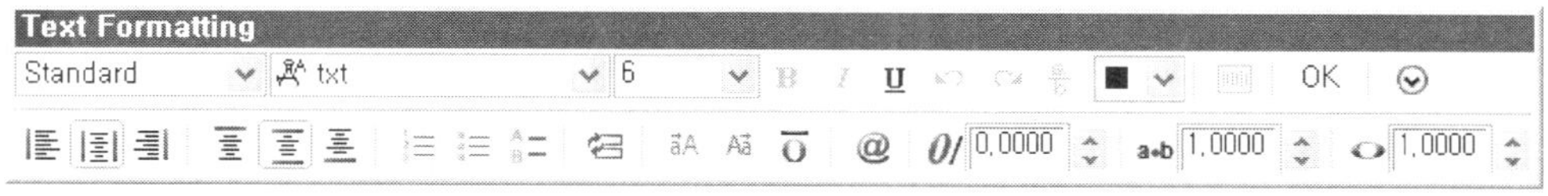

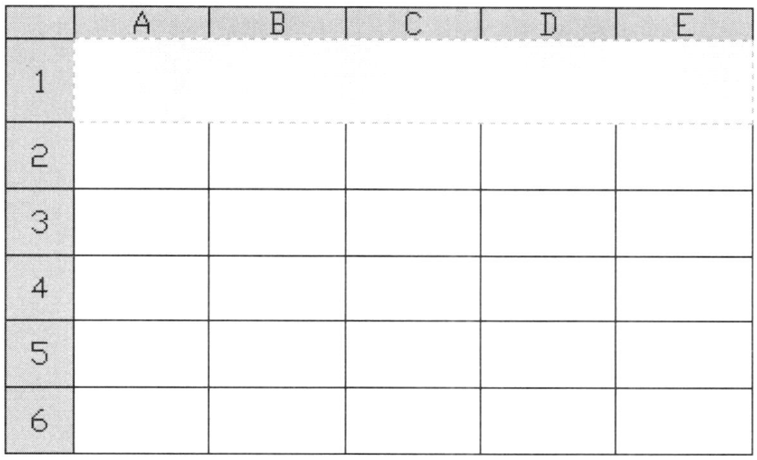

모든 설정이 끝난 후, 원하는 지점을 클릭하면 위와 같이 문자 메뉴와 MS-Excel의 형태를 닮은 표 작성 두 부분이 화면에 나타나는데, 여기서 원하는 데이터를 차례로 입력하면 됩니다.

1학기 성적				
	국어	영어	수학	과학
홍길동	90	96	88	98
김영수	95	76	92	86
노지심	85	90	86	92
이민정	88	92	94	90

⑤ 데이터 입력하기

1학기 성적				
	국어	영어	수학	과학
홍길동				
김영수				
노지심				
이민정				

- 원하는 셀을 클릭하면 위 그림과 같이 4개의 그립이 표시되며 이때 데이터를 입력합니다.
- 셀 위로 이동 : Enter 를 클릭합니다.
- 셀 아래로 이동 : Shift + Enter 를 클릭합니다.
- 셀 우측 이동 : Tab 을 클릭합니다.
- 셀 좌측 이동 : Shift + Tab 을 클릭합니다.

⑥ 셀 편집하기

- 셀을 편집하려면 먼저 셀을 선택해야 하는데, 원하는 셀 내부를 드레그하여 간단히 선택할 수 있습니다.
- 셀을 선택한 후, 마우스 우측버튼을 클릭하면 아래와 같은 단축 메뉴가 나타나는데 원하는 기능을 선택하여 편집할 수 있습니다.

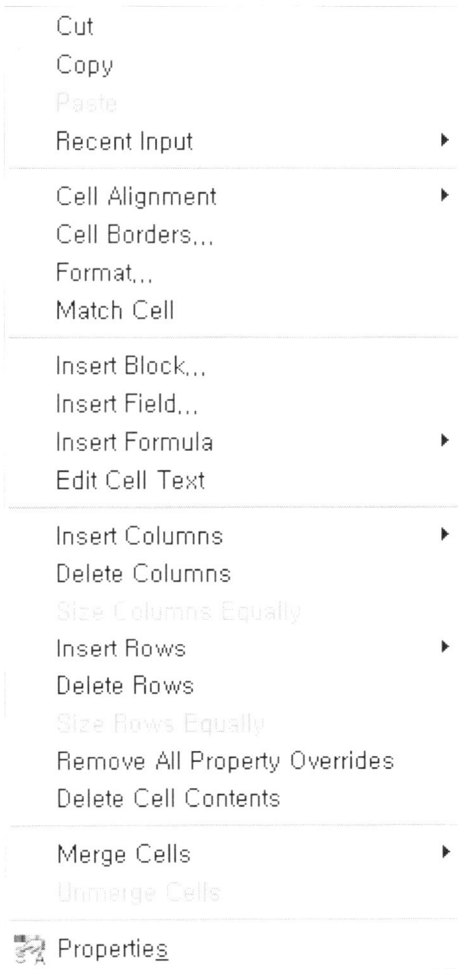

⑦ MS-Excel 함수기능 사용하기

	A	B	C	D	E	F
1	1학기 성적					
2		국어	영어	수학	합계	평균
3	홍길동	90	96	88	=sum(b3:d3)	
4	김영수	95	76	92		
5	노지심	85	90	86		
6	이민정	88	92	94		

- 연속된 데이터의 합계 또는 평균 등의 연산을 할 경우 MS-Excel의 함수 기능을 사용하면 편리하고 쉽게 작업할 수 있습니다.
- MS-Excel에서와 동일하게 연산을 하려면 "=" 기호를 입력한 후, 수식을 입력합니다.
- 위의 그림에서 합계 구하는 방법

  방법 1 "=b3+c3+d3"

  방법 2 "=sum(b3:d3)"

  MS-Excel에서와 사용 방법이 동일하므로 쉽게 사용할 수 있습니다.
- 아래 그림은 평균을 구하는 내용인데 "=average(b3:d3)" 을 입력하면 됩니다.

	A	B	C	D	E	F
1	1학기 성적					
2		국어	영어	수학	합계	평균
3	홍길동	90	96	88	274	=average(b3:d3)
4	김영수	95	76	92	263	
5	노지심	85	90	86	261	
6	이민정	88	92	94	274	

1학기 성적					
	국어	영어	수학	합계	평균
홍길동	90	96	88	274	91.3333
김영수	95	76	92	263	87.6667
노지심	85	90	86	261	87.0000
이민정	88	92	94	274	91.3333

⑧ MS-Excel 데이터를 AutoCAD로 붙여넣기

MS-Excel에서 원하는 부분을 선택한 후, 복사(Ctrl+C) 합니다.

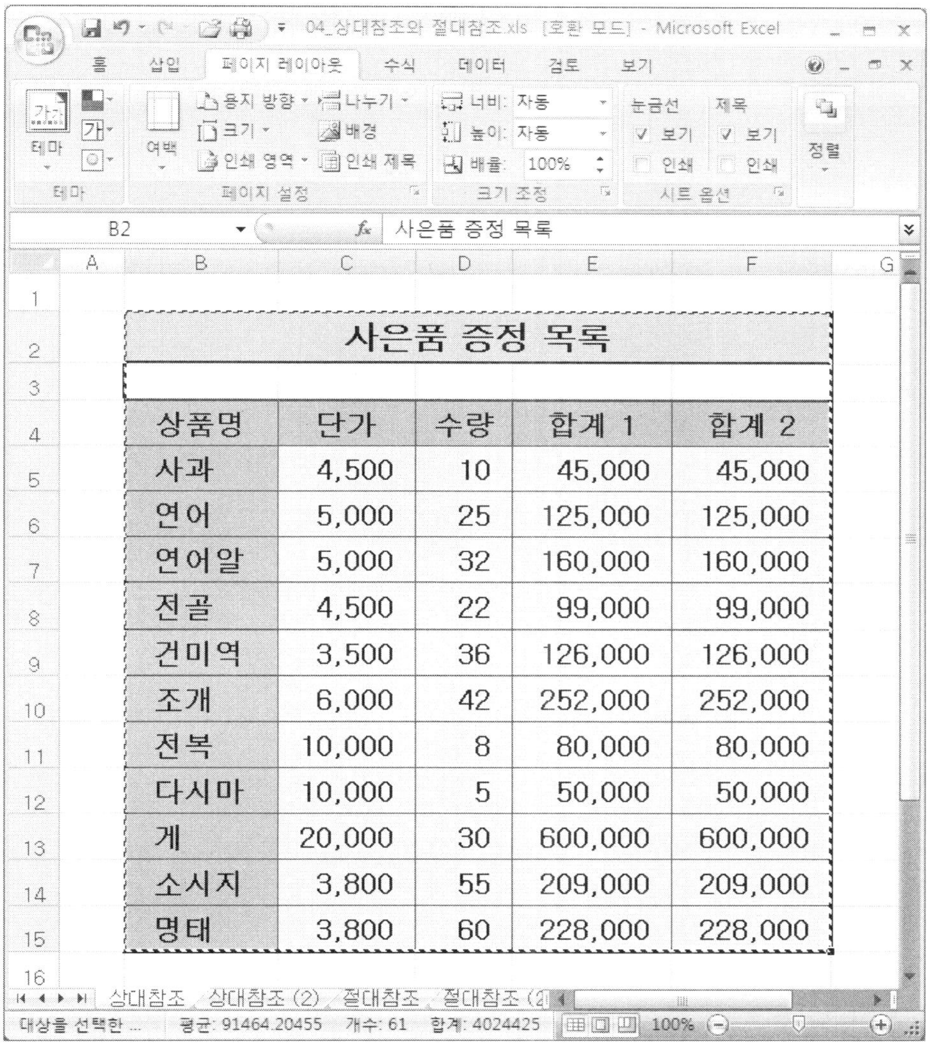

사은품 증정 목록				
상품명	단가	수량	합계 1	합계 2
사과	4,500	10	45,000	45,000
연어	5,000	25	125,000	125,000
연어알	5,000	32	160,000	160,000
전골	4,500	22	99,000	99,000
건미역	3,500	36	126,000	126,000
조개	6,000	42	252,000	252,000
전복	10,000	8	80,000	80,000
다시마	10,000	5	50,000	50,000
게	20,000	30	600,000	600,000
소시지	3,800	55	209,000	209,000
명태	3,800	60	228,000	228,000

AutoCAD 작업창에서 붙여넣기(Ctrl+V) 합니다.

이때 캐드에 복사된 엑셀 데이터는 단순한 이미지 형태이므로 더 이상 내용을 수정할 수는 없습니다.

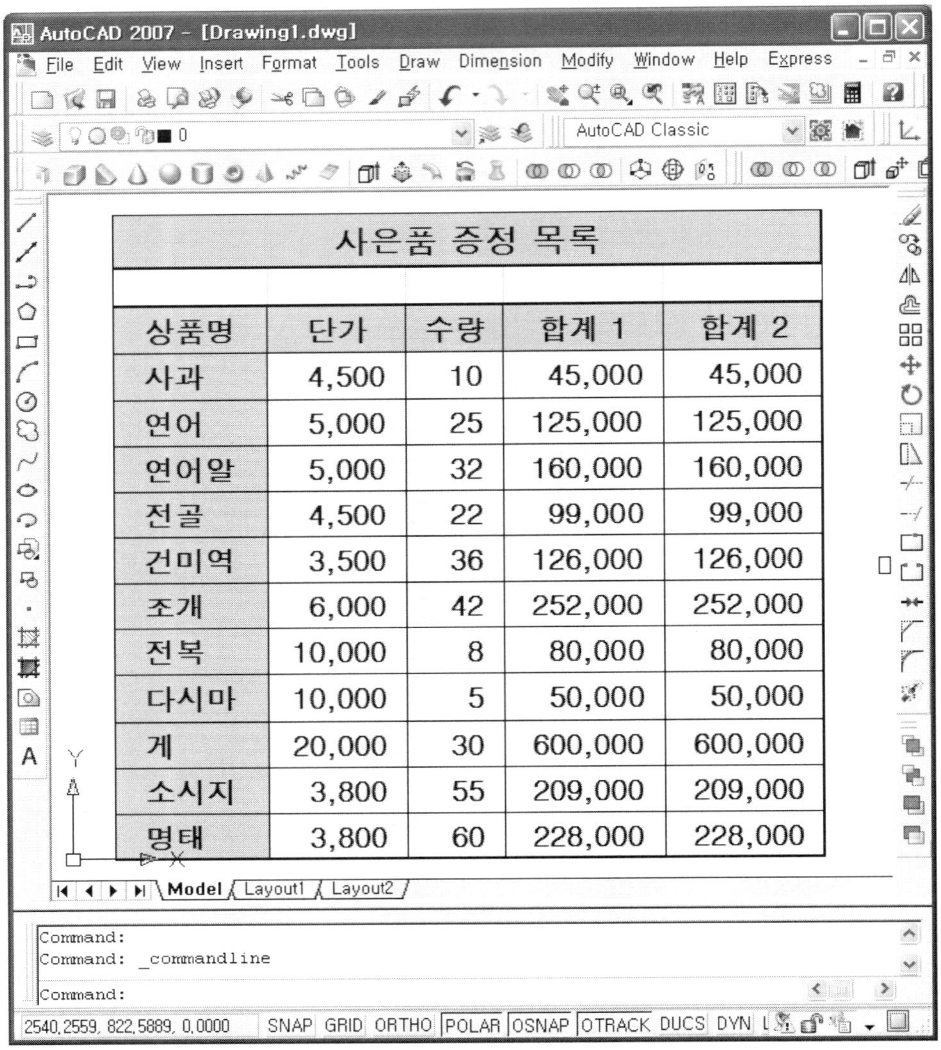

2.10.6 Quick Select (신속 선택)

메뉴 - Tools > Quick Select

명령 - qselect

도면 작업 도중, 편집이나 다른 목적의 사용을 위해 특정 조건으로 객체를 선택할 수 있는 명령입니다. 예를 들어 복잡한 도면 내부의 객체들을 칼라, 레이어, 선유형, 치수선, 해치, 블록, 문자 등 특정 조건으로 선택할 수 있다면 작업효율이 훨씬 향상시킬 수 있습니다.

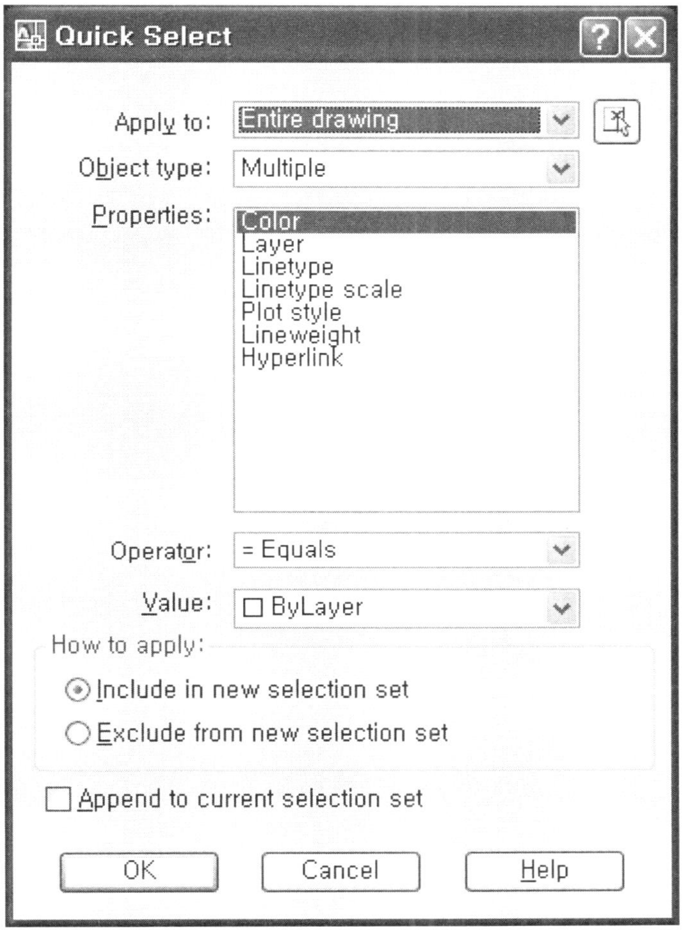

① Apply to

신속 선택 기능으로 선택할 객체의 범위를 지정합니다.

- Entire drawing

  작업한 전체 도면을 선택의 대상으로 합니다.

- Select Object

   마우스로 미리 선택한 범위 안에서만 선택합니다.

② Object type

Multiple
Block Reference
Line
Rotated Dimension
Text
Polyline
Hatch

신속 선택 객체유형의 대상을 지정할 수 있습니다. 지정된 범위안에서 문자나 해치, 블록, 치수 등과 같이 객체유형을 대상으로 빠르게 선택할 때 효과적입니다.

③ Properties

Color
Layer
Linetype
Linetype scale
Plot style
Lineweight
Hyperlink

qSelect 명령으로 원하는 객체를 신속하게 선택하려면, 그 객체를 인식할 수 있는 조건을 효과적으로 지정하는 것이 가장 중요합니다.

먼저 ①번 항목에서 찾고자 하는 객체가 포함되어 있는 범위를 지정하고, ②번 항목에서는 문자, 치수, 블록, 해치 등 객체 유형을 지정하고, ③번 항목인 Properties 리스트에서는 원하는 객체가 다른 객체와 구별되게 지정되어 있는 Color, Layer, Linetype 등의 조건을 지정하여 조건으로 사용할 수 있습니다.

그러므로 캐드로 작업할 때는 도면을 그리는 일도 중요하지만 벽체, 문, 가구 등 특정 객체에 대한 색상이나 레이어 지정 등을 체계적으로 해 주어야 나중에 수정 및 편집 등 데이터 관리를 효율적으로 할 수 있습니다.

④ Operator

= Equals
<> Not Equal
> Greater than
< Less than
Select All

위의 ①번, ②번, ③번 항목이 지정되었다면 ④번 연산자 항목에서는 그 항목들의 조건에 맞는 범위를 지정하는 곳이라고 생각하면 됩니다.

즉 ③번 항목에서 "Color"를 지정하고, ⑤번 항목에서 "Red"를 선택하고 ④번 항목에서 "=Equals" 를 선택하였다면, Color가 Red로 지정된 모든 객체를 선택해 줍니다.

⑤ Value

조건에 대한 값을 목록에서 선택합니다. 이때 조건 값은 ③번 항목의 Properties 내용에 따라 달라집니다. 즉 ③번 목록에서 Color를 선택하면 ⑤번 목록엔 Color가,

③번 목록에서 Layer를 선택하면 ⑤번 목록엔 Layer가,

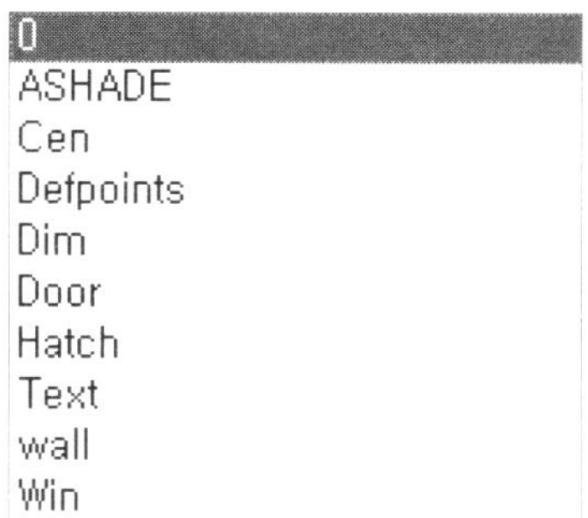

③번 목록에서 Linetype을 선택하면 ⑤번 목록엔 Linetype이 선택 목록으로 나타납니다.

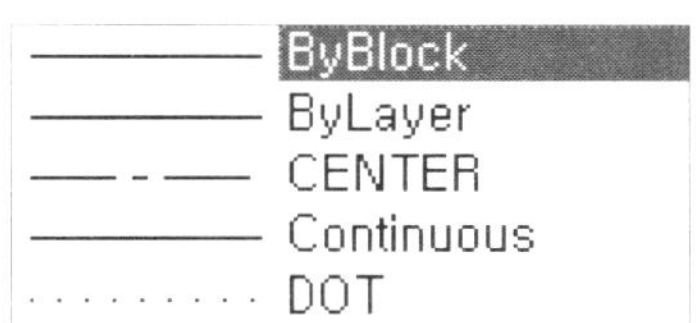

⑥ Include in new selection set

지정된 조건의 객체를 새로 선택해 줍니다.

⑦ Exclude from new selection set

지정된 조건 이외의 객체를 선택해 줍니다.

⑧ Append to current selection set

이 옵션이 On 되어 있으면, 특정 조건에 의해 이미 선택된 객체에, 새롭게 지정된 조건에 맞는 객체가 추가됩니다.

Part 03. 건축도면

이장에서는 건축물의 기본도(배치도, 평면도, 입면도, 단면도)를 작도하는데 있어서 계획적 요소와, 도면 작도의 순서와 주의할 내용을 담고 있다.

3.1 배치도

3.1.1 계획

1. 대지 주위 조건의 반영

-대지 인근의 CAD 도면을 입수하여 아래의 필요한 작업을 수행

-대지주위의 도로의 레벨고를 존중

-대지의 인접대지의 지반고, 형태, 연결을 고려

2. 건축물

①건축물의 기능과 미적 측면에 따른 입체적 계획

-건물에는 여러 층수가 존재함으로 이것의 입체적 표현이 필요.

-단일 층수라 하더라도 옥탑층의 디자인이 필수적

-하부층의 선은 최고층에 의해 가려지게 표현.

②건축물 돌출면, 후퇴면, 오픈면의 디자인

-돌출면: 발코니, 파라펫, 파골라, 주출입구 상부 캐노피등의 처리와 형태

-후퇴면: 면의 매스의 후퇴에 따른 테라스, 지하층의 정원 선큰가든 등의 형태

-오픈면: 가벽에 따른 후퇴공간, 아케이드 등의 구조체 형태

3. 건축물의 지붕면의 디자인

설령 평지붕의 단일건물이라 하여도 옥탑층과 같은 표현이 필수적이라 할 수 있습니다.

①지붕형태

-경사지붕: 경사도, 경사방향, 패턴, 처마, 배수구, 선홈통등의 형태

-평지붕: 파라펫과 옥탑층의 형태

②지붕면

-방수와 햇빛에 의한 팽창을 완화하기 위해 신축줄눈

-지붕면의 재료 마감

-지붕면의 돌출된 창호: 천창

-옥상면의 휴게공간: 루프가든, 녹지공간

4. 대지와 관련된 외부공간의 표현

①대지내의 교통 계획

대지내의 차량의 진출입을 고려한 도로계획에 인한 주출입구, 부출입구, 서비스동선, 주차장등의 표현

②보행자의 주진입구, 부진입구을 감안한 보도 계획

③대지내의 조경시설

녹지공간, 수공간(연못, 분수, 실개천등), 휴게공간(파골라, 벤치, 앉음벽등)의 표시

3.1.2 도면 기본

대지내에 건축물의 정확한 위치를 표현하고, 건축물의 형태 및 지붕면의 형태, 외부공간계획, 교통계획등의 순으로 표현한다.

①선의 종류

-인접대지경계선, 도로경계선은 일점쇄선으로 가늘게 표현

-건축물의 매스는 굵은 실선으로 표현하도록 layor 정리

-건축물 세부 계획: 옥탑, 천창, 경사지붕, 신축줄눌, 파라펫, 옥상조경, 가벽, 캐노피등 은 보통의 실선으로 표현하도록 layor 정리

-대지부문의 표현: 다양한 조경, 녹지공간, 보·차도 구분, 주차면 등은 가는 실선으로 표현하도록 layor 정리

-여러가지 정보 기입: 층수, 진출입, 경사, 대지내 여려 공간의 명기등은 텍스트의 크기에 따라 굵기를 달리 표현

-기타 지하 저장탱크, 지하층면의 경계선을 점선등으로 표현

②표현

-하늘에서 건축물의 지붕면을 본 형태를 매스를 기준으로 작도

-인접대지경계선과 도로경계선과의 건축물과의 이격거리를 정확히 표현

-건축물의 경우, 층수, 지붕면의 경사, 돌출면, 후퇴면, 오픈면, 주출입구, 부출입구등을 정확히 표현

-대지의 경우, 레벨, 다양한 휴게공간, 차량의 진출입, 주차공간등을 상세히 표현

-특히 보행자의 건축물 사면의 접근을 위하여 보도블럭으로 표현

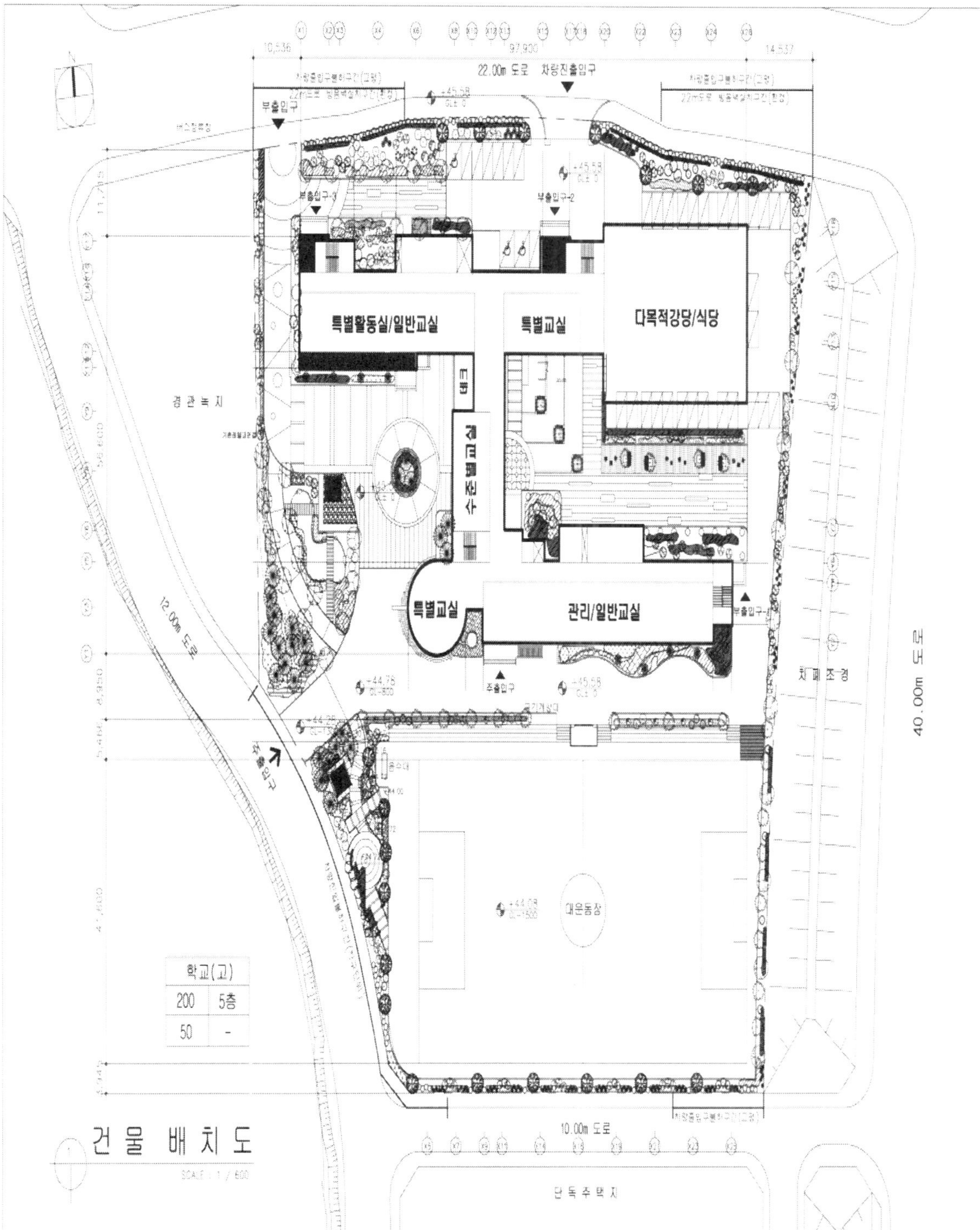
22.00m 도로 차량진출입구
부출입구
부출입구-1
부출입구-2
부출입구-4
특별활동실/일반교실
특별교실
다목적강당/식당
특별교실
관리/일반교실
주출입구
경관녹지
12.00m 도로
차폐조경
40.00m 도로
대운동장
10.00m 도로
단독주택지
건물 배치도
SCALE : 1 / 600

학교(고)	
200	5층
50	-

3.2 평면도

3.2.1 계획

①설계개념, 분석에 따른 건축계획

이미지 스케치, 콘셉에 따른 3차원 디자인에 따른 각층 평면도

②공간시스템에 따른 계획

필로티, 아케이드, 테라스, 발코니, 펜트하우스, 메자닝, 천창, 선큰가든, 옥상정원등의 공간시스템 계획하여 다양한 공간 제공

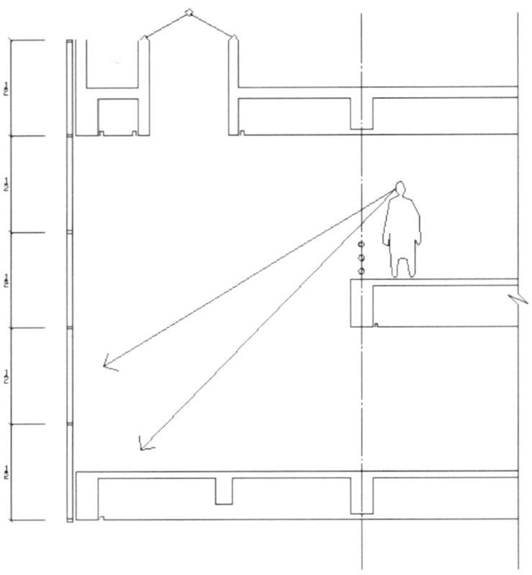

그림 3-1 중이층 및 천창

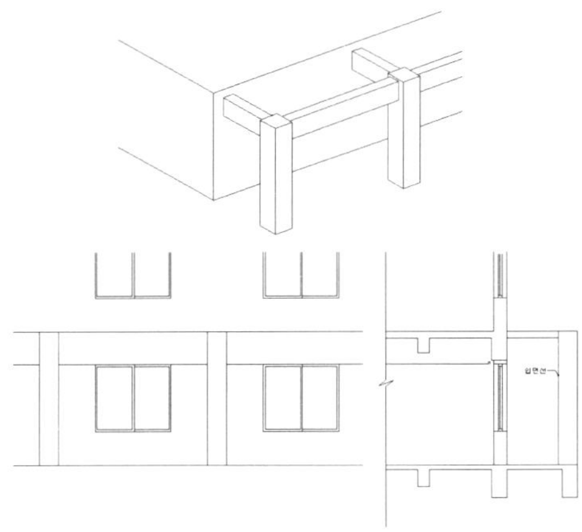

그림 3-2 가벽, 아케이드

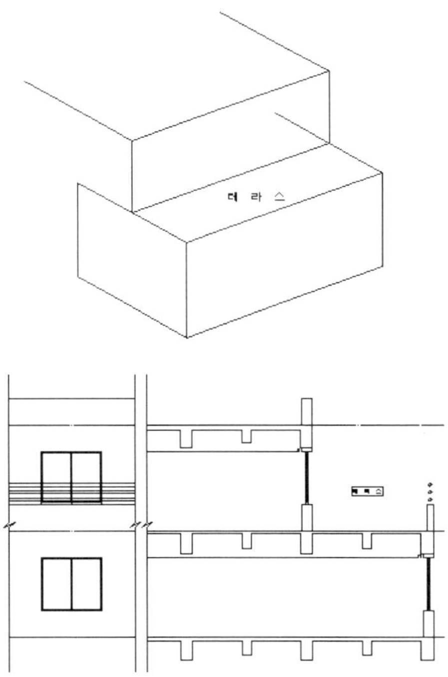

그림 3-3 테라스

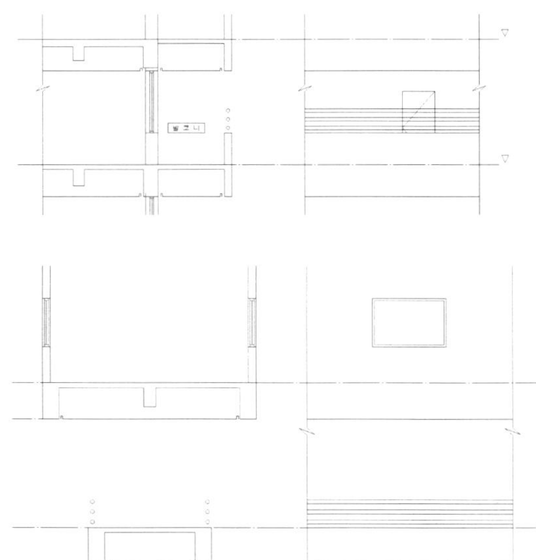

그림 3-4 발코니와 브릿지

③용도에 적합한 기본 모듈 계획

-건축물의 법규, 내외장 재료, 주차장등의 모듈 적용한 계획

-기본 매스 내에서 실별 배치

④구조계획

-계획설계 단계에서는 구조계산이 나오기 전에 아래의 약산식을 활용하여 대충의 기둥, 보, 슬라브의 크기를 알수 있음

-경제적 기둥배치와 그에 따른 보의 연결을 계획

- 기둥(column)
*기둥 가단면:B× D=A × n × w × 1000/63(㎠)
기둥단면적: lx × ly=A(㎡), 부담층수:n, 부담하중:w(t/㎡): 일반 1.0-1.2, 중량(내력벽이 많은 경우)1.2-1.5 63=0.3Fc
- 보(Beam)
큰보=WxD, W=1/2D, 일반: D=스팬(l)x1/8-1/15, 경제 D=스팬(l)x1/12
작은보=큰보 x 2/3-1/2
- 바닥(Slab)
바닥판의 크기 30㎡이내: 12cm
바닥판의 크기 36㎡이상: 15cm이상

⑤ 공용공간의 계획

-코아의 디자인: 복도, 화장실, 계단, 엘리베이터, 각종 설비공간, 탕비실, 기타휴게공간를 확인하여 효율적이고 합리적 계획

-이러한 공용공간과 전용공간의 연결을 고려

3.2.2 도면 기본

평면은 각층의 +1m 이상에서 수평으로 잘라서 그린 도면이다.

평면도는 다양한 선의 굵기와 종류를 활용하여 입체적 표현이 되어야(굵은선, 보통선, 가는선 활용)한다.

①선의 종류

-구조 절단면: 가장 굵은 실선,

-절단 벽체: 굵은 실선,

-창호 :보통 실선

-입면선,가구(화장실 큐비클, 변기 포함):가는 실선선

-상부의 오픈: 안 보이는 선을 표현하는 점선,

-쇄선:대지 경계선, 도로경계선

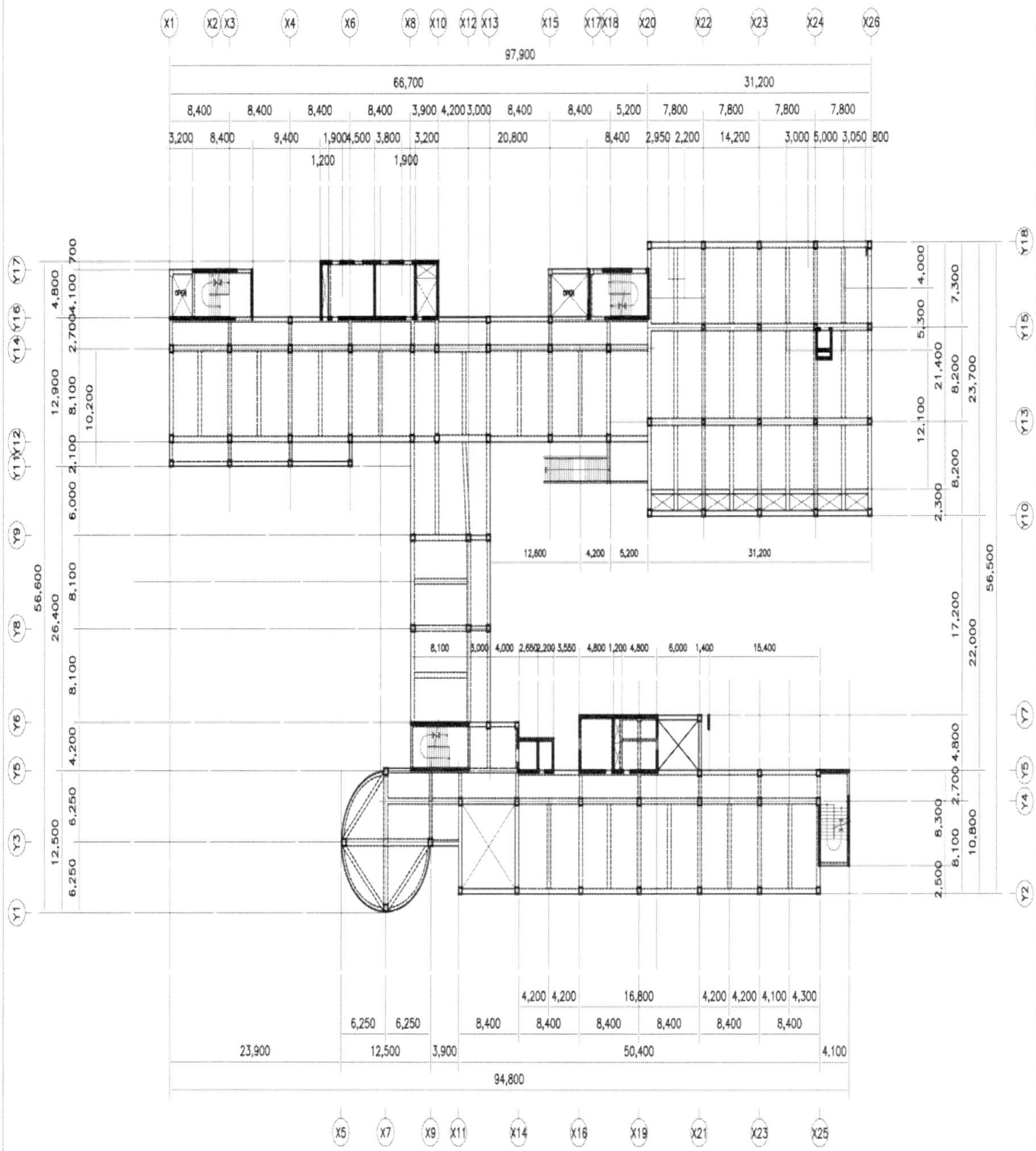

2 층 구조 평면도
SCALE : 1 / 400

②표현

- 원칙적으로 해당층에는 그 아래 하부층, 그위 상부층만 표현

- 1층 지상+300 에 따른 계단과 램프 표현

- 지하층은 통풍과 환기를 위해 드라이 에리어등의 표현

3.2.3 그리는 순서

아래에 순서에 따라 layor 별로 그리도록 한다. 특히, 도면의 출력을 고려하여 각 레이어는 굵기별로 같은 색깔로 구분하여 둔다.

① 축선: 가는 직선

② 기둥, 내력벽: 굵은 실선

원형기둥은 조형성 요구부분과 노출부위에 적용하고 각형과 비교하여 그 크기이상으로 한다

③ 벽체: 보통 실선

-기본적으로 계획설계 단계에서는 외부는 단열을 고려하여 w350mm, 내부는 w200mm으로 직선으로 그린다

-계획설계 단계에서는 기둥과 center 정렬을 원칙으로 하나 외곽은 center 정렬 또는 외곽정렬으로 할 수가 있다.

④ 창호 (문과 창): 보통 실선

-문:w900(안방, 일반) w800(일반실,작은실) w750(화장실), w1500,1800(기계관련 장비, 대형실) w1800, sus.w1000(스텐레스 현관문), 회전문

-창호: 디자인에 적합하게 고정창, 여닫이창, 미닫이창, 스윙창, 복합창등으로 표현

⑤ 입면선 표현: 가는 실선

발코니, 계단, 핸드레일, 엘리베이터내부,

⑥ 가구: 가는 실선

실내 인테리어, 화장실 큐비클, 세면대, 소변기, 대변기, 의자, 책상, ..

⑦ 스케일 관련 사항: 가는 실선(사람, 나무, 자동차..)

⑧ 글씨쓰기: 글씨 크기에 따라 굵기가 다른 실선 표현

3.2.4 세부사항

①계단

-최하층, 기준층, 최상층에 따라 다르게 표현

-유형: 내부계단, 직통계단, 피난계단, 특별피난계단, 옥외계단

-형태: 직선형, 원형, 반원형, 타원형, 다각형, 직사각형, 삼각형 등

-재원: riser160-180, trad 250-300, 유효폭1200

②엘리베이터

-이중문, 컨트롤패널, 후면부의 카운터 웨이트등을 표현

-재원:2.5mx2.5m, 또는 2.0mx2.0m

-전면의 공간 확보한다

③화장실

-재원확인 대변기:1.0mx1.5m 세면대,소변기 간격:1.0m 통로: 최소 1.0m

-pipe shaft:0.5m x 남여 간막이벽 길이

-공공시설인 경우 장애인 화장실 마련한다

④현관

-방풍실 설치: 양외부여닫이문, 내부 자동문, 회전문을 설치하면 대체가 가능하다

-여유로운 공간 확보/ 관리실

⑤식당

-주방, 식자재 반입실, 부속실, 쓰레기처리실의 확보

-주방과 식당은 오픈식이 일반적

-다양한 배식 공간 확보

-대형실이므로 전면에 충분한 공간을 확보하고 양여닫이문을 활용한다

⑥ 다목적 강당/ 체육관

- 수직 스페이스 확보(평면에 따라 수직2-3개층 확보)

- 채광을 위하여 다양한 창문의 활용(천창, 측창..)

- 지붕 구조의 고려: 장스팬을 위한 트러스, 철골등 다양한 구조를 활용한다

- 내부의 시설물의 표현 예를 들면, 간이 스탠드, 농구대 등등

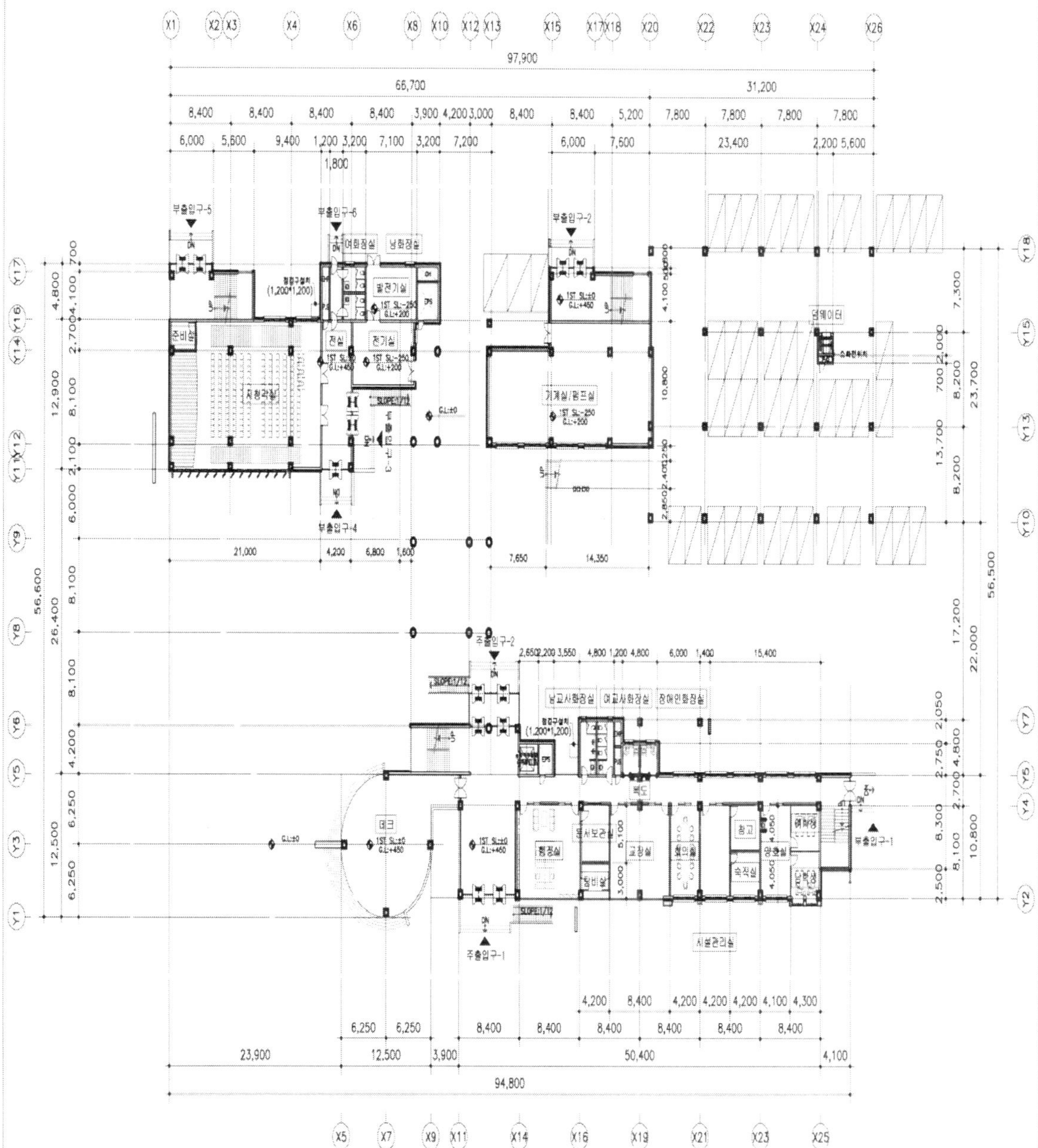

1 1 층 평 면 도

SCALE : 1 / 400

2 층 평 면 도

SCALE : 1 / 400

3.3 입면도

3.3.1 계획

적층된 평면을 가상하여 외부에서 본 형태를 그린 도면이다.

①매스계획

-입체의 스케치를 통한 전체 건축물의 윤곽을 인식한다. 아니면 매스 모형을 통해 전체 형태를 인식할 수 도 있다.

-특히 형태의 돌출된 면과, 후퇴면의 인식과 표현이 매우 중요하다.

②층고계획

-적정 실내 공간, 조명, 냉난방설비, 배관, 구조체의 클리어런스를 감안하여 확보

-적정 천정고는 주거 2.2m, 일반 2.4-2.7m정도

-조명은 10-20cm, 냉난방은 설비수준에 따라 다르고, 구조체는 대게 스팬에 1/12-1/10 정도가 적당함

-수직 모듈은 먼저 층고를 계획하고 천정공간은 층고의 1/4로 하고, 바닥층에서 층고의 1/4지점까지 분할하면 전체 모듈이 1/2모듈로 일정하게 분할 할 수가 있다.

③창호계획(mullion + transom)

-다양한 창문 형태의 combination (고정창 + 여닫이창 + 미닫이창 + 피봇창 +그릴등)

-기둥의 위치와 하나의 기본 모듈의 따른 세부적 계획에 따른 창문

-기능에 부합되는 창호: 예를 들면 대공간은 커튼월, 중공간은 기본적 창호, 소공간(화장실)은 작은 창호를 활용한다

-실내 공간의 단면을 고려한 창호: 실내에서 시선이 창문의 프레임에 의해 방해받아서는 안된다

④차양계획

-주출입구의 햇빛과 비를 피하기 위한 캐노피, 차양계획

-일반 실내공간의 차양을 위한 Sunshade, 유지보수와 차양을 위한 Catwalk등의 형태

3.3.2 도면 기본

평면을 놓고 바로 본 형태를 도면을 그린다. 기본은 동서남북 또는 전후좌우의 4면이며 좌우가 바뀌는 도면에 주의한다.

①선의 종류

-매스면의 외곽선 : 굵은 실선

-창호외곽선 :보통 실선

-창호 디테일, 재료매지, 사람, 자동차: 가는 실선

-텍스트는 크기에 따라 선의 굵기를 다르게 한다.

②표현

-원칙적으로 보이는 면만 그린다

-후면매스선도 진하게 표현한다.

-입면은 단면과 밀접한 관계를 가지므로 실내의 시선, 구조, 천정고등을 고려하여 작도 한다. 일반적으로 계획 설계 단계에서는 천정은 층고의 1/4, 실내공간은 3/4으로 하면 좋다. 실내공간중에 창호부문은 층고의 2/4정도로 하고 나머지 바닥에서 1/4은 벽체 또는 커튼월, 또는 팬코일 유니트의 공간으로 하면 된다.

- 후퇴면과 돌출면은 바닥의 지지를 고려하여 구조체 또는 천정공간의 크기만큼 하부에 그린다.

- 축선에서 좌우로 벽체 두께 반 이상 나가서 그리기

- 평지붕은 옥탑층을 그려 지붕면의 접근을 보여준다

- 지상1층은 대개 지상+300에서+450 정도로 높혀 지표면의 우수 침입을 방지한다. 이를 위해 현관과 출입구에 계단과 램프를 표현한다.

-도면의 자세한 정보를 위하여 왼쪽은level을 오른쪽에는 층수를 표시한다.

3.3.3 그리는 순서

입면을 그리는 순서는 다른 도면에서와 마찬가지로 위계를 가지면서 그리면 큰 실수를 방지할 수가 있다.

① 축선: 수평(X!,X2,...) 은 평면에 나와 있는 기둥선에 따라 그리고 수직(Y1,Y2,..) 은 층고계획에 따라 가는 일점쇄선으로 그린다

②매스: 건물의 외벽을 고려하여 굵은 실선으로 그린다. 이때 후면에 있는 매스선도 굵은 실선으로 한다. 특히 발코니, 필로티, 테라스, 가벽등의 돌출면 또는 후퇴면을 그린다.

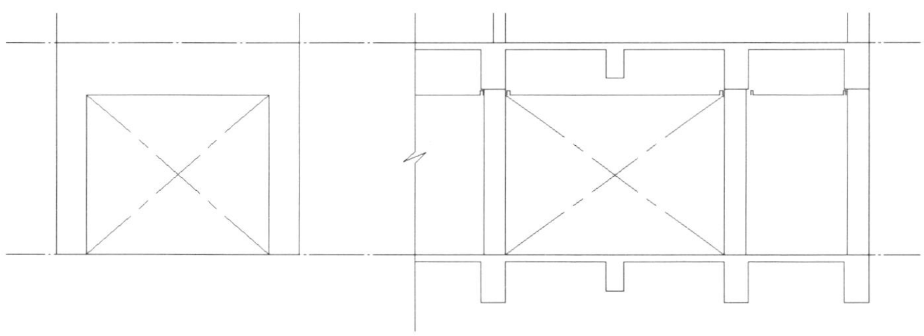

그림 3-5 필로티

③창호 외곽선: 창호계획에 따른 크기를 정하여 중간 굵기의 실선으로 그린다

④창호 내부선: 창호의 개폐방법과 유리의 분할등을 나타내는 수직·수평 프레임 바는 가는 선으로 표현한다

⑤매지선(선택) :재료의 분리와 재질, 형태를 나타내는 매지선은 스케일에 따라 표현해야 하며 가는선으로 표현한다.

⑥기타: 부분적으로 인근건물의 외곽선, 도면과 공간의 스케일감을 도와주는 사람, 자동차, 나무등은 가장 가는선으로 표현한다. 그러나 지면은 굵은 선으로 그린다.

⑦글씨쓰기: 큰글씨는 진하게 작은 글씨는 중간정도의 굵기로 크기에 따라 표현한다. 도면의 좌우측에 층수와 레벨등을 표시한다. 입면의 경우, 재료의 마감이 중요하므로 이러한 정보를 기입한다.

3.3.4 기타

- 건축물의 방풍실, 정문 램프, 계단을 포함한 현관 정문 디자인을 한다.

- 발코니의 경우 출입문은 H:2100, w:750-900정도로 한다

- 계단실은 중간참이 있는 경우, 수직창으로 하면 유리하지만 그렇지 않을 경우는 중간참의 단면을 고려하여 창문을 표현한다.

- 핸드레일은 안전을 고려하여야 하며 수평식으로 하면 미관상 우수하다.

3.4 단면도

3.4.1 계획

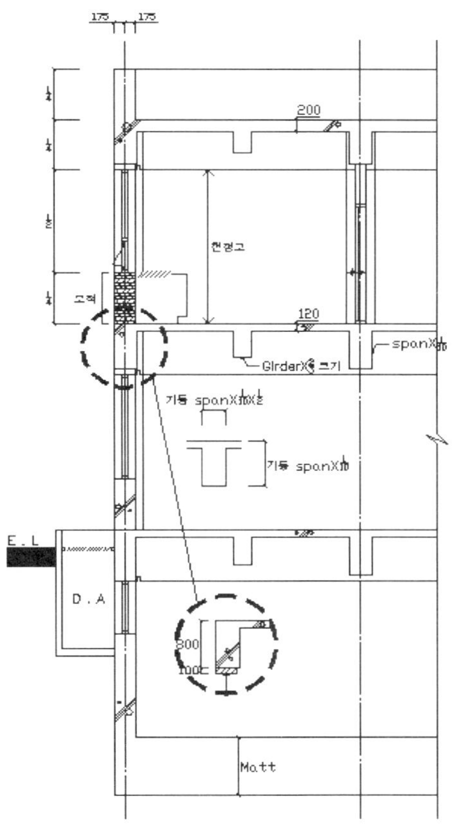

그림 3-6 일반벽체

단면은 각층 평면을 적층된 상태에서 건축물의 종횡으로 잘라서 그 내부를 살펴본 도면이다. 이것은 건축물의 주요 및 기본공간을 상세하게 보여준다.예를 들면 건축물의 아트리움이 있다면 그 형태와 공간이 어떻게 형성되어 있는지를 확인할 수가 있다. 또한 일반 기준층의 층고계획을 포함하여 공간의 구성 등을 확인할 수 가 있다.

① 단면계획

- 단면의 죠닝을 고려하여 실별 배치한다. 예를 들면, 대공간은 대공간끼리, 소음이 심한 공간은 정숙한 공간과 배치시 그사이에 완충공간을 둔다

- 단면계획은 입면과 밀접한 연관관계가 있다.

- 기능에 부합되는 단면: 건축물의 특성과 공간미를 보여주기 위한 주요공간을 종횡으로 잘라서 보여준다. 예를 들면 아트리움, 중2층, 오픈 공간, 기본 공간등을 계획하여 표현한다

② 층고계획

-입면도에서 언급했듯이 적정 실내 공간, 조명, 냉난방설비, 배관, 구조체의 클리어런스를 감안하여 확보

-적정 천정고는 주거 2.2m, 일반 2.4-2.7m정도

-조명은 10-20cm, 냉난방은 설비수준에 따라 다르고, 구조체는 대개 스팬에 1/12-1/10 정도가 적당함

-수직 모듈은 먼저 층고를 계획하고 천정공간은 층고의 1/4로 하고, 바닥층에서 층고의 1/4지점까지 분할하면 전체 모듈이 1/2모듈로 일정하게 분할 할 수가 있다.

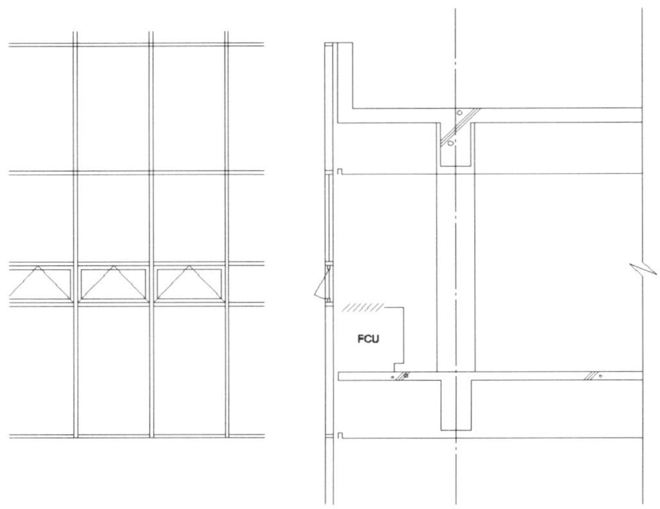

그림 3-7 커튼월

- 구조계획: 평면의 기둥과 큰보, 작은보를 감안하여 그에 부합되는 구조체를 계획한다. 보통 단면도는 슬라브와 큰보, 작은보가 방향에 따라 정확하게 표현해야 한다. 이와 더불어 지하의 기초도 지반에 연약에 맞게 계획되어야 한다.

3.4.2 도면 기본

평면을 놓고 가상 수직면을 바로 본 형태를 그리기. 보통 단면도는 종단면도, 횡단면도와 같이 2면을 기본으로 하여 그리고, 세부적으로 표현하고자 하는 부분을 추가하여 그린다. 또한 이것도 좌우가 바뀌지 않는 것이 중요한데 이를 위하여 자르는 위치와 바라보는 방향이 정확하게 표시해야 단면을 정확하게 그릴 수가 있다.

①선의 종류

- 평면을 적층하여 수직으로 자르면서 생기는 절단면의 구조체가 가장 굵게 표현한다. 주로 바닥 슬라브와 큰보, 작은보등 이다. 단면에서는 기둥은 안 자르고 입면선으로 표현한다.

-중간정도의 실선은 구조체 이외의 절단면에 활용된다. 벽체, 천정면, 창호등 이에 해당된다.

-가는 실선은 단면에 보이는 입면선을 표현하는 쓰인다. 단면으로 잘라서 보는 기둥면, 보이는 창호, 보이는 입면 모두가 이에 해당된다.

②선의 표현

-표현은 원칙적으로 절단면의 바닥, 실내공간, 천정등을 표현하고 이와 더불어 단면을 잘라서 보이는 입면만 표현한다.

-단면기준선을 평면에 정확하게 표현하고 대도록 수직으로 잘려진 엘리베이터, 계단실, 덕트 공간은 피하도록 한다. 그 이유는 건축물의 공간의 흐름을 살펴보기 힘들고 계단의 경우는 상세 도면에서 별도로 그려야 하므로 중복하여 그리면 경제적이지 않기 때문이다.

-슬라브는 보로 지지되는 크기가 보통 30㎡ 이하면 12CM로 표현하고 그이상이면 15cm 정도로 표현한다. 그리고 방수를 필요로 하는 슬라브는 20cm 정도로 한다. 예를 들면 최상층에 지붕면, 최하층의 바닥이 이에 해당된다.

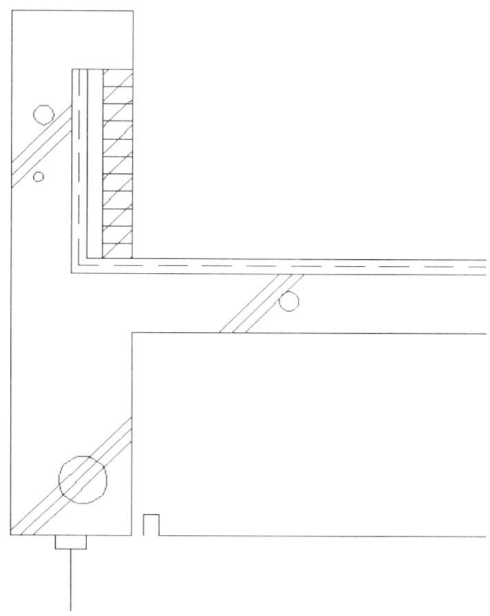

그림 3-8 파라펫

- 축선에서 좌우로 벽체 두께 반 이상 나가서 그리기 때문에 외부벽체를 350mm으로 가정하면 175mm만큼 외부로 돌출하여 그린다. 그리고 내부벽은 200mm로 하여 그린다.

- 1층은 지상+300-450mm정도 높여서 지층면으로터 우배수의 침입을 방지한다.

- 지하층의 경우, 방수를 위하여 옹벽으로 하고 실내는 조적을 쌓도록 한다. 이것은 일반적 도면이므로 추후 기본설계와 실시설계단계에서 변경이 가능하다. 필요하다면 지하층 환기를 위한 드라이 에리어를 표현한다.

- 기초는 일반의 소형 건축물인 경우 독립기초로 하고, 층수가 단층일 경우 지중보로도 할 수가 있다. 특히 지반이 약한 경우, 매트구조로 하고, 고층 건축물에 다수의 지하층인 경우 더블 매트 구조로 표현한다

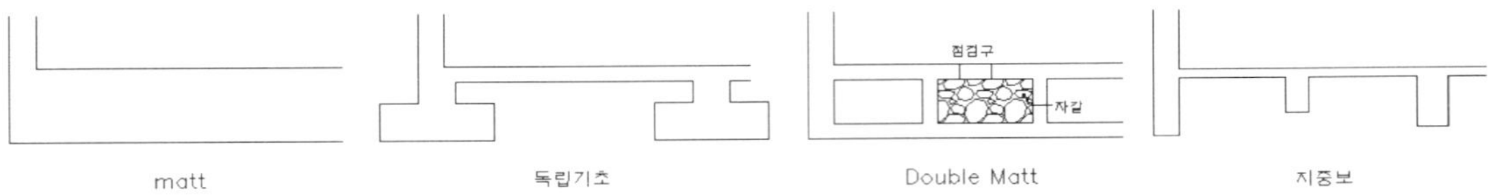

그림 3-9 기초의 종류

- 도면의 좌측은 level, 우측은 층수를 표현한다. 그리고 실내의 실명과 주요재료마감, 층고등의 정보를 도면에 표현한다.

3.4.3 단면 그리는 순서

① 축선: 수평(X!,X2,...) 은 평면에 나와 있는 기둥선에 따라 그리고 수직(Y1,Y2,..) 은 층고계획에 따라 가는 일점쇄선으로 그린다

② 건축물의 구조계획에 따라 슬라브와 큰보, 작은보를 가장 굵은 실선으로 그린다

이때 보의 종횡에 따라 작은 보는 입면선으로 표현된다.

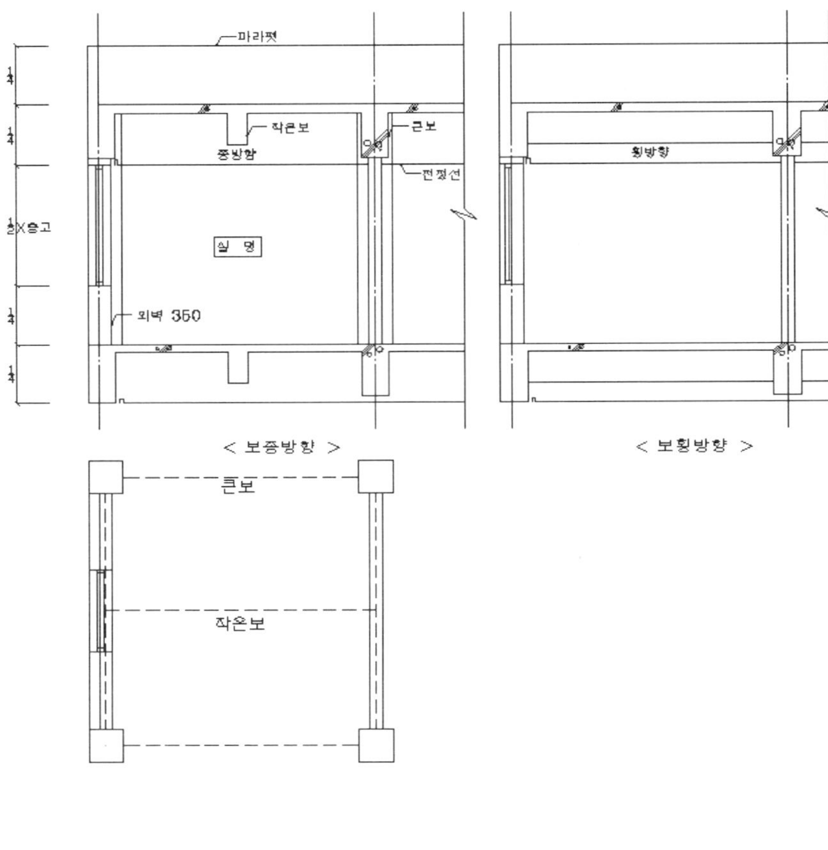

그림 3-10 단면 일반

③ 외벽은 중간 굵기의 실선으로 두께에 맞게 그린다. 이와 더불어 입면 계획에 맞추어 창문의 수평 및 수직 프레임을 그린다

④ 단면절단면에 따라 내벽과 천정을 그린다. 일반적으로 중간 굵기의 실선으로 표현한다

⑤ 절단하여 보이는 면은 입면선은 가는 실선으로 그려 도면효과를 낸다. 이때 보이지 않는 면은 그리지 말아야 한다.

⑥ 기타: 가는 실선으로 사람, 자동차, 나무등을 그린다

⑦ 글씨는 글씨 크기에 따 다양한 굵기로 표현한다. 레벨, 층수, 마감, 천정고, 실명등이 필수적으로 표현한다.

건물배면도-1
SCALE : 1 / 400

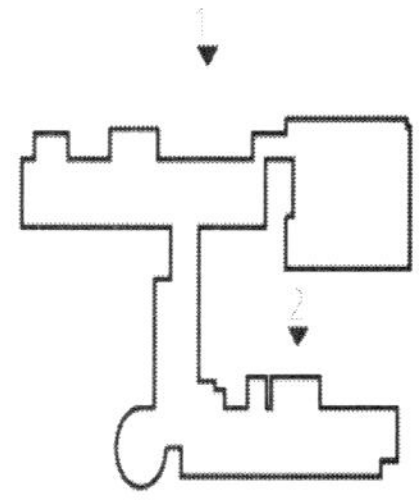

KEY PLAN

건물배면도-2
SCALE : 1 / 400

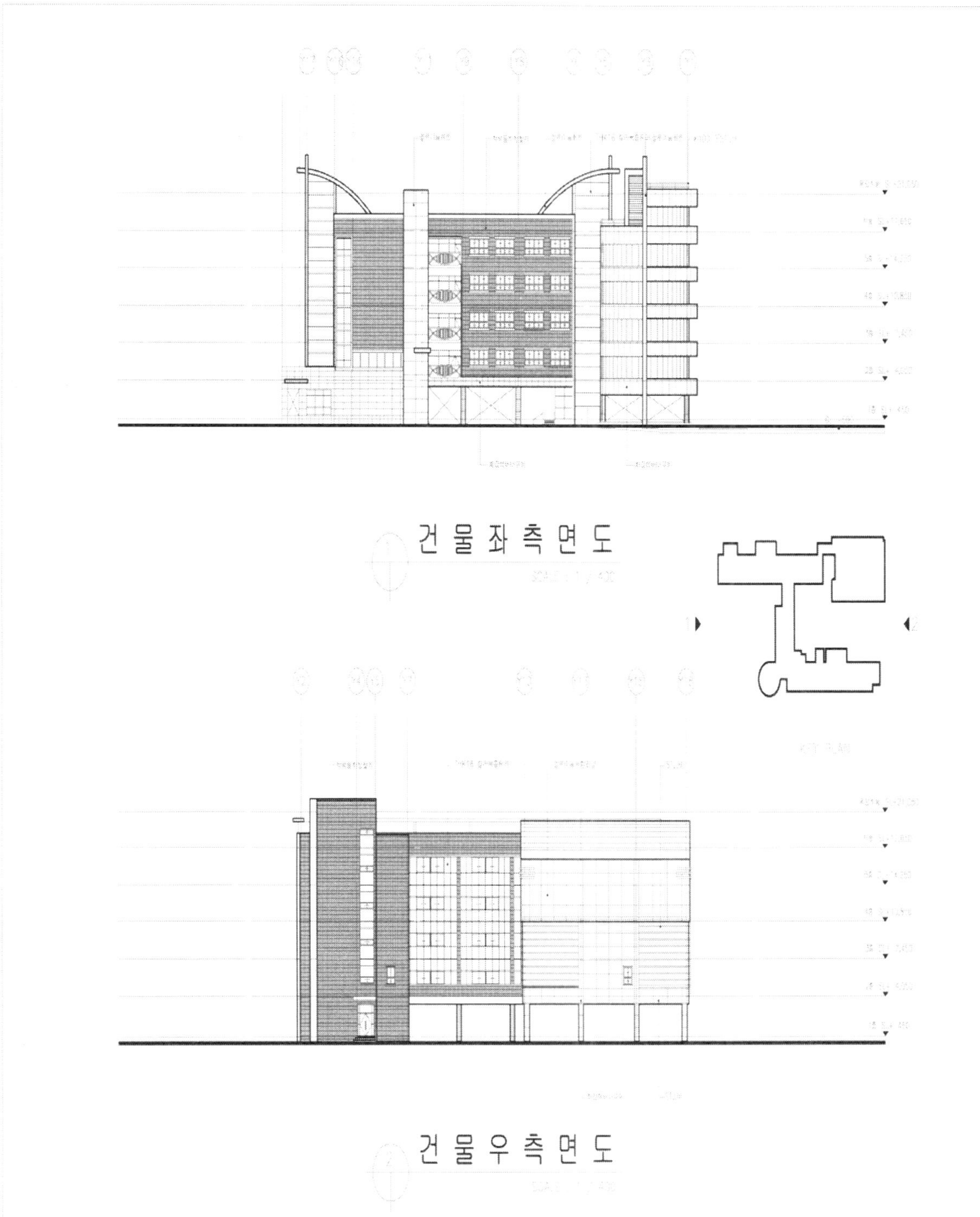
건물좌측면도
건물우측면도

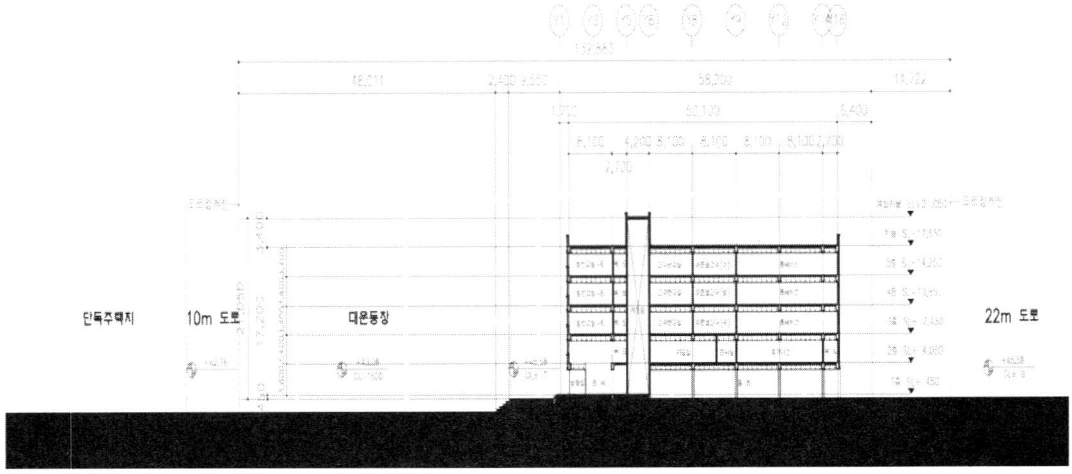

대지종단면도

SCALE 1/600

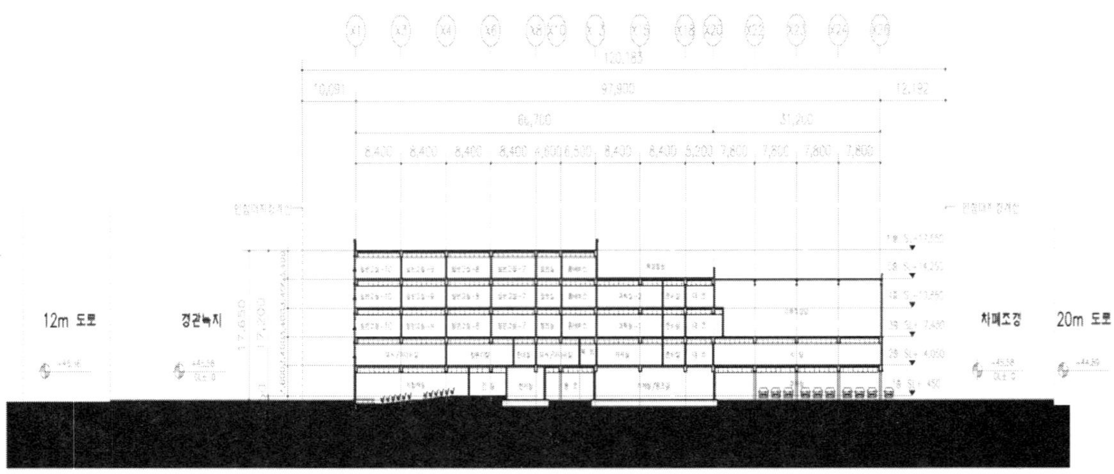

대지횡단면도

SCALE 1/600

■저자 약력

백 경 무 (白 炅 武 Baik, Kyung Moo)

▸ 학력

· 성균관대 건축공학과 졸업 (공학사)

· Pratt 대학원-New York(건축계획 석사)

· 성균관대 건축과 대학원 졸업(건축학 박사)

▸ 경력

· (주)Pos.A.C. 종합건축사 사무소 근무

· Richard Rodger's Arch. Firm 근무

· Rafael Vinoly PC 근무

· 동경대 생산기술연구소 건축 연구교수

· 현재 안산공과대학 건축과 교수

▸ 저서

'건축설계의 실무영어' '건축형태분석'

황 인 혁 (黃 仁 赫 Hwang, In Hyuk)

▸ 학력

· 성균관대 건축공학과 졸업 (공학사)

· 서울시립대학교 전자공학과 졸업 (전자공학 석사)

▸ 경력

· (주) 신원반도체 근무

· (주) 소라건축사 사무소 근무

· (주) 퍼펙트시스템 근무

· 현재 아키뷰 대표

· 현재 안산공과대학 건축과 겸임교수

CAD와 건축

CAD and Architecture

2019년 3월 5일 인쇄
2019년 3월 10일 발행

공 저 : 백경무·황인혁
펴낸이 : 이 석 환
펴낸곳 : 도서출판 서우
등 록 : 제8-159호
주 소 : 서울시 은평구 대조동 188-8
전 화 : (02)383-1696, 1697
팩 스 : (02)387-9578
ISBN 978-89-91985-80-3 93540

값 20,000원